Armin Trost

Talent Relationship Management

Personalgewinnung in Zeiten des Fachkräftemangels

Armin Trost

Talent Relationship Management

Personalgewinnung in Zeiten des Fachkräftemangels

Mit 48 Abbildungen und 10 Tabellen

 Springer

Armin Trost
Wilonstraße 221
72072 Tübingen
E-Mail: trost@armintrost.de

ISBN-13   978-3-642-17077-5   Springer-Verlag Berlin Heidelberg New York

Bibliografische Information der Deutschen Nationalbibliothek
Die Deutsche Nationalbibliothek verzeichnet diese Publikation in der Deutschen Nationalbibliografie;
detaillierte bibliografische Daten sind im Internet über http://dnb.d-nb.de abrufbar.

SpringerMedizin
Springer-Verlag GmbH
ein Unternehmen von Springer Science+Business Media
springer.com

© Springer-Verlag Berlin Heidelberg 2012

Planung: Joachim Coch, Heidelberg
Projektmanagement: Katrin Meissner, Heidelberg
Projektkoordination: Michael Barton, Heidelberg
Lektorat: Achim Blasig, Heidelberg
Umschlaggestaltung: deblik Berlin
Fotonachweis Überzugfoto: © deblik Berlin
Herstellung: Crest Premedia Solutions Ltd.

SPIN: 80026901

Gedruckt auf säurefreiem Papier   mb/3163 – 5 4 3 2 1 0

Vorwort

Das Thema Personalgewinnung beschäftigt mich nun schon seit über zehn Jahren. Begonnen hat alles während meiner Zeit bei SAP um die Jahrtausendwende. Nachdem ich dann 2005 einen Ruf als Professor angenommen hatte, blieb ich dem Thema treu. Seitdem war ich in der glücklichen Lage, unzählige Personaler großer und kleiner Unternehmen kennenzulernen. Viele Stunden und Tage habe ich in Seminaren, Projekten oder einfach nur in Gesprächen über Personalgewinnung diskutiert. Ich habe mich dabei immer als eine Art Agent erlebt. Ich sehe viel, lerne viel, versuche die Dinge kreativ zu strukturieren und gebe sie dann wieder weiter, an Unternehmen, Kollegen und Studenten. Das ist meine Art, in Themen einzutauchen und andere davon profitieren zu lassen. In all den Jahren habe ich neugierig Erfolgsgeschichten aufgesaugt, habe gesehen, was funktioniert und was nicht. Wissenschaftliche Literatur habe ich aufgegriffen, wo sie mir für die Praxis als hilfreich erschien. Vor allem aber habe ich von den Menschen gelernt, die sich tagein tagaus im Wettbewerb um Talente befinden. Mit diesem Buch möchte ich vieles von dem, was ich in all den Jahren lernen durfte, in strukturierter Weise zurückgeben.

Weil das, was ich in dem Buch beschreibe, auch eine Art Resümee meiner Einblicke und Ideen darstellt, handelt es sich hierbei um ein persönliches Buch. Sie werden beim Lesen einen Autor erleben, der sich begeistern lässt, Spaß an der Thematik hat, sich zuweilen wundert, manchmal ärgert, provoziert und sich seine Gedanken von der Seele schreibt. Fachliche Konzepte und zum Teil komplexere Zusammenhänge kommen dabei nicht zu kurz.

Wer nach Lösungen im Ringen um Talente sucht, wird in diesem Buch viele Antworten finden. Das ist mein Versprechen an Sie, den Leser. Da die Inhalte dieses Buches aus der Praxis stammen, sind sie auch für die Praxis geeignet. Die Umsetzung liegt aber am Ende bei Ihnen. Ich wünsche Ihnen dabei viel Erfolg und zu guter Letzt jene Talente, die Sie für die Zukunft Ihres Unternehmens so dringend brauchen.

An dieser Stelle möchte ich mich bei allen Personalern, Geschäftsführern, Kollegen und Personalinteressierten für die konstruktive Offenheit bedanken, die den Austausch in all den Jahren gekennzeichnet hat. Ein besonderer Dank geht an meine Kollegen von Promerit Markus Frosch, Michael Eger und Sören Frickenschmidt für die vielen, wertvollen Anregungen. Ich möchte mich aber auch bei meiner Familie bedanken, die einen Sommer lang verständnisvoll und geduldig einen Ehemann und Vater ertragen hat, der chronisch gedanklich abwesend war.

Armin Trost
Tübingen, Dezember 2011

Über den Autor

Professor Dr. Armin Trost

Professor Armin Trost, Dr. phil., Dipl.-Psych., geb. 1966, lehrt und forscht an der HFU Business School in Furtwangen. Seine Schwerpunkte in der Forschung, Lehre und Beratung sind Personalgewinnung, Talent Management, Employer Branding und Social Media. Zuvor hatte er eine Professur an der FH Würzburg inne. Bei SAP war er mehrere Jahre weltweit für Recruiting verantwortlich. Als Partner und Mitgesellschafter der Promerit AG berät er seit 2006 erfolgreich Unternehmen unterschiedlichster Größen und Branchen in strategischen Fragen des Human Resource Management. Armin Trost ist nicht nur als Autor zahlreicher Fachbeiträge und Bücher bekannt, sondern auch als richtungsweisender Redner auf namhaften Kongressen. Das Personalmagazin hat ihn 2011 zum dritten Mal in Folge als einen der führenden 40 Köpfe im Personalwesen gekürt.

Inhaltsverzeichnis

Einleitung

1

Wir werden lernen, Bewerber wie Kunden zu behandeln

Die meisten Unternehmen in Deutschland werden in Zukunft ein Problem haben, das man gerne als »Luxusproblem« abtun könnte. Sie werden händeringend nach guten, neuen Mitarbeitern suchen. Es wird richtig eng auf dem deutschen Arbeitsmarkt. Nun kann man dieses Problem an die Politik adressieren und eine andere Familienpolitik, eine Lockerung der Einwanderung und vor allem Investitionen in die Ausbildung nicht nur junger Leute fordern. All dies ist richtig und würde ich unterstreichen. Dieses Buch behandelt aber die Frage, was Unternehmen in der Personalgewinnung tun können. Ich werde also eine Mikroperspektive einnehmen. Ich werde oft gefragt, ob denn der beschworene »War for Talent« in Deutschland schon angekommen ist. Die Antwort ist: Ja, der Fachkräftemangel ist bereits akut und wird es noch mehr. Aber einen »Krieg um Talente« erleben wir zurzeit nur vereinzelt. Viele Unternehmen sind heute – was ihre Methoden der Personalgewinnung betrifft – noch sehr behäbig, regelrecht passiv und einfallslos. Man tut sich gegenseitig nicht weh und setzt vielmehr auf das Interesse der Bewerber. Irgendwann werden sich die Richtigen schon melden. Auch wenn man die aktuelle Literatur zum Thema Personalgewinnung betrachtet, fällt auf, dass sich die meisten Publikationen in diesem Kontext schwerpunktmäßig mit Personalauswahl befassen. Das Problem besteht aber längst nicht mehr darin, die Richtigen auszuwählen, sondern überhaupt Bewerber zu bekommen.

Schon in wenigen Jahren wird es im Arbeitsmarkt Gewinner und Verlierer geben. Die Gewinner denken heute schon um und setzen auf gänzlich neue Ansätze in der Personalgewinnung. Bekannte und vertraute Maßnahmen – etwa im Hochschulmarketing – erhalten einen moderneren Anstrich und werden noch systematischer und nachhaltiger betrieben. Die Gewinner setzen auf »Employer Branding« und zeigen sich im Umgang mit »Social Media« aufgeschlossen und einfallsreich. Gewinner werden gelernt haben, Kandidaten wie Kunden zu behandeln. Sie gehen aktiv auf sie zu und versuchen, Beziehungen zu ihnen aufzubauen – über viele Jahre. Ich glaube, die meisten Unternehmen, die heute über den Fachkräftemangel jammern, verfügen über ein hohes Potenzial, in der Personalgewinnung besser zu werden. Schwache Personalleiter entschuldigen den schwachen Bewerbungseingang mit geringen Gehältern, Standortnachteilen oder damit, ihre Produkte seien nicht sexy genug. Starke Personalleiter suchen aktiv nach neuen Wegen, um relevante Zielgruppen im Arbeitsmarkt zu erreichen. Dieses Buch liefert hierfür einen Beitrag. Dabei betrachte ich »Talent Relationship Management« (TRM) als die Lösung der Wahl. Arbeitgeber, welche die Ideen und Ansätze von TRM ernst nehmen und beherzigen, werden deutlich höhere Chancen haben, am Ende auf der Gewinnerseite im Arbeitsmarkt zu stehen. Das ist mein Versprechen an den Leser. Dies gilt für große Unternehmen, aber noch viel mehr für die vielen kleinen und mittelständischen Betriebe, die noch massiver unter dem Fachkräftemangel leiden und leiden werden.

Ich habe in den vergangenen Jahren viel gesehen, unzählige Diskussionen mit Arbeitgebern geführt, Seminare und Vorträge zu diesem Thema gehalten und Unternehmen geholfen, dem Fachkräftemangel aus eigener Kraft erfolgreich zu begegnen. Auch als Wissenschaftler bin ich mit »Best Practices« und der Wirkungsweise unterschiedlicher Ansätze der Personalgewinnung hinreichend vertraut. Dieses Buch beinhaltet in konsolidierter und strukturierter Weise meine Erfahrungen und Einblicke aus den letzten zehn Jahren. Im Folgenden gebe ich einen Überblick über die Kapitel dieses Buches.

Im Anschluss an diese Einleitung (▶ Kap. 1) behandelt ▶ Kap. 2 die **zukünftige Arbeitsmarktsituation**. Hierbei werden die wesentlichen Faktoren, die als ursächlich für den Fachkräftemangel gesehen werden können, erörtert. Natürlich kommen hier die demografische Entwicklung und der wachsende Bedarf an Mitarbeitern in den Bereichen Mathematik, Informationstechnologie, Naturwissenschaften und Technik (MINT) zur Sprache. Darüber hinaus wird deutlich, dass zukünftige Arbeitsmärkte nach anderen Regeln funktionieren als dies in der Vergangenheit der Fall war. Wir erleben beispielsweise aufgrund des Internets eine nie da gewesene Transparenz der Arbeitsmärkte, die unmittelbar einen höheren Wettbewerb zur Folge hat.

Anschließend wird in ▶ Kap. 3 ein **Überblick über TRM** gegeben. Die einzelnen Komponenten, die im weiteren Verlauf dieses Buches intensiver behandelt werden, werden im Gesamtzusammenhang vorgestellt. Ein roter Faden, der sich durch dieses Buch zieht, ist die mit TRM einhergehende besondere Denkhaltung. TRM ist nicht nur eine Ansammlung zusammengehöriger Konzepte, sondern auch eine Art Philosophie, der bestimmte Prämissen zugrunde liegen. Ein zentraler Leitgedanke ist, talentfokussiert zu denken und zu handeln anstatt vakanzfokussiert. Wir kennen diese Unterscheidung bereits aus anderen Bereichen, wo Kundenfokussierung etwa gegenüber einer Produktfokussierung höhere Priorität genießt. Talente im Arbeitsmarkt wird man in Zukunft wie Kunden behandeln anstatt sich nur darauf zu konzentrieren, leere Stühle zu besetzen.

▶ Kap. 4 legt den Grundstein für alle nachfolgenden Inhalte dieses Buches. Es widmet sich der **Definition relevanter Zielgruppen im Arbeitsmarkt** und somit der Frage, wen man im Arbeitsmarkt erreichen möchte. Die erste Übung für Unternehmen besteht hierbei darin, Schlüssel- und Engpassfunktionen zu definieren. Dieser Schritt ist entscheidend, weil hier geklärt wird, wo es im Rahmen der Personalgewinnung den größten Handlungsbedarf gibt. TRM hat am Ende das Ziel, eben diese Schlüssel- und Engpassfunktionen zu besetzen. Dieser Übung schließt sich die Frage an, welche Zielgruppen im Arbeitsmarkt als relevant erachtet werden, um diese kritischen Funktionen zu besetzen. Sind es Absolventen der Wirtschaftsinformatik? Erfahrene Experten aus der Logistikbranche? Spätestens im Zusammenhang mit »Employer Branding« (▶ Kap. 5) und den aktiven Suchstrategien (▶ Kap. 6) wird klar, dass ein Unternehmen wissen muss, wen es wo im Arbeitsmarkt erreichen möchte.

1

Der erste Schritt im Rahmen eines TRM ist die Erarbeitung eines **Arbeitgeberversprechens**. Hierauf wird in ▶ Kap. 5 umfassend eingegangen. Im Grunde handelt es sich hier um den Aufbau einer Arbeitgebermarke (Employer Brand), allerdings mit klarem Zielgruppenfokus. Es ist nicht mehr nur der Bewerber, der etwa im Laufe eines Auswahlverfahrens überzeugen muss. Auch als Arbeitgeber muss man seine Schlüssel- und Engpassfunktionen »gewinnbringend verkaufen«. Damit Bemühungen an dieser Stelle nicht in der Beliebigkeit enden, bedarf es einer gewissen Systematik bei der Analyse und ausgewählter Maßnahmen zur Kommunikation. Neben den gängigen Kommunikationsmaßnahmen wird hierbei verstärkt auf das Thema Social Media, aber auch auf modernere Themen wie Employer PR Bezug genommen.

▶ Kap. 6 behandelt **aktive Suchstrategien**, also Ansätze, um aktiv potenziell geeignete Talente im Arbeitsmarkt zu finden. Hierbei wird eine breite Klaviatur von Möglichkeiten beschrieben. Nicht behandelt werden die gängigen, eher passiven Ansätze wie Stellenanzeigen oder Personalberatungen. Aktive Suchstrategien sind dafür geeignet, passive Kandidaten zu erreichen, also jene, die sich nicht selbst aktiv auf Stellensuche befinden. Einen Schwerpunkt werden die Suche nach Kandidaten über Social Media, wie Xing oder Mitarbeiterempfehlungsprogramme, darstellen. Auch »Campus Recruiting« wird eingehender behandelt. Darüber hinaus werden Ansätze angeregt, die in der Praxis erst noch eine breitere Anwenderschaft finden werden, wie beispielsweise »Talent Scouting«, »Guerilla Recruiting« oder »Competitive Intelligence«.

In ▶ Kap. 7 wird nach dem Arbeitgeberversprechen und den aktiven Suchstrategien der dritte Baustein eines TRM behandelt, nämlich die **Kandidatenbindung**. Unternehmen, die auch in Zukunft Schlüssel- und Engpassfunktionen erfolgreich besetzen wollen, werden nicht umhin kommen, zu guten Leuten, die sie irgendwann irgendwo kennengelernt haben, eine längerfristige Beziehung aufzubauen, in der Hoffnung, diese am Ende einzustellen. Während die Idee an sich einfach ist, scheitert sie in der Praxis nicht selten an der fehlenden aber notwendigen Systematik, Nachhaltigkeit und Professionalität. Daher wird in diesem Kapital Schritt für Schritt erläutert, wie man Talent-Pools aufbaut, Bindungsmaßnahmen definiert und umsetzt, aber auch, wie man anfallende Informationen rund um den vorgestellten Kandidatenbindungszyklus sinnvoll dokumentiert.

▶ Kap. 8 befasst sich mit dem vierten Baustein eines TRM, der **positiven Bewerbererfahrung**. Hat man bei den bis dahin vorgestellten Maßnahmen als Arbeitgeber seine Hausaufgaben gemacht, kommt man irgendwann zu dem Punkt, wo ein vielversprechender Kandidat Interesse an einem konkreten Job zeigt. Meist folgt dann eine Art Auswahlprozess. Eigene Erfahrungen und Beobachtungen haben gezeigt, dass man hier vieles falsch und vieles richtig machen kann. Im Kern geht es darum, im Recruiting-Prozess schnell, transparent und wertschätzend zu agieren. Entlang der typischen Schritte eines Recruiting-Prozesses wird hier eine Vielzahl von meist einfachen pragmatischen Ideen angeregt.

Das Buch schließt mit ▶ Kap. 9, in dem **Rahmenbedingungen** eines erfolgreichen TRM behandelt werden. Auf fünf Aspekte wird hierbei detaillierter Bezug genommen. Zunächst wird verdeutlicht, dass der Erfolg von TRM – wie vieler anderer unternehmensinterner Initiativen auch – mit der Unterstützung durch die Geschäftsführung steht und fällt. Es wird aufgezeigt, wie man hier die notwendige Unterstützung erreichen kann. Aber auch in der Personalorganisation sind besondere Kompetenzen und eine TRM-konforme Geisteshaltung erforderlich. Darüber hinaus wird auf den Aspekt der Technologie eingegangen. TRM ist kein technisches Thema. Technologie kann aber zu einer effektiven und effizienten Umsetzung beitragen. Dann wird auf das Thema Internationalität eingegangen, und welche Spielarten es für ein TRM gibt, wenn Schlüssel- und Engpassfunktionen in einem internationalen Kontext besetzt werden sollen. Dieses Kapitel schließt mit einer eher schwierigen Kost, nämlich der Ermittlung des »Return on Investment«.

Die zukünftige Arbeitsmarktsituation

2

Seit Mitte der 90er-Jahre ist vom so genannten »War for Talent« die Rede (vgl. Michaels, Handfield-Jones & Axelrod, 2001). Zwischenzeitlich hat die Welt mehrere Wirtschaftskrisen erlebt, zum einen den Niedergang der New Economy zu Beginn des jungen Jahrtausends und wenige Jahre später die weltweite Bankenkrise. Während diese Zeilen geschrieben werden, kämpfen Europa und die Welt mit der europäischen Schuldenkrise. Mit den jeweiligen Krisen wurden die zuvor immensen Bedarfe an Fachkräften gedrosselt. Immer wieder konnte Entwarnung gegeben werden. Trotz der aktuellen Schuldenkrise erleben wir derzeit eine positive Entwicklung der Konjunktur, zumindest in Deutschland. Damit einhergehend und mit dem Aufschwung nach den genannten Krisen steigt auch zeitgleich der Bedarf an talentierten und motivierten Mitarbeitern. Abgesehen von diesen, eher kurzfristigen und konjunkturbedingten Schwankungen stellt sich aber die Frage nach der langfristigen Entwicklung im Arbeitsmarkt. Worauf muss sich etwa ein Land wie Deutschland in den nächsten Jahrzehnten einstellen? Zur Beantwortung dieser Frage spielen kurz- und mittelfristige Entwicklungen eine eher untergeordnete Rolle. Vielmehr müssen hier allgemeinere Trends auf Makroebene in Betracht gezogen werden.

Demografische Entwicklung

Ein Makrotrend, der mittlerweile jedem bekannt zu sein scheint, ist die **demografische Entwicklung**. Hierüber wurde bereits viel geschrieben und viel präsentiert (Schirrmacher, 2004). Man hat die sich verändernden Alterspyramiden unmittelbar vor Augen. Das Problem mit den Alterspyramiden ist, dass sie die eigentliche demografische Entwicklung kaum sichtbar machen. ◘ Abb. 2.1 zeigt eine alternative Darstellung der Altersentwicklung in Deutschland (U.S. Census Bureau, 2010). Hier wurde 2010 als Ausgangspunkt definiert. Alle weiteren Werte in der Zukunft zeigen die relative Veränderung unterschiedlicher Alterssegmente im Vergleich zum Jahr 2010. Hier wird nun die gesamte Dramatik deutlich, nicht nur in Bezug auf den Arbeitsmarkt, sondern auch in sozialpolitischer, gesellschaftlicher Hinsicht. Die Vorhersagen sind ziemlich genau. Man kann gut einschätzen, wie viele Menschen in Deutschland im Jahr 2035 das Alter von 25 Jahren erreichen werden, weil wir schon heute sagen können, wie viele Menschen im Jahr 2010 geboren wurden.

Von besonderer Relevanz ist die Altersgruppe der 25- bis 34-Jährigen. Aus vielerlei Gründen wird es in Deutschland schwer sein – hinsichtlich der Produktion von Gütern oder der Bereitstellung von Dienstleistungen – eine Preisführerschaft zu erringen, nicht zuletzt wegen der hohen Lohnkosten und Sozialabgaben. Deutschland bzw. die deutsche Industrie wird sich zukünftig vielmehr über Produkt- und Prozessinnovationen differenzieren müssen. Weil nun Innovation von so zentraler Bedeutung für dieses Land ist, spielt dieses Alterssegment insofern eine große Rolle, weil davon ausgegangen werden kann, dass Menschen in diesem Alter den Höhepunkt ihrer kreativen und wissenschaftlichen Leistungsfähigkeit erreichen. Diese Altersgruppe der 25- bis 34-Jährigen bleibt bis zum Jahr 2020 kons-

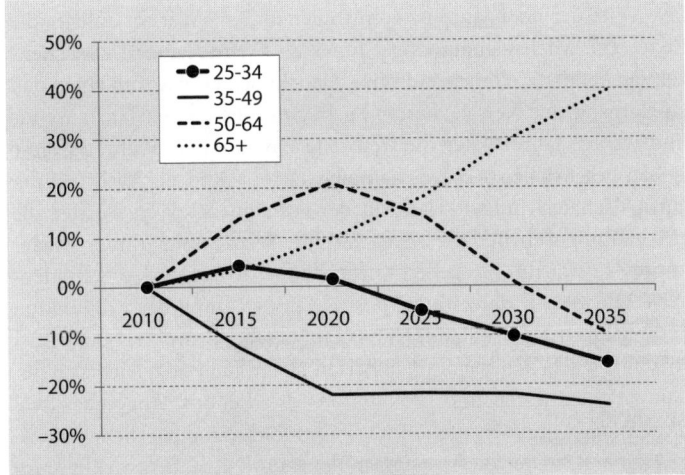

□ **Abb. 2.1** Die relative Entwicklung unterschiedlicher Alterssegmente bezogen auf 2010 in Deutschland. (U.S. Census Bureau, 2010)

tant. Danach verringert sich die Größe dieses Segments um etwa 1% pro Jahr. Dies ist äußerst dramatisch.

Ebenfalls dramatisch ist das enorme Maß an Überalterung der deutschen Gesellschaft. Im Jahr 2035 werden wir 40% mehr Menschen über 65 haben als heute. Die einfache und korrekte Daumenregel »2020/5050« besagt, dass im Jahr 2020 50% über 50 Jahre alt sein werden. Dieses Maß an Alterung hat zur Folge, dass in den kommenden Jahren in vielen Unternehmen erhebliche Anteile von Mitarbeitern in den Ruhestand gehen werden, was wiederum einen erhöhten Personalbedarf zur Folge hat. Schon heute führen zunehmend mehr Unternehmen eine Altersstrukturanalyse durch und entwickeln Szenarien, wie viele Mitarbeiter in den kommenden Jahren ersetzt werden müssen. Die Ausmaße sind zum Teil bedrohlich.

Ein weiterer relevanter Megatrend ist die zunehmende **Transparenz** der globalen Arbeitsmärkte. Früher fand Stellensuche vor allem samstags statt. Man kaufte sich etwa die Frankfurter Allgemeine Zeitung, bewaffnete sich mit einem Textmarker und studierte den Stellenmarkt, Seite für Seite. Die eine Anzeige konkurrierte an den jeweiligen Tagen gegen die anderen Anzeigen in derselben Ausgabe. Heute konkurriert eine Stellenanzeige im Internet gegen Tausende anderer Ausschreibungen. Nie war das Finden ausgeschriebener Jobs so einfach wie heute. Innerhalb weniger Sekunden ist es jedermann möglich, weltweit alle Anzeigen zu einem bestimmten Stichwort zu finden. Die wohl fortschrittlichste Seite stammt von SimplyHired (www.simplyhired.com). Im weitesten Sinne handelt es sich hier um eine Plattform, die in der Funktionsweise und Anmutung mit Google vergleichbar ist, aber lediglich Jobs anzeigt. Vermutlich steht dahinter die weltweit größte Job-Datenbank. □ Abb. 2.2 zeigt einen Screenshot

Transparente Arbeitsmärkte

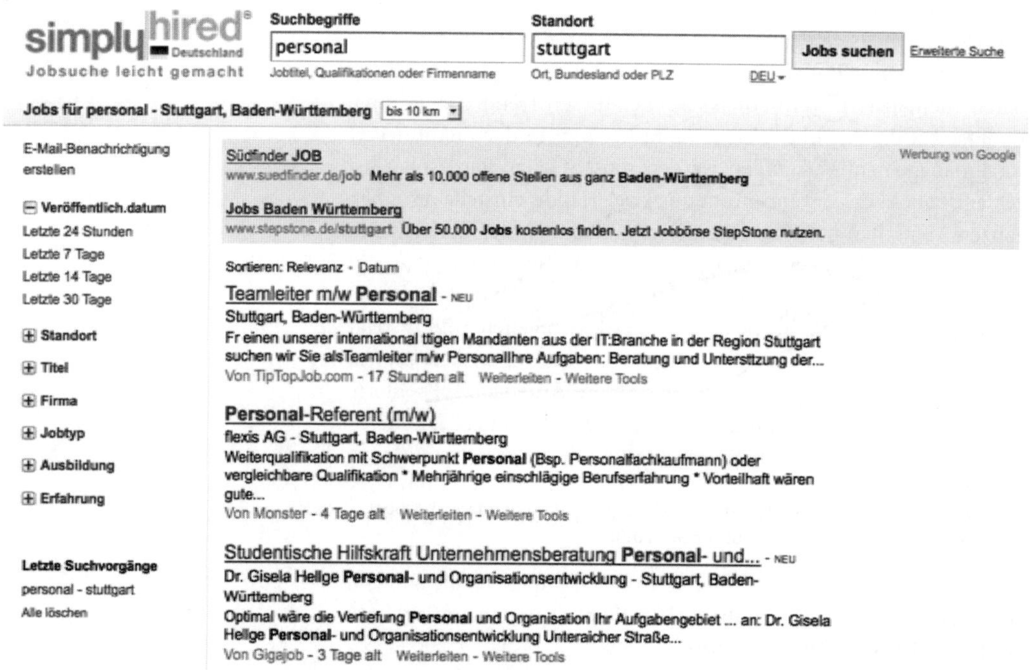

Abb. 2.2 Screenshot von Simply Hired (www.simplyhired.com)

dieser Seite. Eine Suche nach Stellen im Personalbereich in Stuttgart ergab im September 2011 1.172 Suchergebnisse.

Auch die sozialen Beziehungen zwischen Talenten einerseits und zwischen Arbeitgebern und Talenten andererseits werden durch die Entwicklungen im Bereich Social Media transparenter. Neben den Suchergebnissen bietet SimplyHired eine Integration mit Facebook (www.facebook.com) an. Dadurch wird es möglich, Jobs in aller Welt über das eigene soziale Netzwerk zu finden. Dies ist nur ein Beispiel, wie im Internet Jobs und soziale Netzwerke immer mehr zusammengeführt werden.

Die Zunahme an globaler Transparenz trifft aber nicht nur auf Jobs, Anbieter und Jobinteressenten zu, sondern auch auf Arbeitgeber. Selten war es für Arbeitnehmer, Jobsuchende und Bewerber so einfach, Einblicke in die Art und Weise zu erhalten, wie es bei unterschiedlichen Arbeitgebern zugeht. Menschen, die sich kaum kennen, tauschen über Facebook Informationen über Arbeitgeber aus oder geben Beurteilungen auf Arbeitgeberbewertungsplattformen ab. Die im deutschsprachigen Bereich wichtigste Plattform für Arbeitgeberbewertungen ist Kununu (www.kununu.com). Was bei HolidayCheck Hotels sind, sind bei Kununu Arbeitgeber. Wo Transparenz ist, da ist auch Wettbewerb. Für jeden Arbeitgeber bedeutet dies Bedrohung und Möglichkeit zugleich. Im weiteren Verlauf dieses Buches wird noch intensiver auf die Möglichkeiten eingegangen.

Wissensgesellschaft

Seit der Industrialisierung Mitte, Ende des 19. Jahrhunderts findet in der Arbeitswelt ein stetiger **Wandel von der Hand- zur Kopfarbeit** statt. Diese Entwicklung ist langsam, aber stetig und wird nur selten thematisiert. Vermutlich hat aber dieser Trend den größten Einfluss auf die Art und Weise, wie bisher und in der Zukunft Personalmanagement verstanden werden muss. Henry Ford soll einst geklagt haben, dass, wenn immer er zwei Hände einstelle, er einen ganzen Menschen bekäme. Die meisten Arbeitnehmer waren damit befasst, stupide Tätigkeiten meist manueller Art auszuführen. Es gibt heute immer noch viele Tätigkeitsfelder, in denen stupide Tätigkeiten ausgeführt werden. Teilweise sind in den vergangenen Jahren sogar neue Berufsfelder entstanden. Man denke hierbei nur an die Tätigkeit von Kassierern in Supermärkten oder an die Arbeit in Callcentern. Heute sind wir in der Wissensgesellschaft angekommen. Die meisten Arbeitnehmer generieren Mehrwert durch die kreative Nutzung eigenen oder fremden Wissens und dies in zunehmend komplexeren Problemkonstellationen. Konservative Arbeitstugenden wie Fleiß oder Gehorsam verlieren ihre Bedeutung gegenüber der Fähigkeit und Bereitschaft, Ideen zu generieren und erfolgreich mit anderen umzusetzen.

Dies ist der Grund, warum trotz anhaltend hoher Arbeitslosigkeit ein Mangel an Fachkräften beklagt wird. In den vergangenen Jahren ist die Arbeitslosigkeit von Ingenieuren in Deutschland auf wenige Tausend zurückgegangen. Gesucht werden gut ausgebildete Menschen, die kontinuierlich bereit sind, neuen Entwicklungen zu folgen. Demgegenüber haben Menschen mit sehr geringer oder keiner Ausbildung zukünftig kaum mehr aussichtsreiche Berufschancen. Es spricht alles dafür, dass diese Entwicklung zukünftig anhalten wird, und der Bedarf an qualifiziertem Personal gegenüber gering qualifizierten Arbeitnehmern stetig steigen wird. Hier trifft also ein zunehmender Fachkräftebedarf auf eine abnehmende Verfügbarkeit qualifizierter Fachkräfte.

Globale Arbeitsmärkte

Seit den vergangenen Jahrzehnten beobachten wir einen zunehmend **globalen Arbeitsmarkt**. Dies hat zum einen auch mit der bereits genannten, globalen Transparenz aufgrund des Internets zu tun. Zum anderen sind aber immer mehr Bewegungen talentierter Menschen zwischen unterschiedlichen Nationen zu beobachten, ein Phänomen, dass auch mit dem Begriff »Brain Drain« versehen wird. »Brain« steht für überdurchschnittliches Wissen. »Drain« für Abwanderung. Diese Perspektive ist allerdings einseitig, denn es gibt zwar auf der einen Seite eine Abwanderung hoch qualifizierter Menschen aus Deutschland in andere Länder. Auf der anderen Seite ist Deutschland auch zunehmend ein begehrtes Land, das eine Zuwanderung talentierter Menschen zu verzeichnen hat. Laut einer Studie der OECD (2008) ist die Bilanz für Deutschland insgesamt neutral. Die Zuwanderung nach Deutschland und die Abwanderung ins Ausland halten sich quantitativ in etwa die Waage. Unterschiede gibt es insofern, als die meisten hoch qualifizierten Menschen in die USA, nach Groß-

2

britannien oder in die Schweiz abwandern. Die meisten Zuwanderer nach Deutschland stammen aus Ländern wie Österreich, China oder Russland.

Der entscheidende Punkt ist, dass der »War for Talent« zunehmend ein globaler Wettbewerb wurde, mit steigender Tendenz. Darüber hinaus kann ein regionaler »Brain Drain« aus den neuen deutschen Bundesländern in die alten Bundesländer, aus strukturschwachen Regionen in strukturstarke Regionen beobachtet werden. Viele der so genannten »Hidden Champions« sind in strukturschwachen Regionen angesiedelt. Ich selbst lehre an der Hochschule Furtwangen inmitten des Schwarzwalds. Im Umkreis weniger Kilometer sind Unternehmen mit Weltruf angesiedelt, wie etwa die Unternehmen Hansgrohe in Schiltach, Siedle in Furtwangen oder die Sick AG in Waldkirch. All diese Unternehmen tun sich schwer, hoch qualifizierte Menschen und deren Familien zu gewinnen. Dabei bieten viele dieser Unternehmen herausragende Arbeitsbedingungen und sind weltweit führend in ihrem Segment.

Zu wenige MINT-Fachkräfte

Zu den bereits genannten Makrotrends, die für einen zukünftigen Fachkräftemangel bzw. für einen erhöhten Wettbewerb um Talente verantwortlich sind, kommt die zu geringe Anzahl von Hochschulabsolventen in den Fächern Mathematik, Informatik, Naturwissenschaften und Technik (MINT). Eine Studie der OECD (2008) verdeutlicht, dass in Deutschland auf einen Ingenieur über 55 Jahre gerade mal 0,9 Ingenieure im Alter unter 35 kommen. Damit ist Deutschland nahezu Schlusslicht in Europa und in der Welt. Zum Vergleich: In Schweden beträgt der Faktor 4,7, in Spanien 3,5, in Frankreich 2,4 und in Großbritannien 1,9. Insgesamt kann festgestellt werden, dass in Deutschland jedes Jahr 20.000 MINT-Fachkräfte weniger ausgebildet werden als erforderlich, um akute Personalbedarfe zu decken. In ◘ Abb. 2.3 sind die Bedarfe, das Angebot an MINT-Fachkräften und die kumulierten Fachkräftelücken laut Analysen des Instituts der deutschen Wirtschaft in Köln (Koppel & Plünnecke, 2009) grafisch veranschaulicht.

Experten sehen die Ursachen dieser dramatischen Entwicklung in der mangelnden und zu wenig auf Naturwissenschaften ausgerichteten schulischen Ausbildung, im Rückgang an Professorenstellen in diesen Bereichen und in dem nach wie vor zu geringen Interesse weiblicher Studienberechtigter an einem Studium eines MINT-Faches.

Modernes Kommunikationsverhalten

Ein weiterer Megatrend ist das sich **wandelnde Kommunikationsverhalten** zukünftiger Generationen. Ich bekomme täglich Mails von Studenten aus ganz Deutschland, die mich meist lapidar um einen Literaturtipp oder um ein Experteninterview bitten. Ich hätte mich als Student Anfang der 90er-Jahre nie getraut, in dieser Direktheit auf Hochschullehrer zuzugehen. Dies ist nur ein typisches Symptom des neuen Kommunikationsverhaltens. Eine Ursache ist darin zu sehen, dass das Internet seinen Nutzern eine hierarchiefreie Welt vermittelt. Wer dort präsent ist, kann ohne Umwege angesprochen werden. Davon lebt Social Media. Im akademischen Umfeld wird diese Thema-

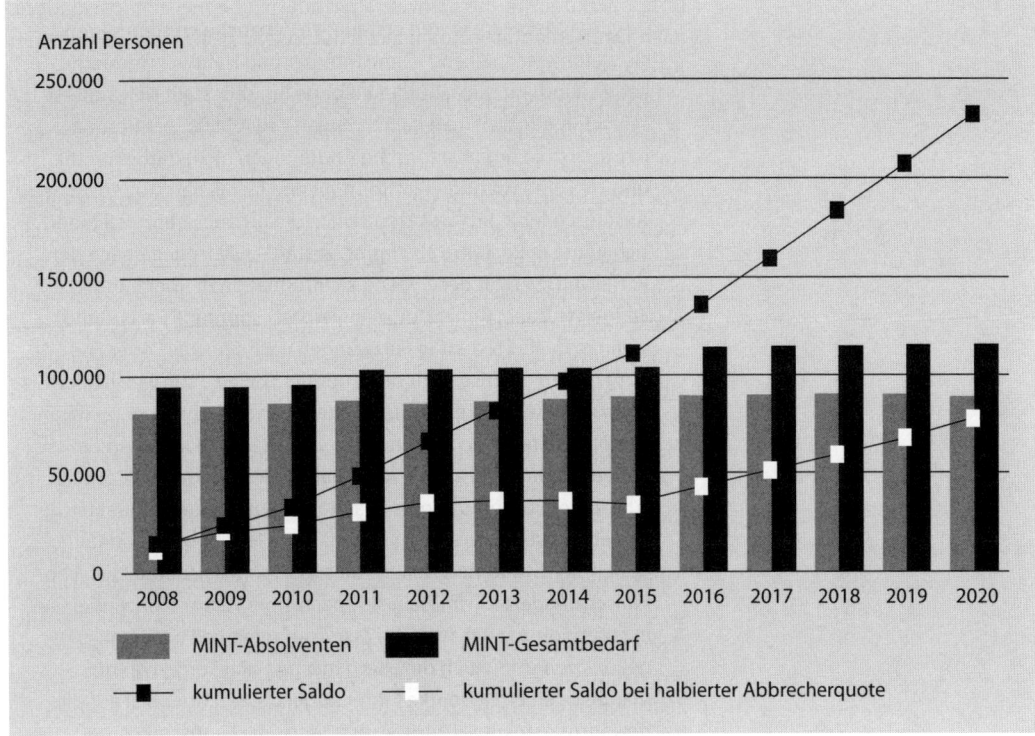

◘ Abb. 2.3 MINT: Prognose Absolventen, Bedarf und kumulierte Salden (Koppel & Plünnecke, 2009)

tik anhand der Generationenunterschiede diskutiert. Im Fokus steht hier die so genannte Generation Y, dies sind all jene, die zwischen 1980 und 2000 geboren wurden. Ihnen wird unter anderem dieses oben skizzierte Verhalten zugeschrieben (vgl. Tapscott, 2009). Im Arbeitsmarkt wird man sich daran gewöhnen müssen, dass zukünftige Arbeitnehmer in derselben Direktheit auf Unternehmen zugehen werden: »Hallo, mein Name ist Stefan, ich wollte mal fragen, ob es sich für mich lohnen könnte, dass ich mich bei Ihnen bewerbe.« Vor allem muss man als Arbeitgeber erkennen, dass Kommunikation zunehmend auf Social-Media-Plattformen stattfinden wird und dies nicht nur zwischen Arbeitnehmern und Arbeitgebern, sondern zwischen allen Beteiligten (▶ Übersicht).

Eine Woche ohne Internet und Handy
Im Sommersemester 2010 haben acht Studenten an meiner Fakultät an der Hochschule Furtwangen eine Erklärung unterschrieben, wonach sie eine Woche lang auf Internet und Handy verzichten werden. In dieser Zeit wurden sie angehalten, ihre Erfahrungen in einem kleinen Tagebuch handschriftlich festzuhalten. Ziel war, anhand eines Selbstversuchs festzustellen, welche Bedeutung moderne Medien der Kommunikation im studentischen Alltag haben.

2

Die Ergebnisse waren erstaunlich – manche würden sagen, sie waren erschreckend. Ohne Internet und Handy ist modernes Leben kaum möglich. Studieren ohne Internet stellt sich äußerst schwierig dar, weil man keinen Zugang zu relevanter Literatur hat, weil man organisatorische Änderungen nicht mitbekommt und weil eine wichtige Plattform für den fachlichen studentischen Austausch fehlt. Privates lässt sich kaum organisieren, weil man sich heute in Realtime abstimmt, anstatt – wie früher – nach der Vorlesung. Es fehlt der Zugang zu Informationen über kulturelle Ereignisse (Kino, Konzerte), man verpasst spontane Partys, und wenn man als Student in Furtwangen nach Stuttgart oder Freiburg fahren möchte, fehlt nicht nur der Online-Fahrplan. Ist man dann zusammen in einer Stadt, muss man sich ohne Handy daran gewöhnen, regelrecht »Händchen zu halten«. Verliert man die anderen, fährt man alleine nach Hause. Der mangelnde Kontakt zu anderen löst emotionale Reaktionen aus, die den Charakter von Entzugserscheinungen haben. Ohne Facebook und SMS fühlen sich Studenten isoliert. Dies birgt sogar sicherheitspsychologische Aspekte. Trifft man sich nach einer Party nicht wieder in Facebook, weiß man nicht, ob die anderen heil nach Hause gekommen sind. Auch die Eltern machen sich Sorgen ob der mangelnden Erreichbarkeit ihrer Zöglinge. Wer aber mal auf die bewährte »Sackpost« zurückgreift, muss die Langsamkeit der Kommunikation beachten. Grußkarten zum Geburtstag müssen zwei Tage im Voraus versandt werden, wenn man sich an Geburtstage überhaupt erinnert. Denn diese sind üblicherweise entweder auf dem Handy gespeichert oder man wird über Facebook darauf aufmerksam gemacht.

Zum ersten Mal habe ich 2010 detaillierter in meinem Blog beim Harvard Businessmanager über die Ergebnisse dieses Experiments berichtet: »Wie die Generation Y kommuniziert« (Trost, 2010).

Zusammenfassend kann festgestellt werden, dass der Fachkräftemangel in Deutschland aufgrund folgender Makrotrends dramatisch zunehmen wird:

- Aufgrund demografischer Entwicklungen wird die Anzahl an Fachkräften, die in den Ruhestand gehen, in den kommenden Jahren dramatisch zunehmen. Dem steht eine abnehmende Anzahl jüngerer Menschen gegenüber.
- Aufgrund des Internets werden Arbeitsmärkte immer transparenter, was den Wettbewerb um Talente zusätzlich beflügelt. Job, Arbeitnehmer, Kandidaten, Arbeitgeber und deren soziale Beziehungen zueinander sind nicht zuletzt aufgrund spezieller Plattformen und Social Media für jedermann sichtbar.

— Der seit Jahrzehnten anhaltende Trend von der Hand- zur Kopfarbeit im Kontext einer zunehmenden Wissensökonomie fördert den stetig wachsenden Bedarf an hoch qualifiziertem Personal.

— Der Wettbewerb um Talente wird zunehmend global. Es wird ein sich steigernder »Brain Drain« hoch qualifizierter Arbeitnehmer aus Deutschland ins Ausland beklagt. Darüber hinaus verschärft sich der Wettbewerb um Talente zwischen strukturschwachen und strukturstarken Regionen innerhalb Deutschlands.

— Es gibt zu wenige Absolventen in MINT-Bereichen. Der langfristige Bedarf an Fachkräften wird durch die öffentliche Bildung dauerhaft nicht gedeckt.

— Zukünftige Generationen werden offener und direkter mit Arbeitgebern und über Arbeitgeber kommunizieren oder dies zumindest einfordern. Gewinnen werden am Ende jene Arbeitgeber, die einen direkteren Zugang zu ihren jüngeren Zielgruppen finden.

Vor diesem Hintergrund werden Unternehmen, aber auch ganze Nationen um Lösungen ringen. Arbeitgeber werden sich in zunehmendem Maße der Herausforderung stellen müssen, Antworten auf diese langfristigen und sicher vorhersehbaren Entwicklungen zu liefern. So wundert es nicht, dass immer mehr Unternehmen in den vergangenen Jahren über die Entwicklung einer Arbeitgebermarke (Employer Brand) nachgedacht haben, was in den meisten Fällen auch sehr viel Sinn ergibt. Die schlagkräftigste Antwort zur Besetzung von kritischen Funktionen ist aber im TRM zu sehen, einem neuen und zukunftsweisenden Ansatz zur Gewinnung hoch qualifizierter Mitarbeiter, insbesondere für kritische und meist schwer zu besetzende Unternehmensfunktionen und -positionen.

Talent Relationship Management im Überblick

3

Die gängige Praxis der Personalgewinnung erfolgt in der Weise, dass für offene Stellen Anzeigen geschaltet werden, und man dann auf Bewerbungen hofft (»Post and Pray«). Wo man sich besonders schwer tut, Bewerbungen zu erhalten, wird eine Personalberatung eingeschaltet. Um den Zulauf an Bewerbungen zu steigern, ist man auf Karrieremessen oder mit Imageanzeigen in bestimmten Medien und an ausgewählten Hochschulen präsent. Für viele Jobs ist dieses traditionelle Vorgehen absolut hinreichend. Bei bestimmten Jobs stößt dieser Ansatz – nicht zuletzt aufgrund des im vorigen Kapitel beschriebenen Fachkräftemangels – an seine Grenzen.

»Customer Relationship Management« (CRM)

Im Folgenden wird daher ein Ansatz überblicksartig vorgestellt, der Unternehmen in die Lage versetzt, schwer zu besetzende Funktionen mit eigenen Mitteln und aus eigener Kraft effektiv und erfolgreich zu besetzen. In Anlehnung an das im Vertrieb bereits hinreichend bekannte Konzept des »Customer Relationship Management« (CRM; Jackson, 2005) ist hier im Weiteren von TRM (»Talent Relationship Management«) die Rede. Zunächst werden grundlegende Prinzipien besprochen. Danach erfolgt eine überblicksartige Darstellung der Funktionsweise von TRM. Auf die jeweiligen Aktivitäten wird im weiteren Verlauf des Buches detailliert eingegangen.

3.1   Talentfokus

Von der Vakanz- zur Talentfokussierung

Die traditionelle Herangehensweise bei der Personalgewinnung ist vakanzfokussiert. Eine offene, genehmigte und zu besetzende Stelle ist der Auslöser für Bemühungen im Rahmen eines Personalmarketings und Recruitings. Erst dann, wenn es eine Vakanz gibt, wird ein Recruiting-Prozess gestartet. Bezogen auf die jeweilige Stelle und die damit verbundenen Herausforderungen wird üblicherweise eine Stellenanzeige geschaltet, Bewerbungen werden abgewartet und vorselektiert. Vielversprechende Bewerber werden einer intensiveren Auswahlprozedur unterzogen. Der Beste erhält am Ende ein Angebot. Das Problem – die Vakanz – ist gelöst, das Projekt abgeschlossen, und es darf aufgeräumt werden. Bewerber, die kein Angebot bekommen haben, erhalten nun endgültig eine Absage. Im oberen Teil der ◘ Abb. 3.1 ist dieser vakanzfokussierte Ansatz grafisch veranschaulicht. Diesem wird im Folgenden eine talentfokussierte Herangehensweise gegenübergestellt (s. unterer Teil der ◘ Abb. 3.1).

Talentfokus ist ein Prinzip von TRM und bedeutet, das Talent in den Mittelpunkt des Denkens und Handelns zu rücken. Nicht für eine Vakanz wird ein Talent gesucht, sondern umgekehrt: Für ein identifiziertes Talent wird eine Vakanz gesucht. Die Suche nach talentierten und motivierten Kandidaten findet immer und unabhängig von akuten Vakanzen statt, zumindest im Hinblick auf schwer zu besetzende Funktionen, bei denen dauerhaft oder häufig ein gewisser quantita-

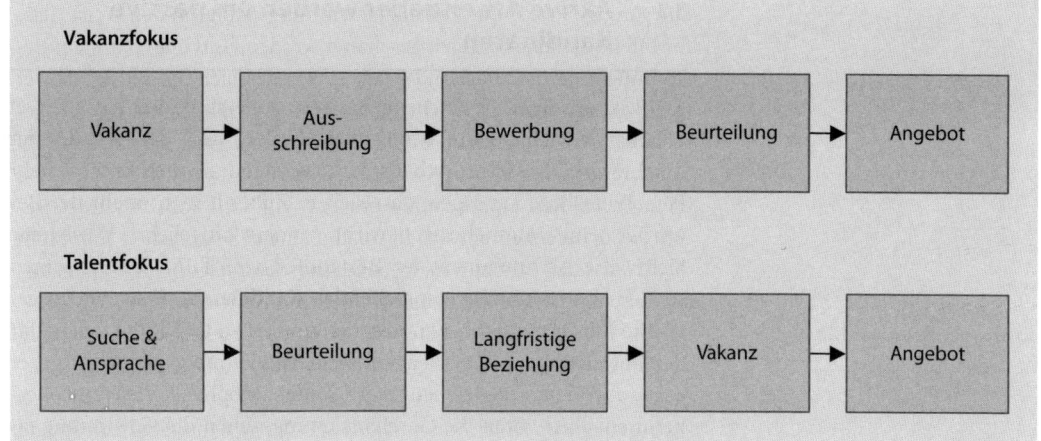

◻ Abb. 3.1 Vakanz- versus talentfokussierte Recruting-Prozesse

tiver Personalbedarf besteht. Im Rahmen einer talentfokussierten Denkhaltung ist jedes Gespräch ein Bewerbungsgespräch, genauso, wie für einen Vertriebsmitarbeiter jedes Gespräch ein Verkaufsgespräch ist. Nicht nur die Personalabteilung ist kontinuierlich auf der Suche nach vielversprechenden Talenten, sondern im Extremfall sind dies alle Mitarbeiter und Führungskräfte. Erfährt ein solches Talent eine positive, initiale Beurteilung, wird versucht, eine langfristige Beziehung zu diesem Kandidaten aufzubauen, mit dem Ziel einer früherer oder späteren Einstellung. Dabei behält der Arbeitgeber die individuellen Karrierepräferenzen der Kandidaten im Blick und geht aktiv darauf ein.

3.2 TRM ist strategisch und langfristig

Wie noch gezeigt wird, beziehen sich Aktivitäten eines TRM insbesondere auf Schlüsselfunktionen, also auf Unternehmensfunktionen, die für ein Unternehmen eine herausragende wettbewerbsrelevante Bedeutung haben. TRM trägt damit unmittelbar zur Zukunft eines Unternehmens bei. In solchen Funktionen sind nicht nur geeignete Mitarbeiter gefragt, sondern Mitarbeiter, die deutlich besser sind als Mitarbeiter in vergleichbaren Funktionen bei den Konkurrenzunternehmen. Deshalb ist bei TRM auch von Talenten die Rede, von Kandidaten also, die das Potenzial haben, langfristig Überdurchschnittliches zu leisten. Talentierte Mitarbeiter zu gewinnen, ist deutlich schwerer als »normale« Mitarbeiter einzustellen. Sie sind meist passiv hinsichtlich ihrer Suche nach neuen Karrieremöglichkeiten und verfügen über zahlreiche und attraktive Wahlmöglichkeiten.

Talente

3.3   Aktive Arbeitgeber werben um passive Kandidaten

TRM ist aus Sicht des Arbeitgebers ein äußerst aktiver Ansatz. Seit etlichen Monaten kann beobachtet werden, dass der Wandel der Mächteverhältnisse im Arbeitsmarkt verstanden wird. Immer mehr Personaler höre ich sagen, dass sich in Zukunft nicht mehr der Bewerber beim Unternehmen bewirbt, sondern umgekehrt. Diese neue Sichtweise ist fundamentaler Bestandteil von TRM. Unternehmen suchen aktiv nach vielversprechenden Kandidaten, versuchen ausgewählte Jobs bestmöglich darzustellen und sie zu verkaufen. Nicht nur der Bewerber muss überzeugen, sondern viel mehr der Arbeitgeber gegenüber dem potenziellen Interessenten. Möglichst Viele im Unternehmen, allen voran die Geschäftsleitung, sehen die Gewinnung talentierter Fachkräfte als eine ihrer wichtigsten Aufgaben. Diese Form der Aktivität ist nachhaltig und dauerhaft. Bei der Pflege von Beziehungen bedarf es nicht selten eines langen Atems.

Hinter TRM steht die Annahme, dass, je qualifizierter ein Arbeitnehmer ist, desto passiver ist er bei der Suche nach neuen Karrieremöglichkeiten. Top-Kandidaten bewerben sich nicht mehr selbst, sondern warten darauf, angesprochen zu werden. Deshalb wird davon ausgegangen, dass es für die Gewinnung hochqualifizierter Mitarbeiter erforderlich ist, als Arbeitgeber aktiv zu sein.

3.4   Zielgruppenfokus

Wie im Laufe dieses Buches noch deutlich wird, bindet TRM erhebliche Ressourcen. Aktiv Kandidaten zu suchen und langfristige, persönliche Beziehungen zu pflegen, ist aufwendig und für viele Bereiche innerhalb eines Unternehmens auch nicht nötig. Es wird immer so sein, dass ein Großteil an Stellen schon allein aufgrund der Arbeitslosigkeit leicht zu besetzen ist. Einen geeigneten Kassierer für einen Supermarkt zu finden, ist einfach und bedarf keiner besonderen Anstrengungen. Aber für die Besetzung ausgewählter Funktionen muss mehr getan werden. Es wird noch gezeigt, für welche Funktionen TRM Sinn machen kann. Insofern ist TRM immer zielgruppenfokussiert und richtet sich nicht an die breite Masse. Damit unterscheidet sich TRM von »Employer Branding« oder von den gängigen Verfahren des Personalmarketings, das eine höhere Reichweite hat (vgl. Trost & Quenzler, 2009).

In ◘ Abb. 3.2 ist das Verhältnis zwischen TRM und Employer Branding einerseits und Recruiting andererseits skizziert. Mittels Employer Branding wird meist ein Unternehmen insgesamt als attraktiver Arbeitgeber gegenüber dem gesamten Arbeitsmarkt positioniert und präsentiert (Trost, 2009). Im Recruiting findet bereits eine sehr intensive Auseinandersetzung mit einzelnen Kandidaten statt. Hierbei geht es auch schon um die Besetzung ganz konkreter Jobs. Was

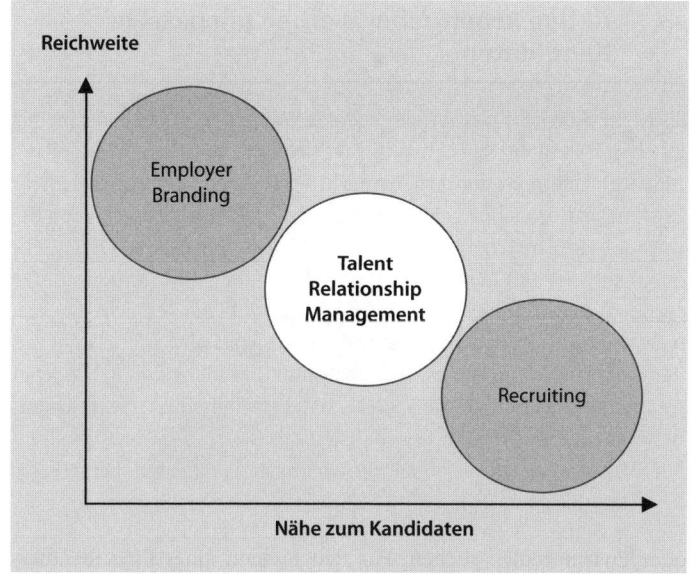

Abb. 3.2 TRM zwischen Employer Branding und Recruiting

die Nähe zum Kandidaten und die Reichweite betrifft, so befindet sich TRM zwischen diesen beiden Handlungsfeldern.

TRM bedeutet eine intensive Auseinandersetzung mit der zuvor definierten Zielgruppe. Wer Verfahrensingenieure gewinnen möchte, muss verstehen, wo man diese seltene Spezies findet, welche Arbeitsbedingungen Vertreter dieser Zielgruppe bevorzugen, und was deren Medienpräferenzen sind.

3.5   Bausteine eines TRM

Im Folgenden soll nun ein Überblick über die Komponenten eines TRM gegeben werden. Eine zusammenfassende Darstellung findet sich in ■ Abb. 3.3. Im weiteren Verlauf dieses Buches wird auf die verschiedenen Bausteine detaillierter eingegangen.

Ausgangspunkt eines TRM ist die **Definition der Zielgruppe**. Wie bereits gesagt, konzentriert sich TRM einerseits auf jene Unternehmensfunktionen, die schwer zu besetzen sind und für die langfristig signifikantes Personal benötigt wird. Man spricht hierbei von Engpassfunktionen. TRM kommt andererseits besonders dann zum Tragen, wenn es sich bei den identifizierten Funktionen um strategisch relevante Funktionen handelt, also um Funktionen, bei denen das Unternehmen bessere Mitarbeiter haben sollte als die Wettbewerber in ähnlichen Funktionen. Letztere werden auch als Schlüsselfunktionen bezeichnet. Nun stellt sich die Frage, wer die jeweiligen Zielgruppen im Arbeitsmarkt sind. Die Forschung und Entwicklung in einem Pharmaunternehmen wird Mediziner, Chemiker, Biologen

Engpass- und
Schlüsselfunktionen

3

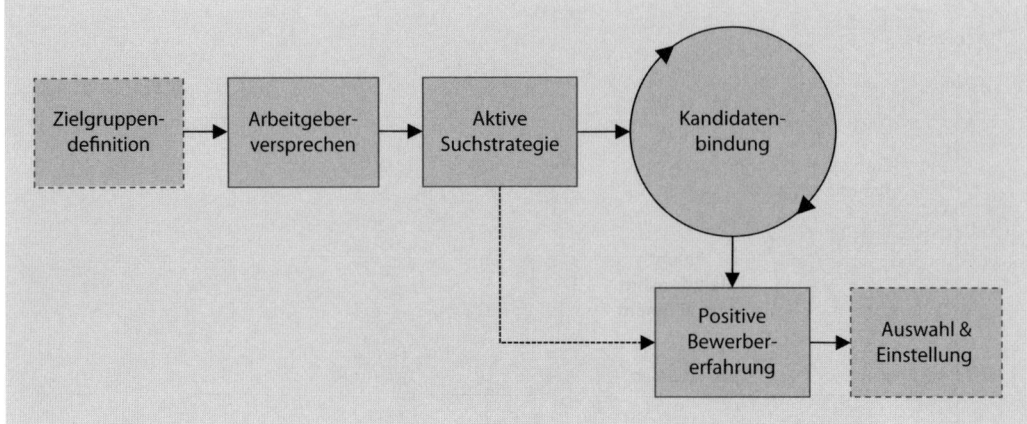

◻ **Abb. 3.3** Der TRM-Prozess im Überblick

oder Pharmazeuten suchen. Für den Einkauf eines Einzelhändlers kommen eher Absolventen der Betriebswirtschaftslehre mit entsprechender Berufserfahrung infrage. Einkauf ist meist dann eine Schlüsselfunktion, wenn sich ein Einzelhändler über den Preis oder die Qualität differenziert.

»Employer Brand«

Ist die Zielgruppe im Arbeitsmarkt definiert, stellt sich die Frage, wie diese von den Vorzügen der Engpass- oder Schlüsselfunktionen überzeugt werden kann. Am Ende bedarf es klarer authentischer und überzeugender Argumente. Die Gesamtheit dieser Argumente wird als **Arbeitgeberversprechen** bezeichnet. Sie bildet die Grundlage für die Ansprache und auch für alle Personalmarketingkampagnen, die sich an die Zielgruppe richten. Die Vorgehensweise ist vom Grundsatz her identisch mit der Entwicklung einer Arbeitgebermarke (Employer Brand), mit dem Unterschied, dass sich die hier gemeinten Aktivitäten an bestimmte Zielgruppen wenden und nur ausgewählte Funktionen positioniert und präsentiert werden.

»Active Sourcing«

Im Rahmen **aktiver Suchstrategien** geht es nun konkret darum, geeignete, talentierte und motivierte Menschen zu finden und mit ihnen persönlich in Kontakt zu treten. Wie bereits oben erwähnt, ist es das Ziel, passive Kandidaten zu identifizieren. Dazu bedarf es aktiver Suchstrategien. Hierbei spricht man auch von »Active Sourcing«. Hier kommen eine Vielzahl von zum Teil bekannten Ansätzen, wie etwa »Campus Recruiting«, Mitarbeiterempfehlungsprogramme oder die Suche nach Kandidaten in Social-Media-Plattformen (z. B. Xing) zum Tragen. Darüber hinaus waren in den vergangenen Jahren etliche fortschrittlich denkende Unternehmen nicht müde, gänzlich neue, kreative und zum Teil aggressive Wege einzuschlagen.

Kandidatenbindung

Kernstück eines TRM sind der Aufbau eines Talente Pools und die strukturierte, systematische Pflege persönlicher Beziehungen zu ausgewählten Talenten im Rahmen der **Kandidatenbindung**. Die Idee dahinter ist denkbar einfach: Als Arbeitgeber versucht man, mit vielversprechenden Talenten in Kontakt zu bleiben, mit dem Ziel, diese früher oder später für das Unternehmen zu gewinnen. Hierbei handelt es sich (wie in ◘ Abb. 3.3 angedeutet) um einen zyklischen Prozess, in dem ein Arbeitgeber kontinuierlich über die weitere Gestaltung der Beziehung und etwaige Maßnahmen nachdenkt und entsprechend agiert.

Alle vorausgegangenen Bemühungen zielen am Ende darauf ab, talentierte Kandidaten als Mitarbeiter zu gewinnen. Man setzt also darauf, dass ein Kandidat zu irgendeinem Zeitpunkt konkretes Interesse an einer meist aktiv angebotenen Stelle artikuliert, woraufhin eine Art Auswahlprozess startet, dessen Intensität natürlich von den bisherigen Kenntnissen über einen Kandidaten abhängt. Gerade in dieser Phase ist es entscheidend, Kandidaten eine **positive Bewerbererfahrung** zu vermitteln. Dies gilt auch und in besonderem Maße für Kandidaten, die sich direkt auf eine Stelle beworben haben und nicht Teilnehmer eines Kandidatenbindungsprogramms waren. Die Analogie zum Thema Konsumentenerleben (»consumer experience«) im Marketingkontext ist mehr als zufällig (vgl. Baron, Conway & Warnaby, 2010). Im Zusammenhang mit TRM werden in diesem Buch drei Kriterien beim Umgang mit Kandidaten in den Vordergrund gerückt, nämlich Schnelligkeit, Transparenz und persönliche Wertschätzung. Diese Kriterien sind sicherlich hilfreich bei der Besetzung aller Positionen innerhalb eines Unternehmens. Für die Besetzung kritischer Funktionen sind sie allerdings unerlässlich.

Bewerbererfahrung

Definition relevanter Zielgruppen

4

Ausgangspunkt eines TRM ist immer die Definition der Zielgruppe, also die Klärung, welche Personengruppen man im Arbeitsmarkt für welche Funktion gewinnen möchte. Zielgruppen können bestimmte Berufsgruppen sein oder Mitarbeiter in bestimmten Funktionen anderer Unternehmen oder etwa Absolventen bestimmter Studiengänge. Im weitesten Sinne handelt es sich bei diesem Schritt um ein Element der strategischen Personalplanung. Von zentraler Bedeutung sind in diesem Zusammenhang so genannte Schlüssel- und Engpassfunktionen. Hierbei wird eine personalpolitische Differenzierung unterschiedlicher Unternehmensfunktionen vorgenommen (vgl. auch Becker, Huselid & Beatty, 2009; Huselid, Beatty & Becker, 2005).

Die Identifikation der Schlüsselfunktionen orientiert sich an der Unternehmensstrategie. Im Vordergrund steht dabei die Frage, welche Unternehmensfunktionen besonders relevant sind, um gegenüber den Wettbewerbern einen Vorteil zu erringen. Engpassfunktionen werden anhand zukünftiger Personalbedarfe bestimmt, wobei die Schwierigkeit ihrer Deckung berücksichtigt wird. Danach muss definiert werden, welche zukünftigen Herausforderungen in Schlüssel- aber auch in Engpassfunktionen durch die Mitarbeiter bewältigt werden müssen und welche Kompetenzen dafür als erforderlich erachtet werden. Erst wenn dies geklärt ist, kann die Frage beantwortet werden, welche Zielgruppen im Arbeitsmarkt potenziell in der Lage sind, Schlüssel- und Engpassfunktionen erfolgreich zu besetzen. Eine zusammenfassende Darstellung dieser Schritte findet sich in ◘ Abb. 4.1.

In den folgenden Abschnitten wird diese Systematik, der Weg von der Unternehmensstrategie und den Personalbedarfen bis hin zur Definition der Zielgruppen im Arbeitsmarkt, eingehend behandelt. Die Darstellung beginnt mit der Identifikation von Schlüssel- und Engpassfunktionen.

4.1   Schlüssel- und Engpassfunktionen

Man stelle sich vor, ein Unternehmen möchte in den kommenden zwölf Monaten 100 neue Mitarbeiter einstellen. Hierfür steht diesem Arbeitgeber ein Budget für Personalmarketing und Recruiting von einer Million Euro zur Verfügung. Wie soll das Unternehmen dieses Budget auf die Gewinnung dieser 100 Mitarbeiter verteilen? Hier wären unterschiedliche Alternativen denkbar. Der naheliegende Ansatz wäre, dieses Budget zu gleichen Teilen auf die 100 Neueinstellungen zu verteilen. Kaum ein Unternehmen würde so agieren. Alternativ könnte man das Budget so einteilen, dass größere Anteile auf die schwer zu besetzenden Stellen entfallen. Im weitesten Sinne handelt es sich hierbei um Engpassfunktionen. Weiterhin böte sich der Ansatz an, größere Teile des Budgets auf jene Stellen zu konzentrieren, die für das Unternehmen von strategischer Bedeutung sind. Letztere sind meist auch schwerer zu besetzen. Man bezeichnet diese als Schlüsselfunktionen. Wenngleich die meisten Unternehmen in dieser Weise agieren, fehlt meist eine systematische Priorisierung.

Was sind nun in einem Unternehmen **Schlüsselfunktionen**? Hierzu zunächst ein paar beispielhafte Überlegungen. In meinen Vorlesungen stelle ich ab und an die Frage, welcher Job bei Lufthansa wohl der Wichtigste sei. Die Antworten variieren, aber am häufigsten wird der Pilot genannt. Piloten sorgen dafür, dass eine Maschine von A nach B fliegt. Sie haben an Bord die Verantwortung, und schließlich tragen sie Respekt einflößende Uniformen. Was machte es aber für einen Unterschied, wenn Lufthansa nicht nur durchschnittliche Piloten einstellen und beschäftigen würde, sondern die Besten der Welt? Es würde keinen Unterschied machen. Der Fluggast würde den Unterschied nicht merken und entsprechend sein Konsumverhalten nicht nach der Qualität der Piloten ausrichten. Es wird erwartet, dass die Qualifikation von Piloten international gültigen und verlässlichen Standards entspricht. Natürlich würde die Qualifikation eines Piloten in kritischen Situationen einen Unterschied machen. Man denke nur an den Flug 1549 der US-Airways, als der Pilot Chesley Sullenberger den Airbus A320 mit 155 Insassen am 15. Januar 2009 wegen eines spontanen Triebwerkschadens sicher auf dem Hudson River in New York landete. Aber mit solchen Ereignissen rechnet der Fluggast für gewöhnlich nicht. Er würde die Maschine sonst nicht besteigen. Piloten würde man bestenfalls dann als Schlüsselfunktion betrachten, wenn sich eine Fluglinie als die sicherste der Welt positionieren würde und damit besonders flugängstliche Gäste ansprüche.

Jeder, der den Einzelhändler und Discounter Aldi kennt, weiß, dass es dort regelmäßig Aufmerksamkeit weckende Aktionen gibt. Bekanntermaßen teure Produkte werden zu sensationellen Preisen vertrieben, der Rasenmäher von Black & Decker, Flachbildfernseher, Laptops oder etwa Schlagzeuge. Dass Produkte dieser Art zu solchen Preisen angeboten werden können, ist nicht selten der Verdienst bestimmter Einkäufer bzw. von Teams, die im Einkauf angesiedelt sind. Was für einen Unterschied würde es nun für Aldi machen, anstatt durchschnittlicher Einkäufer die Besten einzustellen und zu beschäftigen? Es könnte einen dramatischen Unterschied bedeuten, weil eben diese Angebote eine hohe Anziehungskraft auf aktuelle und potenzielle Kunden haben, damit der Umsatz insgesamt angekurbelt und die Niedrigpreisstrategie des Discounters nachhaltig gestützt wird.

Der ehemalige Schüler von Stephen Hawking und geniale Mathematiker Nathan Myhrvold war bis zum Jahr 1999 Chief Technology Officer bei Microsoft. Er prägte einst das Zitat: »The top software developers are more productive than average software developers not by a factor of 10 or 100, or even 1.000, but 10.000.« Auf den ersten Blick erscheint dies deutlich übertrieben. Aber wer einmal in der Softwareindustrie gearbeitet hat, der weiß, dass die besten Entwickler Vieles anders und besser machen als durchschnittliche Entwickler. Sie sind um ein Vielfaches schneller, effizienter und machen weniger Fehler.

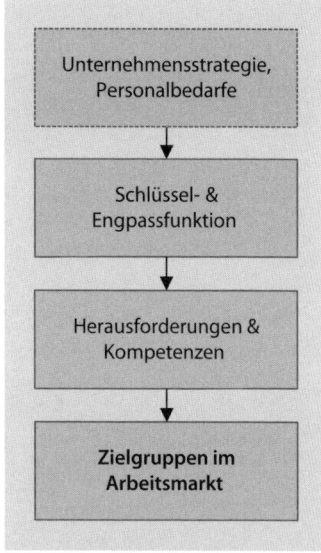

Unternehmensstrategie, Personalbedarfe

Schlüssel- & Engpassfunktion

Herausforderungen & Kompetenzen

Zielgruppen im Arbeitsmarkt

◘ **Abb. 4.1** Von der Unternehmensstrategie zur Zielgruppe im Arbeitsmarkt

4

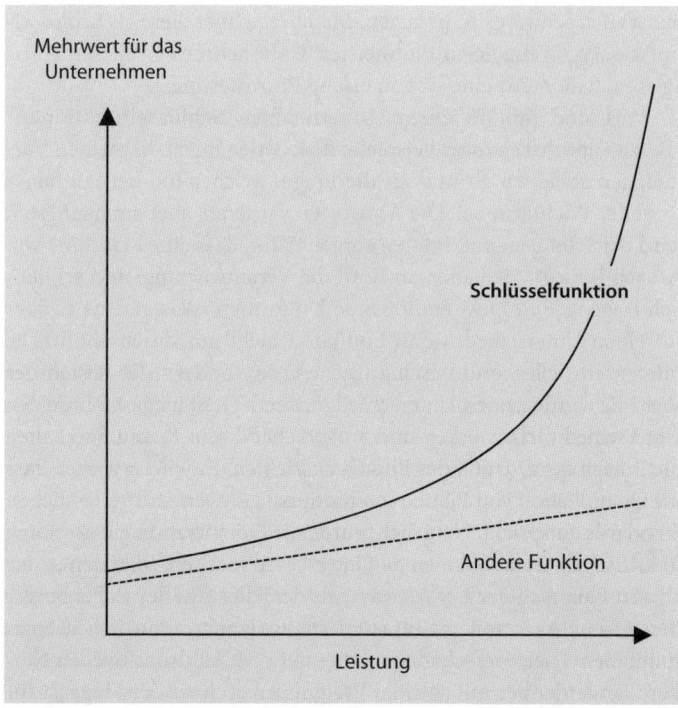

Mehrwert für das
Unternehmen

Schlüsselfunktion

Andere Funktion

Leistung

◘ Abb. 4.2 Der Zusammenhang zwischen Leistung und Mehrwert bei Schlüsselfunktionen und anderen Funktionen

Sie ziehen bei der aktuellen Gestaltung der Software zukünftige Wei-
terentwicklungen in Betracht und antizipieren Kundenanforderungen noch bevor Kunden diese artikuliert haben. Nicht selten machen
Softwareunternehmen mit dem Ergebnis weniger Mitarbeiter Mil-
lionenumsätze, während die Leistung anderer Mitarbeiter im Sande
verläuft.

**Schlüsselfunktionen leisten
einen überproportionalen
Beitrag**

Was ist nun der Unterschied zwischen den Piloten bei Lufthansa
und den Einkäufern bei Aldi oder den Entwicklern bei Microsoft? Bei
Letzteren handelt es sich um Mitarbeiter in Schlüsselfunktionen, also
um Funktionen, die unmittelbaren Einfluss auf den Unternehmenserfolg und die Wettbewerbsfähigkeit eines Unternehmens haben. Die
Grafik in ◘ Abb. 4.2 soll den Unterschied zwischen Schlüsselfunktionen und anderen Funktionen verdeutlichen.

Bei den meisten Funktionen in Unternehmen stehen die Leistung
eines Mitarbeiters und der dadurch generierte Mehrwert in propor-
tionalem Verhältnis. Wenn ein Mitarbeiter 10% schneller oder pro-
duktiver arbeitet als ein anderer, dann unterscheidet sich der Mehrwert zwischen diesen beiden um eben diese 10%. Der eine Mitarbeiter
schraubt pro Tag 500 Teile zusammen, der andere 550. Entsprechend
unterschiedlich ist der Mehrwert, der für das Unternehmen generiert
wird. Dies gilt meistens in den Bereichen Produktion oder anderen
Funktionen mit standardisierten Abläufen. In Schlüsselfunktionen

Tab. 4.1 Schlüsselfunktionen in Abhängigkeit von der strategischen Ausrichtung eines Unternehmens	
Strategische Ausrichtung	**Schlüsselfunktion**
Innovation, Technologieführerschaft	Forschung und Entwicklung
Wachstum	Vertrieb
Markenführerschaft	Marketing, Design
Preisführerschaft	Einkauf, Produktionsplanung

aber kann eine überdurchschnittliche Leistung einem Unternehmen dramatische Wertsteigerungen bescheren. Ein Pharmaunternehmen wie Boehringer Ingelheim kann durch die Entwicklung eines neuen Präparats in der Forschung und Entwicklung gepaart mit einer schnellen Markteinführung Milliardenumsätze einfahren. Dieses Unternehmen hat eine Innovationsstrategie, indem Forschung und Entwicklung eindeutig den Schlüsselfunktionen zugeordnet werden können. Ratiopharm, ein Unternehmen derselben Branche, verfolgt demgegenüber eine Preisstrategie, weswegen dort in gänzlich anderen Funktionen über die Wettbewerbsfähigkeit entschieden wird. Designer sind in einem Unternehmen der Bekleidungs- und Modeindustrie wie Hugo Boss entscheidend dafür verantwortlich, welche Umsätze am Ende mit einer Kollektion erzielt werden können. Trifft ein Designer den Geschmack der Kunden, hat dies maßgebliche Folgen für das Unternehmen insgesamt.

Welche Funktion in einem bestimmten Unternehmen als Schlüsselfunktion angesehen werden kann, hängt unmittelbar von seiner Strategie und seiner Positionierung im Markt ab und somit von der Frage, warum Kunden seine Produkte oder Dienstleistungen kaufen. Hierzu war ich vor etlichen Monaten an einer interessanten Diskussion mit Führungskräften eines Unternehmens aus dem Einzelhandel beteiligt. Es wurde diskutiert, welche Funktion Schlüsselfunktion sei. In Konkurrenz standen der Einkauf und der Verkauf. Am Ende entschied die Erkenntnis, es seien der Preis und die Qualität der Produkte, warum man will, dass die Kunden ein Warenhaus betreten und eben nicht primär die freundliche oder fachkundige Verkaufsberatung. Das Einkaufserlebnis stand eher im Hintergrund. Somit war das Problem geklärt. Wenn der Preis oder die Qualität im Einzelhandel eine Rolle spielt, kann man davon ausgehen, dass der Einkauf eine Schlüsselfunktion ist, nicht selten auch die Logistik. In **** Tab. 4.1 ist bewusst plakativ dargestellt, welche Unternehmensfunktionen in Abhängigkeit von der strategischen Ausrichtung eines Unternehmens meist als Schlüsselfunktionen erachtet werden können.

Nun werden so manche Unternehmen an dieser Stelle einräumen, dass sie nicht über eine klare Unternehmensstrategie verfügen. Dies ist nachvollziehbar, weil in vielen Unternehmen deren Führung eben nicht nach Regeln klassischer Lehrbücher erfolgt. Die meisten Ge-

Die Strategie bestimmt, was eine Schlüsselfunktion ist

4

Es geht nicht um die Frage, auf welche Funktion man verzichten kann

schäftsführer und Vorstände haben Michael Porter vermutlich weder gelesen noch beherzigen sie dessen Ideen im Rahmen ihrer Entscheidungsfindung. Dies muss nicht notwendigerweise bedeuten, dass jene Unternehmen schlecht geführt werden. Viele agieren vielmehr nach dem Motto: »Wir tun das, was wir tun, und versuchen eben besser als die anderen zu sein.« »Wir produzieren Sicherheitssysteme, hören auf unsere Kunden und geben unser Bestes – das ist unsere Strategie.« So oder ähnlich hören sich typische Aussagen von Entscheidern in großen und mittelständischen Unternehmen an. Nichtsdestotrotz verfügen die meisten Unternehmen über eine langfristige Ausrichtung. Geschäftsführer und Vorstandsvorsitzende haben auf die Frage, warum es ihr Unternehmen in zehn Jahren noch geben wird, meist doch eine überlegte Antwort.

Diskussionen um die Frage, welche Funktionen in einem Unternehmen als Schlüsselfunktion angesehen werden sollen, sind politisch schwierig und müssen auf höchster Ebene geführt und entschieden werden. Schwierig sind diese Diskussionen vor allem, weil sie die relative Wertigkeit unterschiedlicher Funktionen zueinander im Unternehmen berühren und die jeweils verantwortlichen Führungskräfte ungern dazu bereit sind, die Bedeutung ihres jeweiligen Bereichs zugunsten eines anderen Bereichs herabzustufen. Zudem wird bei der Identifikation von Schlüsselfunktionen sehr häufig ein charakteristischer Fehler gemacht. So wird nicht selten argumentiert, eine Funktion sei deshalb eine Schlüsselfunktion, weil man auf sie nicht verzichten könne. Was wäre das Unternehmen ohne eine funktionierende IT? Selbst in Unternehmen, die auf Innovation setzen, wird vorgebracht, alle Innovationen würden nichts helfen, wenn es keinen Vertrieb gäbe. Diese Argumentation ist in diesem Kontext nicht zielführend. Grundsätzlich sollte man ja in einem Unternehmen davon ausgehen, dass alle Funktionen in irgendeiner Weise notwendig sind und man auf diese kaum verzichten kann. Diskussionen dieser Art gleichen Debatten, in denen es um die Frage geht, welches menschliche Organ oder Körperteil das Wichtigste sei. Alle Organe sind wichtig, und nur auf die wenigsten kann man verzichten. Will ein Mensch aber in einer Sache (Sport, Kunst, Wissenschaft, Kultur) besser sein als die meisten anderen Menschen, sollten in der Tat bestimmte körperliche oder geistige Funktionen besser ausgeprägt sein als andere. Schärfer wird die Diskussion geführt, wenn es um Funktionen geht, innerhalb derer für das Gesamtunternehmen ein erheblicher Schaden angerichtet werden kann. Auch hier wird gerne die IT diskutiert, da zu Recht angenommen wird, dass durch Fehler in der IT, insbesondere bei der Steuerung hochgradig geschäftsrelevanter Prozesse, ganze Unternehmensteile lahmgelegt werden können. Auch die HR-Funktion steht hier nicht selten zur Debatte. Wenn HR nicht in der Lage ist, geeignetes Personal zu rekrutieren, schwächt dies die Wettbewerbsposition des Unternehmens. Ein schwacher Vertrieb nutzt Marktpotenziale nicht aus. Ein nicht funktionierendes Qualitätsmanagement führt zu mangelnder Kundenzufriedenheit, was wiederum die Kundenloyalität und somit die Nachfrage schwächt. Die Liste ließe sich beliebig erweitern. Mit etwas Phantasie kann bei den meisten Funktionen argumentiert werden, dass mangelnde Leistung zu einer erheblichen Schädigung des Unternehmenserfolgs und seiner Wettbewerbsfähigkeit führt. Aber darum geht es bei der Definition der Schlüsselfunktionen nicht. Hier geht es vielmehr und explizit um die Frage, wo durch überdurchschnittliche Leistung ein überproportionaler Wertgewinn für das Unternehmen erzielt werden kann.

Hierbei gibt es eine einzige Ausnahme, nämlich dann, wenn das Risiko des Scheiterns einer Funktion vergleichsweise hoch ist und die Folgen eines Versagens ebenso dramatisch sind. Diese Überlegung basiert auf der üblichen Klassifizierung von Risiken, wonach diese nach ihrer Eintrittswahrscheinlichkeit und dem Ausmaß ihrer Konsequenzen eingeordnet werden. Ärzte in einem Krankenhaus sind ein typisches Beispiel. Man muss grundsätzlich davon ausgehen, dass zumindest in Deutschland beispielsweise Chirurgen einem Mindeststandard an Qualifikation entsprechen. Die besten Ärzte einzustellen macht für eine Klinik nun vor allem deshalb Sinn, weil die besten Ärzte in der Lage sind, die hohe Wahrscheinlichkeit des Scheiterns einer Operation zu verringern und ein Scheitern zugleich dramatische Folgen hat, weil etwa ein Patient dieses mit seinem Leben bezahlt.

Neben Schlüsselfunktionen sind im Rahmen eines TRM auch **Engpassfunktionen** zu identifizieren. Engpassfunktionen sind Funktionen, für die es zukünftig einen hohen quantitativen Personalbedarf gibt, der aber zugleich sehr schwer zu decken ist. Diese müssen aber nicht notwendigerweise von strategischer Bedeutung für die Organisation sein. Der quantitative Personalbedarf ergibt sich aus einer quantitativen Personalplanung. Die Schwierigkeit der externen Besetzung potenzieller Engpassfunktionen erschließt sich beispielsweise über Erfahrungswerte. Hier stellt sich ganz einfach die Frage, wie einfach oder schwierig es in der Vergangenheit war, Vakanzen zu besetzen. So suchen viele Krankenhäuser in Deutschland händeringend qualifiziertes Pflegepersonal. Gutes und ausreichendes Pflegepersonal ist zwar für das Funktionieren eines Krankenhauses notwendig, dennoch differenzieren sich die meisten Krankenhäuser nicht über die Qualität der Krankenpflege. Es handelt sich hierbei also um keine Schlüsselfunktion, aber durchaus um eine Engpassfunktion. Viele große Unternehmen in Deutschland unterstützen ihre Geschäftsprozesse mit Software des Walldorfer Softwareherstellers SAP. Um diese meist sehr komplexen IT-Systeme weiter zu entwickeln, zu warten und am Laufen zu halten haben, viele SAP-Kunden einen kontinuierlich hohen Bedarf an SAP-Spezialisten. Nun ist die IT aus den oben genannten Gründen zwar selten strategisch relevant, aber notwendig. Zugleich sind im deutschen Arbeitsmarkt SAP-Spezialisten gerade aufgrund der hohen Nachfrage kaum verfügbar.

Auch für die Besetzung von Engpassfunktionen stellt TRM die geeignete Lösung dar. Beide, Schlüssel- und Engpassfunktionen sind

Engpassfunktionen weisen einen hohen Personalbedarf auf, der nur schwer zu decken ist

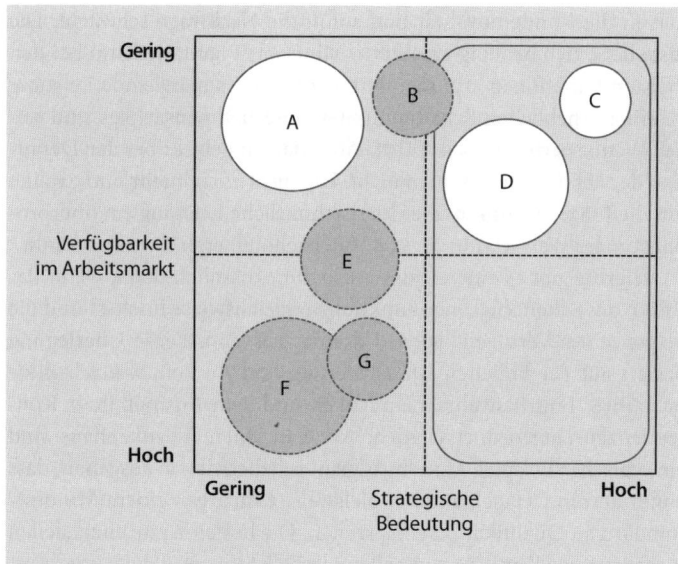

◘ **Abb. 4.3** Schlüssel- und Engpassfunktionen

als Ausgangspunkt für ein TRM fundiert zu ermitteln. Die bisherigen Überlegungen haben gezeigt, dass drei Kriterien bei der Definition von Schlüssel- und Engpassfunktionen berücksichtigt werden sollten:

- Die **strategische Bedeutung** einer Funktion im Hinblick auf Unternehmenserfolg und Wettbewerbsfähigkeit.
- Der zukünftige **quantitative Personalbedarf** einer Funktion aufgrund einer quantitativen Personalplanung.
- Die **Verfügbarkeit von Talenten** auf dem externen Arbeitsmarkt hinsichtlich der Besetzung einer Stelle innerhalb einer Funktion. Je geringer die Verfügbarkeit, desto schwieriger ist eine Funktion zu besetzen.

Unterschiedliche Funktionen eines Unternehmens können entlang dieser Kriterien in einem personalpolitischen Funktionsportfolio dargestellt werden. In ◘ Abb. 4.3 ist ein solches Portfolio schematisch wiedergegeben (vgl. Stewart, 1997).

◘ Abb. 4.3 zeigt exemplarisch das Ergebnis einer Differenzierung unterschiedlicher Unternehmensfunktionen. Die Kreise innerhalb dieses Portfolios repräsentieren die verschiedenen Funktionen. Neben den beiden Kriterien der Verfügbarkeit von Talenten im Arbeitsmarkt und der strategischen Bedeutung unterschiedlicher Funktionen zeigt die Größe der Kreise an, wie hoch der zukünftige, quantitative Personalbedarf eingeschätzt wird; je größer der Kreis, desto höher ist der Personalbedarf.

Basierend auf den oben genannten Kriterien handelt es sich bei der Funktion A um eine Engpassfunktion, weil der Personalbedarf als hoch eingeschätzt wird (großer Kreis), aber zugleich von einer geringen Verfügbarkeit von Talenten auf dem Arbeitsmarkt ausgegangen wird. Zugleich ist diese Funktion offenbar von geringer strategischer Bedeutung, was aber für die Definition von Engpassfunktionen unerheblich ist. Die Funktionen D und C sind Schlüsselfunktionen, weil sie in der rechten Hälfte des Portfolios angesiedelt sind. Sie haben eine strategische Bedeutung für das Unternehmen. Hier spielt wiederum der quantitative Personalbedarf keine Rolle. Auch die Funktion C ist daher eine Schlüsselfunktion. Funktion D ist besonders kritisch. Sie ist nicht nur eine Engpassfunktion (hoher Bedarf und schwer zu besetzen), sondern zugleich eine Schlüsselfunktion. Ein Unternehmen mit dem in ◘ Abb. 4.3 dargestellten Funktionsportfolio tut also gut daran, sich im Rahmen eines TRM auf die Funktionen A, D und C zu konzentrieren. Ergänzend sei angemerkt, dass das obige Beispiel keine Funktionen im rechten unteren Bereich zeigt. Es fehlen hier Funktionen, die einerseits eine hohe strategische Relevanz haben und zugleich einfach zu besetzen sind. Dies ist aus vielerlei Gründen nicht untypisch.

Eigene Erfahrungen mit vielen Unternehmen haben gezeigt, dass die Entwicklung eines solchen Funktionsportfolios bereits sehr viel Klarheit schafft und dankbar von Geschäftsleitungen angenommen wird. Es zeigt sehr deutlich, für welche Funktionen man im Human Resource Management (HRM) besondere Anstrengungen unternehmen muss. Ich sehe in einer derartigen Differenzierung von Funktionen den wesentlichen Aspekt eines strategischen HRM. In der Personalerszene haben wir in den vergangenen Jahren intensiv darüber diskutiert, wie sich HRM strategischer aufstellen kann. Oftmals wurde geglaubt, HRM würde strategischer, wenn es sich von administrativen Aufgaben löst. Ein Weniger an Verwaltung heißt aber nicht notwendigerweise ein Mehr an strategischer Arbeit. Strategisches Denken heißt vielmehr, sich auf das zu konzentrieren, was für die Wettbewerbsfähigkeit eines Unternehmens dauerhaft entscheidend ist.

Bei den in ◘ Abb. 4.3 dargestellten Funktionen B, E, F und G ist eine lehrbuchartige, traditionelle Strategie der Personalgewinnung, passiv und beispielsweise über Stellenanzeigen erlaubt und oft zielführend. Bei der Besetzung der identifizierten Schlüssel- und Engpassfunktionen sind demgegenüber andere, aktivere und kreativere Ansätze angesagt. Die klassischen Ansätze versagen hier zunehmend. Genau hier setzt TRM an. **TRM ist ein Ansatz zur Personalgewinnung für Schlüssel- und Engpassfunktionen.**

Mit der Definition der Schlüssel- und Engpassfunktionen ist daher bereits ein wichtiger Schritt in dieser ersten Phase des TRM getan. Nun muss aber noch geklärt werden, welche Zielgruppen im Arbeitsmarkt als potenziell geeignet erscheinen, um Schlüssel- und Engpassfunktionen zu besetzen. Hierfür sollte zunächst der Frage nachgegangen werden, welche Herausforderungen und Kompetenzen mit diesen identifizierten Funktionen verbunden sind.

Ein Funktionsportfolio schafft Klarheit

4.2   Herausforderungen und Kompetenzen

Die Definition von Kompetenzen ist begrenzt hilfreich

Wie unterscheidet sich ein erfolgreicher Mitarbeiter auf einer Schlüssel- oder Engpassfunktion von einem weniger erfolgreichen? Um diese Frage geht es im Folgenden. Ich kenne viele Unternehmen, die hier den Versuch unternommen haben, diese Frage direkt mit einer Auswahl an Kompetenzen zu beantworten. Dann kommt man etwa zu dem Schluss, dass beispielsweise ein »Key Account Manager« in einem Automobilzuliefererunternehmen die Kompetenzen Kommunikation, Teamfähigkeit, Networking und Mobilität aufweisen muss. Ein Wissenschaftler in einem Unternehmen der Pharmabranche sollte Kompetenzen wie etwa Neugier, analytisches Denken, gute schriftliche Kommunikation an den Tag legen. Nicht selten sind diese Kompetenzen dann an anderer Stelle detailliert, etwa mittels Verhaltensanker beschrieben. Unterschiedliche Kompetenzniveaus werden dabei allgemeingültig mittels Verhaltensbeispielen verdeutlicht (vgl. Fulmer & Conger, 2004; Rothwell, 2010). Auch wenn dieser Ansatz eine hohe Verbreitung erfährt, halte ich ihn für nur begrenzt sinnvoll. Er basiert auf Annahmen, die hinterfragt werden können (vgl. Buckingham & Vosburgh, 2001; McCall, 1998).

- Definiert man die Anforderungen an einen Job mittels Kompetenzen, geht man implizit davon aus, es bedürfe eines bestimmten Sets an Fähigkeiten, um darin erfolgreich zu sein. Alle Key Account Manager müssen diese oder jene Fähigkeiten haben, um ihren Job gut ausfüllen zu können. Für ein paar zentrale Kompetenzen mag dies gelten. Andererseits weiß man, dass unterschiedliche Mitarbeiter oft mit gänzlich unterschiedlichen Kompetenzen erfolgreich sein können. Der eine Vertriebsmitarbeiter gewinnt durch seine analytischen Fähigkeiten und seine tiefen Produktkenntnisse, während sein Kollege durch soziale Fähigkeiten und Kommunikationsstärke den Umsatz antreibt.
- Innerhalb der meisten Schlüsselfunktionen sind Mitarbeiter selten alleine erfolgreich, sondern immer im Zusammenspiel mit anderen. Oft ist es also gar nicht notwendig, dass alle Mitarbeiter dasselbe können. Gerade in Bereichen, die mit dem Lösen komplexer Problemstellungen befasst sind, kann eine Diversität der Fähigkeiten zu besseren Ergebnissen führen.
- Eine Stärke ist immer nur im Kontext einer bestimmten Herausforderung eine Stärke. Je nach Situation kann eine Stärke auch eine Schwäche darstellen. Ergebnisorientierung kann zu Verbissenheit mutieren, Teamfähigkeit zu Entscheidungsschwäche. Manche Situation erfordert weniger strategisches Denken als vielmehr operatives Geschick. Es ist also fraglich, per se anzunehmen, eine bestimmte Kompetenz reflektiere grundsätzlich eine Stärke. Vielmehr bedarf es einer gesunden Balance zwischen einer so genannten Stärke und ihrem Gegenteil, je nach Problemstellung.

— Kompetenzen sind schwer zu ermitteln. Es gibt zwar valide Verfahren zur Messung kognitiver Leistungsfähigkeit wie etwa Intelligenztests oder valide Methoden zur Bestimmung sozialer Kompetenzen im Rahmen von Assessment-Center. Die gängigen Kompetenzen wie strategisches Denken, Kommunikation oder Mitarbeiterführung sind mit einfachen Mitteln kaum valide zu ermitteln. Einschätzungen durch Führungskräfte oder gar Selbstbeurteilungen liefern hier kaum verlässliche Resultate.

Eine Alternative zur Beschreibung von Schlüssel- oder Engpassfunktionen anhand von Kompetenzen besteht darin, zukünftige Herausforderungen innerhalb dieser Funktionen zu konkretisieren. So würde man die Funktion Key Account Management weniger anhand von Kompetenzen wie Kommunikation, Teamfähigkeit, Networking und Mobilität beschreiben. Vielmehr würde man konkretisieren, was die wesentlichen Herausforderungen sind, die ein erfolgreicher Key Account Manager zu meistern in der Lage sein sollte, etwa der Aufbau und die Pflege vertrauensvoller Beziehungen zu Entscheidern auf Top-Ebene aufseiten des Accounts oder die interne Orchestrierung von Kundenanforderungen über mehrere Abteilungen hinweg. Werden Funktionen in dieser Weise beschrieben, wird deutlicher, worauf es am Ende ankommt, um in ihnen erfolgreich zu sein, und man lässt es am Ende offen, welche Kompetenzen vorhanden sein müssen, um diesen Herausforderungen gerecht zu werden.

Herausforderungen beschreiben, worauf es am Ende ankommt

Es gibt eine Vielzahl von Methoden, um die kritischen Herausforderungen innerhalb eines Jobs oder einer Funktion herauszufinden. Eine naheliegende Methode besteht darin, mit erfolgreichen Vertretern in Schlüssel- oder Engpassfunktionen Experteninterviews durchzuführen. Im Zentrum dieser Interviews steht die Frage: »Was kann ein Mitarbeiter, der in Ihrer Funktion erfolgreich ist, besser als einer, der weniger erfolgreich ist?« Diese Methode kann durchaus zu wertvollen Erkenntnissen führen, setzt aber ein hohes Reflexionsvermögen aufseiten der Gesprächspartner voraus. Häufig wissen Menschen gar nicht, warum sie erfolgreicher sind als andere. Kritische Herausforderungen sehen sie nicht mehr als kritisch, weil sie ja in der Lage sind, damit umzugehen. Am Ende erfasst man lediglich deren implizite Theorien, die Mitarbeiter über Erfolgsfaktoren vertreten. Diese mögen zutreffen oder auch nicht.

Ein ähnliches Vorgehen beschreibt der Extremgruppenvergleich. Innerhalb einer Funktion werden Mitarbeiter, die sehr erfolgreich sind, mit jenen verglichen, die unter den Leistungserwartungen bleiben. So kann man beispielsweise in einem Forschungs- und Entwicklungsbereich genauer betrachten, mit welchen Herausforderungen erfolgreiche Entwicklungsingenieure besser umgehen als weniger erfolgreiche. Zunächst wird man feststellen, dass alle Ingenieure rechnen können oder über grundlegendes fachliches Wissen verfügen. Aber am Ende könnte sich herausstellen, dass sich möglicherweise die Erfolgreichen dadurch auszeichnen, Ideen gegenüber Entscheidern

4

Die Methode der kritischen Ereignisse

überzeugender zu vertreten und zu artikulieren bzw. besser imstande sind, mit Zeitdruck umzugehen.

Ein vielversprechender Ansatz ist die Anwendung der so genannten »Methode der kritischen Ereignisse« (»Critical Incident Technique«). Diese Methode geht auf Flanagan (1954) zurück. In dem hier behandelten Kontext geht es darum, Ereignisse zu identifizieren, die für die betroffenen Mitarbeiter eine hohe Wahrscheinlichkeit bergen, entweder zu scheitern oder sehr erfolgreich zu sein. Für jeden Arbeitnehmer gibt es die 95% der Arbeitssituationen, die man ohne besondere Anspannung und mit etwas Routine und Erfahrung bewältigen kann, auch wenn es sich insgesamt um durchaus anspruchsvolle Tätigkeiten handelt. Neben diesen 95% gibt es 5% von Situationen, die kritisch sind und die gesamte Kompetenz und Konzentration eines Menschen fordern. Was sind solche kritischen Situationen im Leben eines Entwicklungsingenieurs oder im Leben eines Key Account Managers? Im Falle eines Key Account Managers könnte dies eine Situation sein, in der ein Kunde, repräsentiert durch dessen CEO, innerhalb weniger Stunden eine entscheidungsrelevante Auskunft über die zukünftigen, noch zu entwickelnden Leistungsmerkmale eines Produktes und dessen Preisniveau einfordert. Dies wäre ein Ereignis, bei dem der Key Account Manager eine Vielzahl seiner Stärken zum Einsatz bringen muss. Die Idee der »Methode der kritischen Ereignisse« besteht also darin, aus besonders herausfordernden Ereignissen abzuleiten, worauf es in einem Job oder einer Funktion besonders ankommt. Der übliche Alltag, 95% der Situationen, liefert demgegenüber wenig Aufschluss.

4.3   Zulässige Kompetenz-Gaps

Man wird sich immer seltener eine Kompetenz-Wunschliste leisten können

Die Vorgehensweise zur Bestimmung notwendiger Kompetenzen und Herausforderungen, wie sie oben beschrieben wurde, folgt klassischen Überlegungen der Job-Analyse und dies unabhängig davon, ob man sich bei der Bestimmung der Zielgruppe auf generische Fertigkeiten oder Ergebnisse konzentriert. Man will Stellen innerhalb einer Funktion besetzen und überlegt sich im Vorfeld, was die Anforderungen an die infrage kommenden Kandidaten sind. Solange ein Unternehmen in der glücklichen Lage ist, sich eine derartige »Wunschliste« von Kompetenzen zurecht zu legen, mag dies in Ordnung sein. Aufgrund des Fachkräftemangels werden Arbeitgeber aber zunehmend dazu gezwungen sein, bei der Definition wünschenswerter Kompetenzen Kompromisse einzugehen oder Abstriche zu machen. Der ideale Kandidat wird in Zukunft rar sein, wenn er es nicht bereits ist. Insofern stellt sich die Frage, was man als Arbeitgeber bei einem Kandidaten wirklich voraussetzen muss, und was erlernt bzw. durch andere kompensiert werden kann. Ich halte dies in der Zukunft für eine ganz zentrale Überlegung. ❑ Abb. 4.4 liefert einen Bezugsrahmen, der

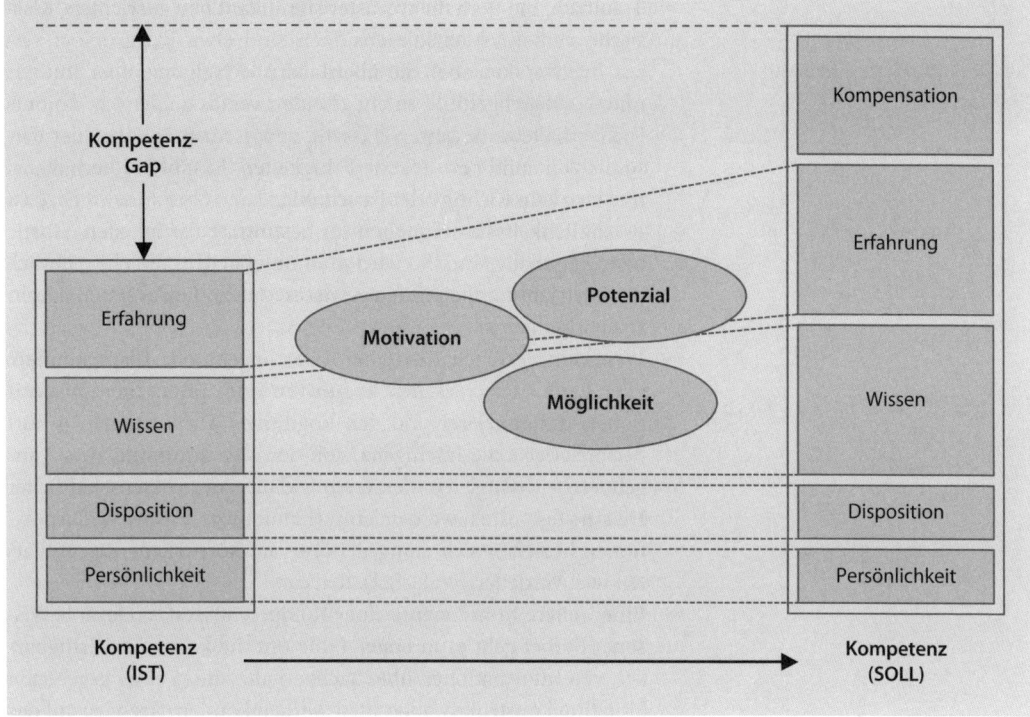

Abb. 4.4 Welches Kompetenz-Gap kann man sich leisten?

bei der Einschätzung helfen soll, welche Kompetenzlücken man sich bei der Einstellung eines neuen Mitarbeiters leisten kann.

Auf der rechten Seite ist das Ausmaß einer Kompetenz aufgezeigt, das man sich als Arbeitgeber wünscht (Soll-Kompetenz). Die linke Seite spiegelt das Kompetenzniveau eines fiktiven Kandidaten wider. Nehmen wir zur Veranschaulichung an, es handle sich hierbei um die Fähigkeit, im B2B-Bereich Dienstleistungen zu verkaufen. Nennen wir es der Einfachheit halber »Vertriebskompetenz«. Wie man sieht, zeigt dieser fiktive Kandidat eine geringere Vertriebskompetenz als erwünscht. Diese Differenz ist hier als »Kompetenz-Gap« angezeigt.

Was sind nun die Komponenten einer Kompetenz? Zu dieser Frage gibt es derzeit eine unüberschaubare Fülle psychologischer Ansätze. Ich möchte mich hier bei der Beantwortung dieser Frage auf ein einfaches Konzept beschränken, das sich im Wesentlichen an den Überlegungen von Erpenbeck und von Rosenstiel (2007) anlehnt. Es werden die Komponenten Persönlichkeit, Dispositionen, Wissen und Erfahrung unterschieden:

— Unter **Persönlichkeit** versteht man in der Psychologie überdauernde Verhaltensmuster, die Menschen in bestimmten Situationen zeigen. Man geht davon aus, dass Persönlichkeit überdauernd ist, sich also über die Zeit nicht ändert, es sei denn ein Mensch erlebt

Kompetenzen setzen sich aus Persönlichkeit, Dispositionen, Wissen und Erfahrung zusammen

4

Traumata, die Verhaltensmuster signifikant neu ausrichten. Klassische Persönlichkeitsdimensionen sind etwa Extraversion versus Introversion oder die überdauernde Neigung, eher intuitiv, mittels »Bauchgefühl« zu entscheiden versus analytisch, rational Sachverhalte zu bewerten (Fisseni, 2003). Ausprägungen der Persönlichkeit sind per se keine Fähigkeiten. Es gibt bei Verhaltensmustern kein Richtig oder Falsch. Man kann aber annehmen, dass Persönlichkeitsausprägungen für bestimmte Fertigkeiten günstig oder ungünstig sind. So wird man unterstellen, dass hinsichtlich der Vertriebskompetenz ein gewisses Maß an Extraversion durchaus vorteilhaft ist.

– Weiterhin verfügen Menschen über angeborene **Dispositionen**. Hier kann man zwischen kognitiven oder physischen Dispositionen differenzieren. Zu den kognitiven Dispositionen gehört beispielsweise die Intelligenz, von der man annimmt, sie sei angeboren – wenngleich hierzu ein andauernder wissenschaftlicher Diskurs festgestellt werden kann (Hunt, 1997). Physische Dispositionen beziehen sich demgegenüber auf körperliche Eigenschaften wie Ausdauer, Kraft, Belastbarkeit.

– Eine weitere Komponente einer Kompetenz ist das relevante **Wissen**. Hierbei geht es in erster Linie um die kognitive Verfügbarkeit von Informationen über Sachverhalte, die in einer gegebenen Situation konstruktiv abgerufen werden können. Bezogen auf das Beispiel der Vertriebskompetenz können dies Informationen über Produkte und Dienstleistungen, über Märkte oder Kunden sein. Hierzu gehört aber auch das Wissen über Vertriebspraktiken, Vertriebssysteme oder über allgemeine Verhaltensregeln bei der Durchführung von Präsentationen.

– Schließlich ist **Erfahrung** eine wesentliche Komponente von Kompetenz. Man kann wissen, wie man eine Präsentation durchführt. Über entsprechende Erfahrungen darüber zu verfügen und entsprechende Verhaltensweisen erfolgreich zu demonstrieren, ist eine andere Sache. Erfahrungen basieren auf konkretem, bisherigem Verhalten und nicht nur auf theoretischem Wissen. Letzteres kann in Seminaren erworben werden. Erfahrung vermittelt sich demgegenüber durch die Praxis.

Was muss ein Kandidat am ersten Tag wirklich können?

Welche praktische Relevanz haben diese Überlegungen hinsichtlich der Definition der Zielgruppe? Immer, wenn ich mir eine Stellenausschreibung einer schwer zu besetzenden Stelle anschaue, stelle ich mir zunehmend die Frage, welche der zahlreichen Anforderungen, die dort aufgelistet sind, wirklich gegeben sein müssen. Jede einzelne Anforderung grenzt die Zielgruppe, die damit erreicht wird, ein. Muss bei der Stelle eines Softwareentwicklers wirklich vorausgesetzt werden, dass der Kandidat bestimmte Programmiersprachen beherrscht, oder kann man davon ausgehen, dass gute Entwickler neue Programmiersprachen erlernen werden? Muss ein Kandidat für den technischen Vertrieb wirklich Branchenerfahrung mitbringen oder kann er sich diese in angemessener Zeit aneignen? In den 90er-Jahren stand die SAP vor der Herausforderung, einen extrem hohen Personalbedarf insbesondere in der Softwareentwicklung zu decken. Man ging richtigerweise davon aus, dass zukünftige Entwickler vor allem eines mitbringen müssen, nämlich analytisches Denkvermögen, Intelligenz und Neugier gegenüber komplexen betriebswirtschaftlichen Problemen. Deshalb wurden Heerscharen promovierter Physiker eingestellt, die zum Zeitpunkt ihrer Einstellung kaum Ahnung von betriebswirtschaftlichen Zusammenhängen hatten, gemäß des Einstein'schen Zitats »Wissen ist gut. Neugier ist besser«. Betriebswirtschaftliche Zusammenhänge kann man in angemessener Zeit erlernen. Intelligenz aber nicht – zumindest ging man davon aus. Wirtschaftsinformatiker waren schon damals eine rare Zielgruppe. Promovierte Physiker gab es wie Sand am Meer. Ähnlich denken Strategieberater schon seit Jahren. So stellen McKinsey & Company oder Boston Consulting Group (BCG) schon von jeher Menschen ein, die vor allem Intelligenz und Begeisterung für wirtschaftliche Problemstellungen mitbringen. Viele der eingestellten Biologen, Ärzte, Philosophen verfügen zum Zeitpunkt ihrer Einstellung über kaum oder keine Erfahrungen im betriebswirtschaftlichen Kontext.

Vergleichbare Überlegungen sind bei manchen talentierten, intelligenten und motivierten Kandidaten angebracht, die sich trotz des Fachkräftemangels schwer tun, eine Stelle zu finden. Ich bin in meiner Karriere vielen Menschen begegnet, denen ich aufgrund meiner Zusammenarbeit mit ihnen oder im Rahmen meiner Lehrtätigkeit herausragende Fähigkeiten zuschreiben würde. Am Ende tun sie sich häufig schwer, weil sie Wissen oder Erfahrungen nicht mitbringen, die sie zwar ohne Weiteres erwerben könnten, Arbeitgeber aber bereits zum ersten Tag der Beschäftigung zwingend voraussetzen.

Kommen wir zurück zum obigen Bezugsrahmen in ◘ Abb. 4.4 und zu unserem Beispiel der Vertriebskompetenz. Vor dem Hintergrund der bisherigen Überlegungen stellt sich die Frage, welches Kompetenz-Gap sich ein Arbeitgeber bei der Einstellung eines Mitarbeiters leisten kann. Sind bestimmte Dispositionen und Persönlichkeitsmerkmale zwingende Voraussetzungen für die erfolgreiche Erfüllung eines Jobs, sollten diese bei der Definition der Zielgruppe berücksichtigt werden, weil diese nicht erlernt werden können. Anders mag sich dies bei den Komponenten Wissen und Erfahrung verhalten. Hier sollte man als Arbeitgeber kritisch betrachten, welche Inhalte wirklich vom ersten Tag an vorausgesetzt werden müssen. Häufig ist dies weniger der Fall, als man zunächst glauben mag. Inwieweit Erfahrung oder Wissen im notwendigen Umfang angeeignet werden können, hängt wiederum von drei Faktoren ab:

– Die Kandidaten verfügen über das notwendige **Potenzial**. Man traut ihnen etwa aufgrund der bisherigen Lernentwicklung zu, dass sie bestimmte Dinge in einer angemessenen Zeit lernen können.

– Kandidaten zeigen die notwendige **Motivation**, Dinge zu erlernen. Alltagssprachlich würde man sagen, Kandidaten sind entsprechend »hungrig«, in einem relevanten Bereich irgendwann hervorragende Leistungen erbringen zu können.

- Das Unternehmen bietet die **Möglichkeit**, relevantes Wissen und die nötige Erfahrung zu erwerben. Es bietet ein geeignetes, möglicherweise geschütztes Lernumfeld, in dem Lernen möglich ist und anfängliche Fehler verzeihbar sind. Hier spielt aber auch die zeitliche Dimension eine Rolle. Kann man als Arbeitgeber in Anbetracht aktueller und zukünftiger Herausforderungen überhaupt die Zeit einräumen, bis ein neuer Mitarbeiter das erforderliche Kompetenzniveau erreicht?

Es müssen in einem Team nicht alle die gleichen Fähigkeiten haben

Ergänzend sei auf die in ◘ Abb. 4.4 angedeutete Idee der **Kompensation** eingegangen. Selbst dann, wenn man zu dem Schluss käme, bestimmte Kompetenzen könnten nur begrenzt entwickelbar sein, sollte man in Betracht ziehen, ob bestimmte Kompetenzlücken nicht durch die Fähigkeiten anderer kompensiert werden könnten. Müssen wirklich *alle* im Team gute Präsentationsfähigkeiten haben oder reicht es, wenn wenige darüber verfügen? Erfolgreiche Teams zeichnen sich ja gerade dadurch aus, dass nicht alle Teammitglieder dieselben Stärken mitbringen. Die Schwäche des einen wird durch die Stärke des anderen ersetzt.

Nimmt man den hier dargestellten Bezugsrahmen und die darin vermittelten Ideen ernst, führt dies am Ende dazu, dass man sich, wie oben erläutert, durchaus Gedanken darüber machen sollte, welche Kompetenzen in einer Schlüssel- oder Engpassfunktion erforderlich sind. Davon ausgehend sollte man einen kritischen Blick auf diese Kompetenzen werfen und sich die Frage stellen, was davon am Tag der Einstellung zwingend erforderlich ist und was erlernt bzw. durch andere kompensiert werden kann. Damit erschließt man sich eine viel größere Zielgruppe im Arbeitsmarkt, als wenn man bei der Personalgewinnung von Anfang an in zu engen Kategorien denkt.

Ich erinnere mich noch gerne an ein interessantes Gespräch mit Stefan Vilsmeier, dem jungen Gründer und CEO der Firma BrainLab in München, einem der wohl erfolgreichsten deutschen Unternehmen in der Medizintechnik. Auf die Frage, worauf er bei der Einstellung neuer Mitarbeiter achtet, antwortete er spontan und überzeugend: »Die Leute müssen durch die Wand gehen wollen. Alles andere ist mir wurscht.«

4.4   Relevante Zielgruppen im Arbeitsmarkt

Ausgehend von den erforderlichen Kompetenzen oder Herausforderungen innerhalb ausgewählter Schlüssel- und Engpassfunktionen ist es nur noch ein kurzer Weg bis zur Definition der Zielgruppe im Arbeitsmarkt. Zielgruppen können anhand unterschiedlicher Merkmale beschrieben und eingegrenzt werden.

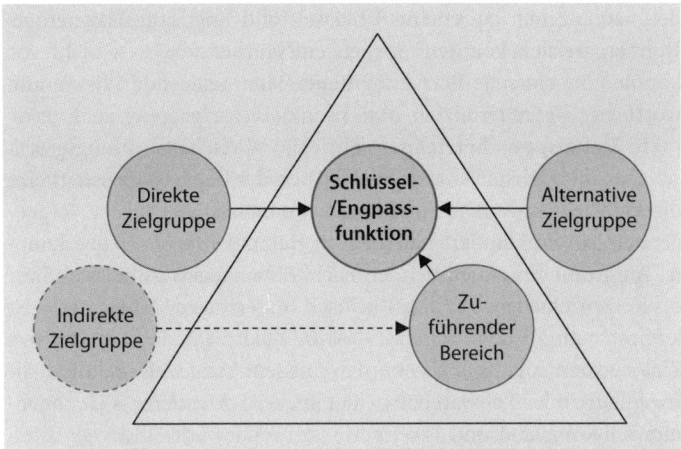

◘ Abb. 4.5 Zielgruppen im Arbeitsmarkt

— Welchen Beruf sollten die Mitarbeiter haben, die für Schlüssel-
oder Engpassfunktionen infrage kommen? Diese Frage steht in
engem Zusammenhang mit der Art der Berufsausbildung; z. B. in
welchem Fach und mit welchem Schwerpunkt sollte ein Kandidat
abgeschlossen haben?
— Wie viel Erfahrung sollte ein neuer Mitarbeiter mitbringen, gemessen an den Jahren, die der Kandidat in einem relevanten Bereich beschäftigt war? Hier wird üblicherweise zwischen Absolventen, Juniors (bis drei Jahre) und Professionals (mehr als drei
Jahre) unterschieden.
— Welche Branchenerfahrung oder spezielle Erfahrungen mit bestimmten Technologien sollte ein Kandidat vorweisen können?

Darüber hinaus können weitere Kriterien zur Abgrenzung von
Zielgruppen angeführt werden. Beispiele wären etwa die regionale
Herkunft oder – wenn es das Allgemeine Gleichbehandlungsgesetz
(AGG; Horstmeier & Trost, 2006) erlaubt – auch Alter, Geschlecht
oder bestimmte religiöse oder politische Interessen. Nicht selten wer-
den auch bestimmte Mitarbeiter anderer Unternehmen, vorwiegend
Wettbewerber, als Zielgruppe definiert.
　　Viele Unternehmen werden bereits nach der Bestimmung der
Schlüssel- und Engpassfunktionen spontan sagen können, wer die
relevanten Zielgruppen im Arbeitsmarkt sind. Dies zeigen zumindest
meine Erfahrungen und Beobachtungen. Trotzdem seien an dieser
Stelle Herangehensweisen dargestellt, die helfen können, die relevanten Zielgruppen für Schlüssel- und Engpassfunktionen zu definieren.
Die folgenden Überlegungen sind in ◘ Abb. 4.5 vereinfacht dargestellt.
　　Grundsätzlich kann man als Arbeitgeber empirisch der Frage
nachgehen, welche Zielgruppen in der Vergangenheit vielversprechend waren. Welche Herkunft hatten die neuen Mitarbeiter, die in

4

den vergangenen Jahren für Schlüssel- und Engpassfunktionen gewonnen werden konnten? Liegen entsprechende Daten nicht vor, könnte eine einfache Befragung neuer Mitarbeiter oder der verantwortlichen Recruiter helfen. Man kann diese Zielgruppen auch als **direkte Zielgruppen** bezeichnen. Für viele Wirtschaftsprüfungsgesellschaften sind beispielsweise Absolventen der Betriebswirtschaft eine direkte Zielgruppe. Die Annahme ist, dass das, was in der Vergangenheit gut funktioniert hat, auch in Zukunft Früchte tragen könnte. Aufgrund des zunehmenden Fachkräftemangels sollte man diese bisherigen Quellen allerdings kritisch hinterfragen. Möglicherweise kommt man zu dem Schluss, dass in Zukunft andere, **alternative Zielgruppen** angesprochen werden müssen. Viele Unternehmen, die Ingenieure oder Softwareentwickler suchen, orientieren sich zunehmend ins Ausland und erkennen Osteuropäer oder Inder als alternative Zielgruppen. Diese Zielgruppen zu identifizieren ist ungleich schwieriger. Hier helfen in erster Linie Vergleiche (»Benchmarks«) mit anderen Unternehmen, die vergleichbare Schlüssel- oder Engpassfunktionen zu besetzen haben. Im Zweifel sollte hier der Rat von Sachkundigen, etwa von Personalberatern oder Personalvermittlern, eingeholt werden.

Alternative Zielgruppen eröffnen Potenziale im Arbeitsmarkt

Hinsichtlich alternativer Zielgruppen geht es auch um die Frage, inwieweit bestimmte gesellschaftliche Gruppen mehr berücksichtigt werden können, als man dies in der Vergangenheit tat. Gerade in der öffentlichen und politischen Diskussion rücken Frauen oder Senioren immer mehr in den Fokus. So zeigen Studien wiederholt, dass beispielsweise bei älteren Mitarbeitern insbesondere auf Erfahrungswissen gesetzt werden kann (Maintz, 2004; Brussig, 2005). Entsprechend der obigen Überlegungen zum Thema Kompetenz-Gaps und der Möglichkeit von deren Kompensation in divers zusammengesetzten Teams ergeben sich erhebliche Chancen bei der Besetzung von Schlüssel- und Engpassfunktionen. Auch wenn dieser Aspekt einer stärkeren Berücksichtigung von Frauen und Senioren in diesem Buch keinen weiteren Raum einnimmt, kann dieser nicht ernst genug genommen werden. Ich gehe allerdings nicht so weit anzunehmen, dass ein Unternehmen durch die Berücksichtigung dieser »unerschlossenen« Potenziale sein Fachkräfteproblem endgültig lösen kann.

Neben dieser direkten Betrachtung bietet sich auch eine indirekte an. Vielfach wird man feststellen, dass es für Schlüssel- und Engpassfunktionen intern so genannte **zuführende Bereiche** gibt. Hierbei handelt es sich um Funktionen im Unternehmen, aus denen in der Vergangenheit intern Mitarbeiter erfolgreich gewonnen werden konnten. Davon ausgehend liegt die Überlegung nahe, **indirekte Zielgruppen** im Arbeitsmarkt für diese zuführenden Bereiche in Betracht zu ziehen. Dieser Ansatz bedarf allerdings eines langen Atems und funktioniert nur in Kombination mit einer auf langfristige Entwicklung ausgelegten Talentförderung, wie sie etwa in einem Talentmanagement üblicherweise vorgesehen ist.

4.5   Strategische Personalplanung

Bei der Definition von Engpassfunktionen spielt – wie oben beschrieben – der quantitative Personalbedarf für bestimmte Funktionen eine entscheidende Rolle. Engpassfunktionen setzen einen hohen quantitativen Personalbedarf voraus, der aufgrund von Arbeitsmarktbedingungen nur schwer zu decken ist. Bislang wurde kein Bezug darauf genommen, wie dieser Bedarf ermittelt werden kann. Vielmehr wurde vorausgesetzt, dieser Bedarf ließe sich aufgrund von Erfahrungswerten oder einfachen Verfahren für die Zukunft schätzen. Für manche Unternehmen mag dies in Ordnung und im Sinne einer pragmatischen Herangehensweise sein. Leser dieses Buches, die sich dieser Kategorie zugehörig sehen, können diesen Abschnitt überspringen. Für andere Unternehmen reicht eine pragmatische, heuristische Herangehensweise möglicherweise nicht aus. Es gibt Unternehmen, wie etwa die Deutsche Lufthansa, die sich an dieser Stelle nicht auf vage Schätzungen verlässt. Solche Arbeitgeber haben nicht selten eine Art »Risikovermeidungskultur«. Man will relevante Situationen möglichst sicher vorhersagen können, um frühzeitig in der Lage zu sein, auf etwaige Engpässe zu reagieren. Im Falle eines Luftfahrtunternehmens wie der Lufthansa ist dies sicher auch im Sinne aller Passagiere. Bezogen auf den zukünftigen Personalbedarf will man dort ebenfalls wenig dem Zufall überlassen und beurteilen können, wie hoch der Bedarf wann in welcher Funktion sein wird und inwieweit man für diese antizipierte Zukunft gut aufgestellt ist. Die Rede ist von strategischer Personalplanung.

Strategische Personalplanung versucht insbesondere für kritische Funktionen wie Schlüssel- und Engpassfunktionen vorherzusagen, wie hoch der Personalbedarf in den kommenden Jahren sein wird. Diese Übung muss nicht als Teil eines TRM verstanden werden, sondern vielmehr als ein Ausgangspunkt, insbesondere um Engpassfunktionen zu definieren und um die quantitative Dimensionierung unterschiedlicher TRM-Maßnahmen für die Zukunft abschätzen zu können. Letzteres gilt natürlich auch und insbesondere für den zukünftigen Bedarf bei Schlüsselfunktionen.

Nun ist strategische Personalplanung ein Thema, das in der Personalerszene seit vielen Jahren immer wieder und kontrovers diskutiert wird. Die einen erachten sie als zwingende Notwendigkeit und bemühen filigrane Datenmodelle. Die anderen sehen darin einen Blick in die Glaskugel und zweifeln an der Vorhersagbarkeit zukünftiger Personalbedarfe gerade vor dem Hintergrund einer dynamischen Wirtschaftswelt. Was die Diskussion zusätzlich erschwert, ist die allgemeine Sprachverwirrung darüber, was strategische Personalplanung konkret bedeutet und was sie am Ende leisten sollte. Bei meiner nun folgenden Darstellung werde ich relativ pragmatisch beginnen und schrittweise Komplexität hinzufügen. Es ist dann die Entscheidung eines Unternehmens, wie weit es meinen Überlegungen folgen möchte und darin eine sinnvolle Vorgehensweise erkennt. Wie bereits

Strategische Personalplanung – nur in der Praxis kontrovers diskutiert

4

Wie viele Mitarbeiter haben wir in den kommenden Jahren in Engpass- und Schlüsselfunktionen?

erwähnt, ist strategische Personalplanung keine zwingende Voraussetzung für TRM, weswegen dieser Abschnitt auch ans Ende dieses Kapitels gesetzt wurde.

Die erste Frage ist: Wie viele Mitarbeiter habe ich in Schlüsselfunktionen und (potenziellen) Engpassfunktionen heute, und wie viele werden es in den nächsten Jahren sein, wenn keine außerplanmäßigen Bemühungen angestellt werden? Mit dieser Frage beschäftigen sich heute schon sehr viele Unternehmen gerade im Zusammenhang mit ihrem Demografiemanagement. Arbeitgeberverbände, wie beispielsweise die HessenChemie, fordern Arbeitgeber aktiv dazu auf, sich ihre aktuelle Altersstruktur genauer zu betrachten und davon ausgehend Schlussfolgerungen über die Zukunft abzuleiten. Unternehmen wissen meist, wie alt ihre Mitarbeiter heute sind und können daraus ableiten, wie alt diese in den kommenden Jahren sein werden. Diese Analyse erlaubt eine Aussage darüber, wie viele Mitarbeiter wann in Rente gehen werden. Abgesehen von der demografischen Struktur eines Unternehmens ist meist die Fluktuationsquote innerhalb unterschiedlicher Funktionen bekannt. Nimmt man an, dass diese in Zukunft stabil bleiben wird, kann auch hierüber vorhergesagt werden, wie viele Mitarbeiter in den kommenden Jahren das Unternehmen freiwillig verlassen werden. Mit der quantitativen Vorhersage des rentenbedingten Ausscheidens und der freiwilligen Fluktuation bewegen wir uns noch auf einem sehr pragmatischen, gangbaren Niveau. Neben diesen beiden Faktoren gibt es einen dritten, der einen direkten Einfluss auf den zukünftigen Bedarf hat, nämlich das antizipierte Wachstum des Unternehmens. Mit diesem dritten Faktor kommt die erste Unsicherheit ins Spiel, denn keiner weiß, wie die wirtschaftliche Entwicklung der Gesamtwirtschaft und damit einhergehend die wirtschaftliche Entwicklung des Unternehmens in den kommenden Jahren sein werden. Nichtsdestotrotz haben Unternehmen diesbezüglich Ziele und können bzw. sollten sich entsprechend auf die Erreichung derselben vorbereiten. Berechnet man also auf der Grundlage der bisherigen Überlegungen den zukünftigen Personalbedarf einer Funktion unter Berücksichtigung

1. der rentenbedingten Verluste,
2. der freiwilligen Fluktuation und
3. des Wachstums,

vollzieht man bereits etwas, was man zu Recht als strategische Personalplanung bezeichnen darf. ◗ Tab. 4.2 zeigt ein Beispiel mit fiktiven Zahlen. Hierbei wird von einer Fluktuationsquote von 8% und einem kontinuierlichen Wachstum von 5% ausgegangen. Ausgangspunkt sind 100 Mitarbeiter in dieser Beispielfunktion zum Jahresbeginn 2012.

Die bisher dargestellte Methode ist denkbar einfach, wenngleich auch sie bereits die Verfügbarkeit etlicher Informationen voraussetzt. Was dies betrifft, kann sich die Situation in vielen Unternehmen bereits als schwierig darstellen. Man überschätzt die Zahl der Unterneh-

◘ Tab. 4.2 Ein Beispiel einer einfachen Personalbedarfsplanung						
	2012	2013	2014	2015	2016	2017
Mitarbeiterzahl	100	105	110	116	122	128
Wachstum (5%)	5	5	6	6	6	6
Fluktuation (8%)	8	8	9	9	10	10
Berentung	3	5	8	3	6	7
Zus. Personalbedarf	16	18	23	18	22	23

men, die heute sagen können, wie viele Mitarbeiter sie beschäftigen. Um es etwas provokanter auszudrücken: Viele Unternehmen können per Knopfdruck ermitteln, wie viele M8 × 30-Senkschrauben mit Kreuzschlitz sie auf Lager haben, können aber nicht sagen, wie viele Vertriebsmitarbeiter sie haben, geschweige denn, wie alt diese sind. Insofern ist mir durchaus bewusst, dass bereits die bisherigen Überlegungen für manche Unternehmen sehr weit gehen. Bleibt zu hoffen, dass sich dies in Zukunft schrittweise ändern wird. Zumindest für Schlüsselfunktionen sollte der Aufwand gerechtfertigt sein, relevante Informationen zu erheben, im Falle, dass diese zum aktuellen Zeitpunkt noch nicht zur Verfügung stehen.

Gehen wir aber einen Schritt weiter. Insbesondere für Schlüsselfunktionen liegt die Überlegung nahe, die Mitarbeiter nach unterschiedlichen Reifegraden zu differenzieren. Betrachtet man beispielsweise alle »General Manager« weltweit als Schlüsselfunktion, lohnt es, nicht nur den zukünftigen Bedarf an General Managern zu betrachten, sondern auch den Bedarf an Nachwuchskräften, also an Mitarbeitern mit niedrigerem Reifegrad. Schließlich verfolgen viele Unternehmen zu Recht die Strategie, Schlüsselpositionen aus den eigenen Reihen zu besetzen. In anderen Funktionen wird etwa zwischen Junior-, Professional- und Senior-Level unterschieden. Manchmal betrachtet man auch nur die Positionen auf Senior-Level als die eigentlichen Schlüsselpositionen innerhalb einer Schlüsselfunktion. Zieht man diese Differenzierung in Betracht, können die obigen Überlegungen auf die verschiedenen Level ausgeweitet werden. Neben dem Verlust von Mitarbeitern aufgrund Berentung, freiwilliger Fluktuation und dem angestrebten Wachstum, spielen hierbei interne Bewegungen eine wichtige Rolle. Zum einen verliert man auf einem Level Mitarbeiter, weil sie »nach oben« befördert werden. Andererseits kann man die Besetzung eines Levels durch Mitarbeiter in Betracht ziehen, die »von unten« in diesen Level hineinbefördert werden können. Der externe Bedarf an Mitarbeitern auf einem Level ergibt sich dann aus dem Bedarf, den man *nicht* durch Mitarbeiter aus dem nächstunteren Level decken kann. Grafisch werden diese internen Bewegungen sowie die Faktoren, die den Bedarf auf einer Ebene bedingen, in ◘ Abb. 4.6

Den Nachwuchs berücksichtigen

4

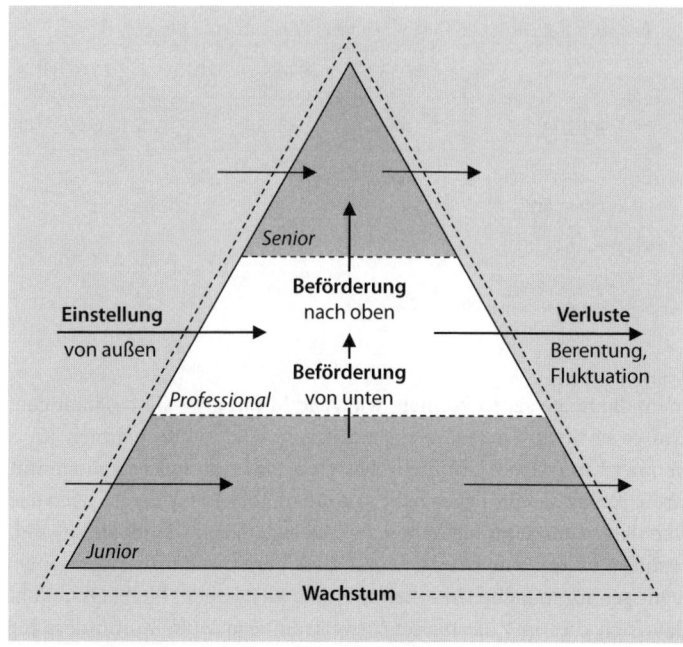

❑ **Abb. 4.6** Die Betrachtung von Personalbewegungen als Grundlage strategischer Personalplanung

wiedergegeben. In dieser Abbildung wird die mittlere Ebene (Professional) beispielhaft hervorgehoben.

Betrachten wir zum besseren Verständnis zunächst nur die Personalbewegungen und Bedarfe bezogen auf den Professional-Level im hier gezeigten Beispiel. Man weiß zunächst, wie viele Mitarbeiter sich zum aktuellen Zeitpunkt auf dieser Ebene befinden und wie viele es aufgrund der Wachstumsziele in den kommenden Jahren sein sollten. Aufgrund von Demografiedaten kennt man darüber hinaus die voraussichtliche Anzahl der Mitarbeiter, die in einem bestimmten Jahr in Rente gehen werden. Durch Erfahrungswerte kennt man weiterhin die freiwillige Fluktuation. Diese beiden Faktoren ergeben die Verluste. Die Anzahl der »nach oben« beförderten Mitarbeiter ergibt sich aus dem Bedarf auf der übergeordneten Ebene »Senior« und der Anzahl der Mitarbeiter auf Professional-Level, die in einem bestimmten Jahr die Reife für eine Beförderung haben. Sind weniger Mitarbeiter reif genug als auf übergeordneter Ebene erforderlich, wird unterstellt, man würde *alle* befördern. Aus den Beförderungen, den Verlusten und dem Wachstum ergibt sich der Bedarf auf dem Professional-Level. Sind auf untergeordneter Ebene (Junior) weniger Mitarbeiter reif für eine Beförderung als der Bedarf auf Professional-Level erforderlich macht, muss der Rest von außen eingestellt werden.

Diese Form der Analyse geht also ganz offensichtlich über die erste, einfache Stufe einer strategischen Personalplanung hinaus. Neben den Faktoren Wachstum, Berentung und Fluktuation wird hier

	2013	2014	2015	2016
Mitarbeiter	120	128	132	140
Personalbedarf	18	23	28	29
Interne Deckung	15	12	8	7
Externer Bedarf	3	11	20	22
Risiko	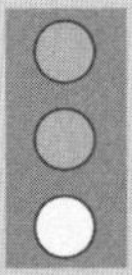	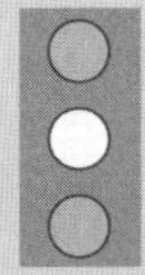	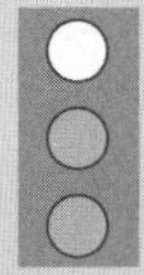	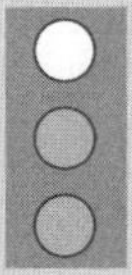

Abb. 4.7 Beispiel eines Management-Berichts für eine einzelne Schlüsselfunktion und eine Ebene

nicht nur eine Differenzierung nach Ebenen berücksichtigt, sondern es erfolgt auch die Betrachtung der Reife von Mitarbeitern für eine Beförderung in die nächste Ebene. Letzteres kann weiter differenziert werden, indem man betrachtet, ob die einzelnen Mitarbeiter auf einer Ebene aktuell, in einem Jahr oder in zwei Jahren für eine Beförderung reif sind. Diese Überlegungen sind übrigens essenzieller Bestandteil klassischer Ansätze der Nachfolgeplanung (Cascio, 1998).

Auch wenn diese Herangehensweise auf den ersten Blick komplex anmuten mag, halte ich sie dennoch für pragmatisch und machbar. Es bedarf neben den erforderlichen Informationen über die Mitarbeiter einiger Rechenkünste, eines einfach gestrickten Programms oder eine, intelligent angelegten Tabellenkalkulation. Die rechnerische Umsetzung ist am Ende das kleinste Problem. Als CEO oder Geschäftsführer würde ich eine Analyse dieser Art für meine Schlüsselfunktionen definitiv einfordern.

Abb. 4.7 zeigt ein einfaches Beispiel, wie Ergebnisse bezogen auf eine einzelne Funktion und einen Level gegenüber dem Management berichtet werden können. Analysen dieser Art sind nicht nur interessant, sondern hochgradig relevant, gerade weil sich diese auf strategisch wichtige Schlüsselfunktionen beziehen und somit eine Relevanz für Wettbewerbsfähigkeit des Unternehmens haben. Personalleiter, die Analysen dieser Art und die dazugehörigen Lösungen zur Deckung der Bedarfe präsentieren können, befinden sich nicht nur aus Sicht der Geschäftsführung in einer guten Position.

Das Arbeitgeberversprechen

5

Nicht selten führe ich Workshops mit Geschäftsführern und Personalleitern zum Thema Fachkräftemangel durch. Es geht um die Frage, wie gerade kleine und mittelständische Unternehmen diesem Mangel aktiv begegnen können. Dabei fordere ich die Anwesenden auf, auf einem kleinen Zettel den wichtigsten Grund aufzuschreiben, warum die Unternehmen, die sie repräsentieren, attraktive Arbeitgeber sind. Die Übung dauert nicht länger als fünf Minuten. Danach schauen wir uns die Ergebnisse an. Ich erlebe hier regelmäßig eine Art Déjà vu. Mir scheint, ca. 50% der Teilnehmer denken in diesem Moment zum ersten Mal über diese Frage nach. Nun führen wir uns einen Vertriebsmitarbeiter vor Augen, der hydraulische Steuerelemente verkauft, und ein potenzieller Kunde stellt diesem die Frage, warum er diese Elemente ausgerechnet bei ihm kaufen soll. Daraufhin gibt der Vertriebsmitarbeiter zu erkennen, dass er in diesem Moment zum ersten Mal über diese Frage nachdenkt. Wir würden die Verkaufschancen dieses Vertriebsmitarbeiters als nicht sonderlich hoch einschätzen.

Aber genau diese Situation finden wir häufig vor, wenn es um Personalgewinnung geht. Im Jahr 2011 habe ich zum zweiten Mal eine Studie durchgeführt, bei der wir die Karrierewebseiten vieler Unternehmen inhaltlich analysiert haben (▶ Übersicht). Insgesamt wurde deutlich, dass der Inhalt auf den meisten Seiten schlichtweg beliebig, austauschbar und langweilig ist. Zu viele Karrierewebseiten beginnen mit dem austauschbaren Satz »Unseren Erfolg verdanken wir unseren Mitarbeitern«. Dazu findet man meist ein Bild mit zwei angeblichen Mitarbeitern am Laptop, wo er ihr etwas erklärt.

Arbeitgebermarken im Internet
In einer eigenen Studie wurden die Karrierewebseiten der größten und attraktivsten Arbeitgeber in Deutschland untersucht. Im Vordergrund stand die Frage, inwieweit diese Unternehmen potenziellen Bewerbern ein klares Profil als Arbeitgeber vermitteln und dieses durch Text- und Bildsprache entsprechend unterstützen. Es ging also weniger um die Bedienbarkeit oder den Informationsgehalt der Karrierewebseite, sondern um die Frage, ob eine klare Arbeitgebermarkenstrategie erkennbar ist. Im Rahmen einer Inhaltsanalyse untersuchte eine studentische Projektgruppe im Sommer 2011 insgesamt 149 Karrierewebseiten deutscher Unternehmen mithilfe eines strukturierten Kategoriensystems.

Die Ergebnisse waren eher ernüchternd. Lediglich 23% der Arbeitgeber bieten auf ihren Karrierewebseiten eine eindeutige, nachvollziehbare und durchgängige Antwort auf die Frage, warum sich ein potenzieller Bewerber für das Unternehmen interessieren sollte. Inhaltlich konzentrieren sich Arbeitgeber hierbei im Wesentlichen auf das Argument besonderer Karrierechancen. Andere für das »Employer Branding« relevante Aspekte wie Aufgaben, Produkte und Innovationsvermögen sind eher unterreprä-

> sentiert. Auffällig ist, dass gerade mittelständische und kleinere Unternehmen in der Studie deutlich schlechter abschnitten als etwa die DAX30-Unternehmen. Hier besteht offenbar noch der größte Aufholbedarf.

Recruiting von Fachkräften oder die Gewinnung von geeignetem Personal für Schlüssel- und Engpassfunktionen ist eine Art Marketing- und Vertriebsaufgabe. Sie erfordert es, talentierte Kandidaten zu überzeugen. Hierfür bedarf es klarer, authentischer und überzeugender Argumente. In diesem Zusammenhang sprechen wir vom so genannten Arbeitgeberversprechen bzw. von der »Employee Value Proposition« (EVP). Im Vertrieb kennt man dieses Konzept unter der Bezeichnung »Unique Selling Proposition« (USP), auch bekannt unter dem Begriff »Alleinstellungsmerkmal«. Um dieses Arbeitgeberversprechen, wie man zu diesem kommt und wie man es am Ende kommuniziert, geht es auf den folgenden Seiten dieses Kapitels. Im weitesten Sinne werden hierfür Überlegungen dargestellt, die aus dem Bereich des Employer Branding stammen.

5.1 Die Zielgruppe im Fokus

Im Kontext Personalmarketing wird seit etlichen Jahren über das Thema Employer Branding diskutiert (Ambler & Barrow, 1996; Corporate Leadership Council, 1999; Hieronimus, Schaefer & Schröder, 2005; Trost, 2009). Im Kern geht es hierbei darum, sich als Arbeitgeber klar zu positionieren und sich mit seinen Vorzügen von anderen Wettbewerbern im Arbeitsmarkt abzugrenzen. Man entwickelt eine EVP, also das zentrale Arbeitgeberversprechen, und entwickelt auf deren Grundlage unterschiedliche Marketingkampagnen. Ein schönes Beispiel hierfür liefert etwa die in Waldkirch bei Freiburg angesiedelte SICK AG (Konschak, 2009). Die SICK AG steht wie viele andere »Hidden Champions« vor der großen Herausforderung, talentierte Kandidaten für sich zu gewinnen. Dabei ist dieses Unternehmen, wie viele andere kleine und mittelständische Unternehmen, eben nicht so bekannt wie etwa die geschätzten DAX30-Unternehmen, seien es Lufthansa, die Deutsche Bank oder SAP. Trotzdem hat dieses Unternehmen als Arbeitgeber sehr viel zu bieten. Die SICK AG bietet ein hoch innovatives Umfeld im Bereich Sensortechnologie und sucht insbesondere Ingenieure aus diesem Bereich und aus den Disziplinen Elektrotechnik, Maschinenbau, Optik und Optoelektronik. Außerhalb der Region ist SICK kaum bekannt. Darüber hinaus ist die SICK AG Vorreiter, wenn es um moderne Familienpolitik geht. Im Grunde ist dieses Unternehmen eine Ideenfabrik. Die Firma lebt von Ideen und fordert diese von seinen Mitarbeitern. Über diese Besonderheit positioniert sich die SICK AG und verwendet den Claim »Ihre Ideen zählen«. Für die entsprechende Kampagne wurden eigene Mit-

Intelligente Automation gestalten.
Ihr Einstieg bei SICK.

Wenn sich technische Faszination und menschliche Inspiration verbinden, entsteht
Zukunft. Ihre Zukunft: Entwickeln Sie mit uns richtungweisende Lösungen für die Fabrik-,
Logistik- und Prozessautomation. Im Rahmen Ihres Praktikums, Ihrer Abschlussarbeit
oder als Berufseinsteiger/-in arbeiten Sie selbstständig und übernehmen früh Verantwortung in Ihrem Einsatzbereich. Mit über 5.000 Mitarbeiterinnen und Mitarbeitern
und fast 50 Tochtergesellschaften und Beteiligungen gehören wir weltweit zu den Markt-
und Technologieführern in der Sensorelektronik. Wir haben noch viel vor. Sie sollten
dabei sein. **Ihre Ideen zählen.**

 www.sick.com/karriere

SICK
Sensor Intelligence.

◘ **Abb. 5.1** Die Kampagne der SICK AG. (Quelle: SICK AG)

arbeiter professionell abgelichtet. ◘ Abb. 5.1 zeigt ein Anzeigenbeispiel aus dieser Kampagne.

Dies ist nur ein ausgewähltes Beispiel für ein gelungenes Employer Branding. Hier positioniert sich ein Arbeitgeber mit seinen einzigartigen Vorzügen im Arbeitsmarkt und vermittelt glaubhaft und überzeugend sein Arbeitgeberversprechen mit Hilfe einer gezielt verwendeten Bild- und Textsprache.

Im Rahmen eines TRM werden ausgewählte Funktionen positioniert und präsentiert

Wichtig ist nun die Feststellung, dass durch ein Employer Branding in den meisten Fällen Arbeitgeber insgesamt gegenüber einer breiten Zielgruppe positioniert und präsentiert werden. Wie das obige Beispiel zeigt, geht es hierbei um die Sick AG als Ganzes. Wenn man einen Arbeitgeber insgesamt positioniert, und präsentiert, steht man vor der Herausforderung, sich auf einen gemeinsamen Nenner zu fokussieren, auf das, was den jeweiligen Arbeitgeber in der Summe ausmacht. Es wird kaum oder gar nicht zwischen unterschiedlichen Funktionen im Unternehmen differenziert. Im Rahmen eines TRM, wo man sich auf wenige Zielgruppen konzentriert, um am Ende wenige Schlüssel- und Engpassfunktionen zu besetzen, verhält sich dies etwas anders.

Vor etlichen Jahren hat Shell eine aufsehenerregende Kampagne gestartet, die zum Ziel hatte, Ingenieure zu rekrutieren. In einem aufwendig erstellten Film wird die Geschichte eines Ingenieurs erzählt, der die spannende Herausforderung hat, schwer zugängliche Ölreservoirs in unzugänglichen Geografien zugänglich zu machen. Am Ende kommt ihm die Lösung, als er mit seinem Sohn Eis essen geht und dieser mit einem geknickten Strohhalm schwer zugängliche Reste seines Eises aus dem Glas saugt. Dieses Beispiel zeigte, wie über eine aufwendige Kampagne eine ganz bestimmte Funktion im Unternehmen vermarktet wird. Hierbei geht es auch um eine Funktion im technischen Bereich, an die man beim Gedanken an Shell nicht sofort denkt. Shell kennt man von den Tankstellen, und nur wenige wissen, was die Aufgaben und Vorzüge in den eigentlich strategisch wichtigen Funktionen eines solchen Unternehmens sind.

Bei Aldi Süd ist die Funktion Regionalverkaufsleiter eine Schlüsselfunktion. Mitarbeiter dieser Funktion sind für mehrere, meist sechs Filialen einer bestimmten Region verantwortlich, führen dabei 50–70 Mitarbeiter und sichern somit den operativen Betrieb vor Ort. Früher hat Aldi Süd mit überdurchschnittlichen Gehältern, Firmenwagen und Karrierechancen gewunken. Die Realität des Alltags blieb außen vor. Dazu gehören Zeiten an der Kasse, Wochenendarbeit oder die zum Teil herausfordernden Aufgaben im Rahmen der Mitarbeiterführung. Die Folge waren extrem hohe Fluktuationsquoten in der Probezeit, ein sicheres Zeichen für unerfüllte Erwartungen, falsche Versprechungen und falsche Vorstellungen. Mittlerweile versucht Aldi, den Alltag seiner Regionalverkaufsleiter realistischer herauszustellen. Es steht nicht mehr so sehr im Vordergrund, was man als Inhaber dieser Funktion bekommt, sondern was man in dieser Funktion zu leisten hat. Insgesamt vermittelt Aldi Süd als Arbeitgebermarke die Botschaften Erfolg, Bescheidenheit, Respekt, Geradlinigkeit und Karriere. Auf der Website des Unternehmens wird aber vor allem diese Funktion des Regionalverkaufsleiters beworben. In einem 40 Sekunden langen Video werden die Vorzüge und Besonderheiten dieser Funktion auf die für Aldi so typische, minimalistische Weise dargestellt (http://karriere.aldi-sued.de – 30.09.11). Im Einzelnen werden in diesem Video folgende Arbeitgeberversprechen vermittelt: Abwechslung erleben, Entscheidungen treffen, Erfahrung weitergeben, Verantwortung tragen, Teamgeist leben. Ergänzt werden diese Botschaften durch Erfahrungsberichte ausgewählter Mitarbeiter.

Der Unterschied zwischen der Kampagne von Sick und den beiden Kampagnen von Shell und Aldi Süd besteht darin, dass bei

5

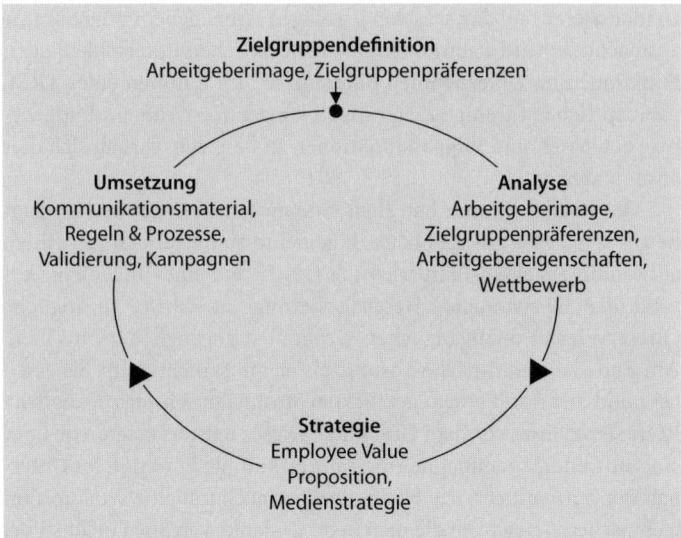

Zielgruppendefinition
Arbeitgeberimage, Zielgruppenpräferenzen

Umsetzung
Kommunikationsmaterial,
Regeln & Prozesse,
Validierung, Kampagnen

Analyse
Arbeitgeberimage,
Zielgruppenpräferenzen,
Arbeitgebereigenschaften,
Wettbewerb

Strategie
Employee Value
Proposition,
Medienstrategie

◘ **Abb. 5.2** Der Employer-Branding-Zyklus

den Letzteren konkrete Funktionen beworben werden und nicht die Unternehmen als Arbeitgeber insgesamt. Damit wenden sich diese Kampagnen an ganz bestimmte, eng gefasste Zielgruppen im Arbeitsmarkt. Entsprechend konkreter, umfassender und aufgabenbezogener sind zielgruppenfokussierte Arbeitgeberversprechen. Meist werden die mit einer Schlüssel- oder Engpassfunktion verbundenen Herausforderungen und Tätigkeiten in den Vordergrund gestellt.

5.2   Entwicklung einer Employee Value Proposition

Wie entwickelt man eine EVP und wie kann diese im Rahmen eines TRM kommuniziert werden? Darum geht es in den kommenden Abschnitten. Viele der dargestellten Schritte und Ansätze sind vergleichbar mit jenen aus dem Employer Branding. Eine Übersicht über die verschiedenen Phasen liefert ◘ Abb. 5.2. Ausgangspunkt ist die Definition der Zielgruppen, wie sie bereits oben beschrieben wurde. Dem folgt eine Analysephase, deren Ergebnisse primär zur Bestimmung der EVP dienen. Die Kommunikation des Arbeitgeberversprechens erfolgt dann im Rahmen der Umsetzungsphase. Auf die verschiedenen Phasen soll nun im Folgenden eingegangen werden.

In der Analysephase geht es darum, wichtige Fragen rund um das Arbeitgeberversprechen zu beantworten. Hierfür gibt es sehr unterschiedliche Methoden, wie noch gezeigt wird. Die folgenden Überlegungen sollen anhand eines einfachen Beispiels erläutert werden. Nehmen wir an, ein Technologieunternehmen hat den internationalen, technischen Vertrieb als Schlüsselfunktion identifiziert und sieht in berufserfahrenen Wirtschaftsingenieuren seine Zielgruppe. Im Rahmen der Analysephase sollte dieses Unternehmen versuchen, folgende Fragen für sich zu beantworten:

- Warum ist es attraktiv, bei uns im Unternehmen und insbesondere im technischen Vertrieb zu arbeiten (Stärken)?
- Wer sind unsere Wettbewerber im Arbeitsmarkt, wenn es um die Funktion technischer Vertrieb geht und was bieten die Wettbewerber (Wettbewerb)?
- Was ist der Zielgruppe, die für den technischen Vertrieb in Frage kommt, im Hinblick auf ihren Arbeitgeber und ihren Job besonders wichtig (Präferenzen)?

Das Arbeitgeberversprechen sollte realistisch, zielgruppenrelevant und wettbewerbsdifferenzierend sein

Zunächst zu der ersten Frage, den **Stärken** als Arbeitgeber und der Funktion (hier: technischer Vertrieb). Am Ende muss der Zielgruppe vermittelt werden, warum es lohnt, sich für diese Funktion und das Unternehmen zu interessieren. Die darauf aufbauenden Kommunikationsmaßnahmen und insbesondere deren Inhalte müssen überzeugend und vor allem authentisch sein. Hier ist Authentizität gefragt, anstatt unrealistische Versprechungen zu machen. Gerade in Zeiten von Social Media und Web 2.0 werden Unternehmen schnell bestraft, wenn sie Arbeitgeberversprechen vermitteln, die nicht annähernd die tatsächliche Arbeitswelt widerspiegeln. Die Menschen werden im Internet darüber reden. Darüber hinaus schaden Arbeitgeberversprechen, die nicht der Realität entsprechen, bei der Bindung talentierter, neuer Mitarbeiter. Nicht selten verlassen talentierte Mitarbeiter ihren Arbeitgeber bereits während der Probezeit, weil die Arbeitgeberversprechen am Ende nicht eingehalten wurden.

Das Arbeitgeberversprechen sollte die **Präferenzen** der Zielgruppe treffen. Grundsätzlich darf davon ausgegangen werden, dass unterschiedliche Zielgruppen auch unterschiedliche Erwartungen an einen Arbeitgeber oder eine Funktion adressieren. Informatiker haben meist andere Erwartungen als etwa Betriebswirte. Sicherlich besteht hier die Gefahr einer ungerechtfertigten Pauschalisierung oder Stereotypisierung. Jeder Arbeitnehmer denkt auf seine Weise individuell und hat persönliche Ansprüche. Die Erfahrung und etliche Studien zeigen dennoch, dass hier von unterschiedlichen, aber in sich vergleichsweise homogenen Erwartungen, je nach Zielgruppe, ausgegangen werden darf.

Weiterhin ist der **Wettbewerb** zu betrachten. Zu Beginn dieses Kapitels habe ich von einer Übung berichtet, die ich nicht selten mit Personalleitern und Geschäftsführern durchführe. Es ging um die Frage, warum sich ein Bewerber für ihr Unternehmen interessieren sollte. Interessant ist, dass die überwiegende Mehrheit der Gefragten üblicherweise angibt, in ihrem Unternehmen würden die Mitarbeiter von einer familiären Unternehmenskultur profitieren. Wenn nun aber viele Arbeitgeber kommunizieren, in ihrem Unternehmen ginge es familiär zu, würden sie sich damit nicht vom Wettbewerb abhe-

5

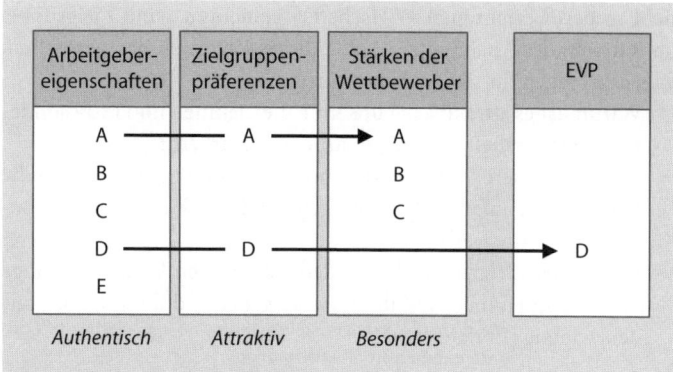

⬥ Abb. 5.3 Die Definition der EVP

ben. Sie würden am Ende dieselben Argumente hervorbringen wie all die anderen. Um eine Funktion im Arbeitsmarkt erfolgreich zu positionieren, ist es wichtig, sich von anderen Unternehmen, die Jobs in vergleichbaren Funktionen anbieten, abzuheben. Deshalb ist die Frage nach dem Wettbewerb bei der Entwicklung der EVP von hoher Relevanz. Natürlich geht diesem Aspekt die Beantwortung der Frage voraus, welche Unternehmen im Arbeitsmarkt tatsächlich Wettbewerber sind.

Das Verständnis dieser drei Dimensionen, Stärken, Wettbewerb und Präferenzen bildet die Grundlage für die Definition einer EVP. In ⬥ Abb. 5.3 ist bewusst vereinfacht dargestellt, wie diese drei Dimensionen schließlich zur EVP führen.

In der linken Spalte der ⬥ Abb. 5.3 sind in abstrakter Weise fünf Arbeitgebereigenschaften aufgezählt, die in einer bestimmten Funktion als attraktiv erachtet werden. Dies können Eigenschaften sein wie etwa wettbewerbsfähiges Gehalt, »Work-Life-Balance«, technische Innovationen oder andere. Die zweite Spalte in diesem fiktiven und abstrakten Beispiel zeigt an, dass der Zielgruppe nur die Stärken A und D wirklich wichtig sind, wobei A auch von anderen Arbeitgebern (Wettbewerbern) angeboten wird. Folgt man dieser Logik, bleibt am Ende nur die Stärke A, die nicht nur in authentischer Weise gegeben ist, sondern auch zielgruppenrelevant und im Vergleich zum Wettbewerb besonders ist. Diese Darstellung ist sehr vereinfacht. In der Praxis stellt sich diese Übung ungleich komplexer und vielschichtiger dar. Greifen wir hierzu auf das obige Beispiel zurück, wonach ein Technologieunternehmen den technischen Vertrieb als Schlüsselfunktion identifiziert und berufserfahrene Wirtschaftsingenieure als Zielgruppe erkannt hat. In diesem Fall wären Workshops mit internen Vertretern dieser Funktion hilfreich, am besten mit Vertriebsmitarbeitern, die schon länger im Unternehmen sind, aber auch mit neuen Mitarbeitern innerhalb dieser Funktion. Mögliche Fragen, die in

Inhalt	Frage
◘ Tab. 5.1 Mögliche Fragen innerhalb eines Workshops mit internen Vertretern der Schlüsselfunktion	
Stärken	Was gefällt Ihnen an Ihrem Job ganz besonders?
	Was sind Ereignisse (Glücksmomente) in Ihrem Job, für die es sich richtig lohnt hier zu arbeiten?
Präferenzen	Wenn Sie sich nach einem neuen Job umschauen müssten, worauf würden Sie dann besonders Wert legen?
	Was wäre für Sie ein positiver Grund, in einem anderen Unternehmen arbeiten zu wollen?
	An neue Mitarbeiter: Warum haben Sie sich für uns entschieden?
Wettbewerb	Wenn Sie nicht hier arbeiten würden, wo würden Sie dann arbeiten wollen?
	Was bieten andere Unternehmen, was wir hier nicht bieten?

solch einem Workshop diskutiert werden könnten, sind in ◘ Tab. 5.1 aufgezeigt.

Dieser in ◘ Tab. 5.1 skizzierte Workshop ist nur eine, typische Form der Analyse, die sicherlich mit etlichen anderen Methoden ergänzt werden müsste. Insgesamt steht einem das ganze Spektrum an sozialwissenschaftlichen Methoden zur Verfügung, die schriftliche oder mündliche Befragung, strukturiert oder unstrukturiert, individuell oder in Gruppen. Es können auch sehr unterschiedliche Instanzen in die Analyse einbezogen werden. Zu nennen wären hier, neben den bereits genannten internen Vertretern der Schlüsselfunktion, die Bewerber, ehemalige Mitarbeiter, interne oder externe Recruiter, das Management oder Führungskräfte aus der jeweiligen Funktion.

Insgesamt kommt es im Rahmen eines TRM besonders darauf an, sich intensiv und aktiv mit seiner Zielgruppe auseinanderzusetzen, sie zu verstehen. Welche Methode hierfür verwendet wird, ist nicht die wichtigste Frage. Der Kreativität, wie man sich mit seiner Zielgruppe beschäftigt, sind eigentlich keine Grenzen gesetzt. Neben den klassischen Methoden der sozialwissenschaftlichen Forschung kann seit einiger Zeit eine zunehmende Verwendung innovativer, offener Ansätze beobachtet werden, auch wenn diese Entwicklung noch relativ am Anfang steht. Im Jahr 2008 nahm ich an einem von Siemens zusammen mit der Firma Brainstore durchgeführten Employer-Branding-Workshop im schweizerischen Biel teil. Circa 100 Mitarbeiter, Studenten, Experten aus aller Welt führten einen Tag lang Übungen durch, bei denen es unter anderem darum ging, die oben genannten Fragen zu beantworten. Dazu wurden aber weder Fragebogen noch Interviews genutzt. Vielmehr wurde in einer von Offenheit und Kreativität

Man muss die Zielgruppe verstehen

5

geprägten Atmosphäre gebastelt, gekritzelt, gespielt und gesponnen (vgl. Schnetzler & Trost, 2009). Erst wurden so viel Inspirationen wie möglich generiert, in Höchstgeschwindigkeit und ohne zu denken, dann wurde nachgedacht und kreativ Wertvolles in Form konkreter Ideen hervorgebracht. Am Ende wurde gewichtet und priorisiert. Das Ergebnis hat uns alle am Ende sehr beeindruckt. In einem späteren Kapitel wird ein eigener Workshop dieser Art vorgestellt. Dabei werde ich dann intensiver auf die Methodik eingehen (▶ Kap. 6.7, Übersicht: »Innovationsworkshop bei Haniel/Metro, 2010«).

Der Analysephase schließt sich die Strategiephase an. Hier geht es im Wesentlichen um die Definition der EVP, des Arbeitgeberversprechens, bezogen auf die jeweiligen Schlüssel- oder Engpassfunktionen. Dieser Schritt ist essenziell für alles Weitere. Die EVP wird häufig als DNA aller Personalmarketingmaßnahmen bezeichnet. An ihr orientieren sich die Kampagnen, die Anzeigen, die Webpräsenzen, Videos oder Broschüren. Im Folgenden seien sechs verschiedene Typen von EVPs anhand konkreter Beispiele skizziert. Sie zeigen, wie unterschiedlich eine Positionierung sein kann.

- »Wir bieten herausragende Karrierechancen und überdurchschnittliche Gehälter.« Dieses Beispiel zielt auf **Angebote** ab. Es verspricht dem interessierten Kandidaten, dass er im Falle einer Einstellung von attraktiven Angeboten profitieren wird.
- »Bei uns arbeiten Sie in einem Team von top qualifizierten, motivierten Kollegen.« Hier geht es weniger darum, was man als Mitarbeiter in dieser Funktion oder bei diesem Arbeitgeber bekommt, sondern auf was für **Kollegen**, Menschen, Persönlichkeiten man trifft.
- »Bei uns sind alle gleich. Unsere Zusammenarbeit ist von gegenseitigem Respekt und Wertschätzung geprägt.« Dies ist ein Versprechen, das **Werte** in den Vordergrund stellt. »Wenn Sie diese Werte teilen, werden Sie sich bei uns wohlfühlen.«
- »Wir sind in unserem Bereich der unangefochtene Marktführer.« Hier geht es weder darum, was man als Arbeitnehmer bekommt, wen man antrifft oder wie die Kollegen denken, sondern um das **Unternehmen** an sich. Bei EVPs solchen Typs werden meist die Unternehmensgröße, der Erfolg oder die Marken als Argument ins Feld geführt.
- »Sie arbeiten bei uns wie ein eigenständiger Unternehmer.« Dieser Typ von EVP unterscheidet sich wiederum grundsätzlich von den vorausgegangenen. Die Art von Versprechen stellt die Attraktivität der **Aufgaben** in den Mittelpunkt. »Bei uns kannst Du jeden Tag das tun, was Du am liebsten machst.«
- »Bei uns helfen Sie, die Welt zu einem besseren Ort zu machen.« Dieses Argument wird meist von Unternehmen bemüht, die sich beispielsweise grüner Technologie oder karitativen Aufgaben

◻ Tab. 5.2 Arbeitgebereigenschaften					
Angebote	**Aufgaben**	**Unternehmen**	**Kollegen**	**Werte**	**Sinn**
Entlohnung Zusatzleistungen Karrieremöglichkeiten Work-Life-Balance	Interessante Aufgaben und Projekte Internationaler Einsatz Innovation Einfluss	Produkte/Dienstleistungen Technologie/Marktführerschaft Unternehmenserfolg Standort Öffentliche Reputation Arbeitsplatzsicherheit Kunden	Persönlichkeit der Mitarbeiter Qualifikationsniveau der Mitarbeiter Zusammenarbeit Diversity	Unternehmenskultur Führungsqualität Vertrauen und Respekt Flexibilität der Arbeit	Umwelt und Klima Soziale Verantwortung Gesundheit anderer Lebensqualität

widmen. Arbeitgeber, die dieser Strategie folgen, bieten letztendlich einen höherwertigen **Sinn der Arbeit** an.

Das Arbeitgeberversprechen kann sich aus unterschiedlichen Typen zusammensetzen und sich jeweils auf ganz bestimmte Arbeitgebereigenschaften konzentrieren. Eine Übersicht über mögliche Eigenschaften innerhalb der verschiedenen Typen zeigt ◻ Tab. 5.2.

Anbei sei bemerkt, dass die in der ◻ Tab. 5.2 dargestellten Aspekte auch sehr gut im Rahmen der Analyse geeignet sind, um bestimmte Fragestellungen konsistent zu erörtern. Typische Fragestellungen können sein »Was sind die drei wichtigsten Gründe, warum Sie gerne hier arbeiten?« oder »Was wären die drei wichtigsten Gründe, um bei einem Wettbewerber zu arbeiten?«

5.3   Von der EVP zur zielgruppenspezifischen Botschaft

Die EVP ist zunächst lediglich das auf den Punkt gebrachte Arbeitgeberversprechen. Um dieses zu vermitteln und zu kommunizieren, bedarf es konkreter Beweise und Geschichten. Ein Beispiel der Firma Hansgrohe soll dies verdeutlichen. Hansgrohe stellt hochwertige Duschbrausen und Armaturen fürs Badezimmer her. Der Hauptsitz, wo 80% der Produkte gefertigt werden, liegt in Schiltach, inmitten des Schwarzwalds. Eine Schlüsselfunktion bei Hansgrohe ist der internationale Vertrieb, insbesondere die Betreuung großer Accounts. Hier verspricht das Unternehmen interessante und internationale Projekte sowie die Identifikation mit absolut hochwertigen Marken. Diese EVP klingt zunächst nicht sonderlich anschaulich oder greifbar. Die Produkte hinter den Marken aber kann man anfassen und bestaunen. Für die internationalen Projekte gibt es Geschichten, wie etwa die Bestückung des Kreuzfahrtriesen Queen Mary II. Jedes Unterneh-

Das Arbeitgeberversprechen braucht Geschichten, Beispiele und Beweise

5

men hat Geschichten dieser Art zu erzählen. Wenn man Mitarbeiter aus Engpass- oder Schlüsselfunktionen danach fragt, werden sie diese Geschichten erzählen und sind dabei meist kaum zu bremsen. Die Erfahrungen, die Mitarbeiter dabei sammeln, werden in der Literatur auch als »Signature Experiences« (Schlüsselerfahrung) bezeichnet (vgl. hierzu Erickson & Gratton, 2007).

Vor wenigen Monaten habe ich mit der Commerzbank zusammengearbeitet. Mit Mitarbeitern unterschiedlicher Schlüsselfunktionen haben wir uns auf den Weg gemacht, deren »Signature Experiences« zu sammeln. Ein Firmenkundenbetreuer berichtete zum Beispiel von einer größeren Autowerkstatt, die geplant hatte, einen Neubau zu errichten. Mit Begeisterung berichtete der junge Kollege, wie er für die Finanzierung gekämpft hat und seinem Kunden die Investition ermöglichen konnte. Als dann die Bagger vorfuhren, fühlte er sich, als sei es sein eigenes Vorhaben. Auch dies ist eine Geschichte, die nach außen hin vermittelbar, greifbar und sogar emotional erlebbar ist.

Hinter jeder technischen Innovation stecken Geschichten mit Menschen, die diese erlebt haben und mit Stolz erzählen. Wenn ein Chemiker darüber berichtet, wie er nach Jahren einen neuen Werkstoff mit besonderen Eigenschaften entwickelt hat, mag dies für mich als Psychologen nicht sonderlich spannend sein, aber die Zielgruppe der Chemiker wird sich dafür begeistern können. Und darauf kommt es ja am Ende an.

Die Seele des Unternehmens

Die Entwicklung der EVP ist also nur ein erster wichtiger Bestandteil bei der Erarbeitung des Arbeitgeberversprechens. Allerdings befindet man sich hiermit – wie oben beschrieben – noch auf einem sehr abstrakten Niveau. Wenn man beispielsweise zu dem Schluss käme, eine Schlüsselfunktion würde sich durch Teamarbeit besonders hervortun, täte man sich zunächst schwer, diese EVP allgemein in treffender Weise zu artikulieren und zu vermitteln. Teamwork ist nicht gleich Teamwork. Vielmehr kann Teamarbeit sehr unterschiedliche Geschmacksmuster aufweisen. Hat Teamwork eine konsensorientierte Ausrichtung oder ist Teamwork eher kontrovers? Spiegelt sich Teamarbeit in der formalen Struktur innerhalb der Schlüsselfunktion wider oder ist Teamwork darüber hinaus im Denken der Mitarbeiter tief verwurzelt? Sind es große oder kleine Teams, nationale oder internationale? Agieren die Teams selbst organisiert? Wer mehrere Unternehmen kennenlernen konnte, wird bestätigen, dass es für ein und dieselbe Besonderheit sehr unterschiedliche Ausprägungen gibt. Dies gilt für alle oben aufgezeigten Arbeitgebereigenschaften (◨ Tab. 5.2). Hat man die Hypothese, Flexibilität der Arbeit sei eine Besonderheit in der jeweiligen Schlüssel- oder Engpassfunktion, würde ich immer empfehlen, mit den betroffenen Mitarbeitern – etwa im Rahmen der Zielgruppenworkshops, Gruppen- oder Einzelinterviews – zu ergründen, was es mit dieser Flexibilität konkret und im Alltag auf sich hat. Wo und wie erleben die Mitarbeiter diese Flexibilität? Was sind typische Situationen, anhand derer sich Flexibilität der Arbeit beschreiben lässt? Was sind Anekdoten, die Flexibilität unterstreichen?

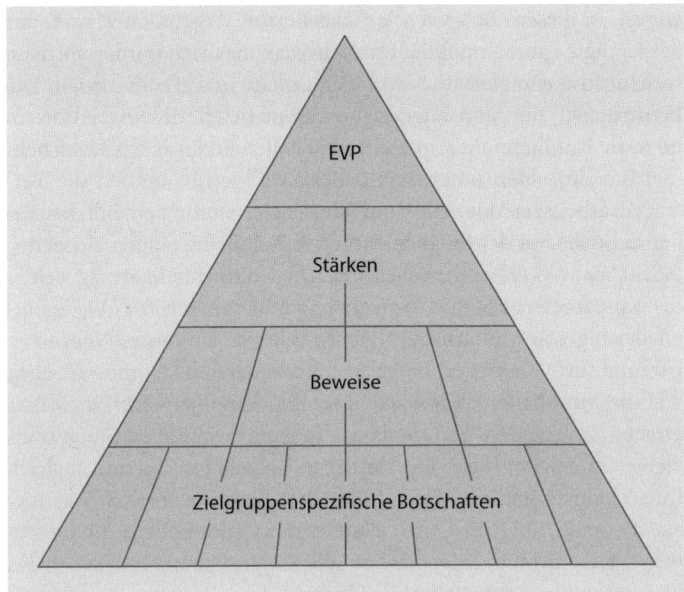

◘ Abb. 5.4 Von der EVP zur zielgruppenspezifischen Botschaft

Wer Arbeitgeber mit Fragen wie diesen konfrontiert, macht sich auf den Weg, die Seele des Unternehmens zu ergründen, das, was einen Arbeitgeber oder eine Funktion im Kern besonders macht. Letztendlich geht es darum, für die mit einer EVP verbundenen Stärken und Besonderheiten konkrete **Beweise** zu finden. Dies ist ein qualitativer Vorgang, der Verstehen und Interpretation erfordert. Aus diesem Grund sind quantitative Mitarbeiterbefragungen oder Ergebnisse aus Arbeitgeberwettbewerben bestenfalls dazu geeignet, eine allgemeine EVP mit Hypothesencharakter zu erarbeiten. Spinnen- und Balkendiagramme erzählen aber nie, wie sich ein Arbeitgeber im Alltag und aus Sicht der relevanten Zielgruppe wirklich anfühlt.

Hat man die mit einer EVP verbundenen, abstrakt formulierten Stärken mit Beweisen, Geschichten oder Beispielen beschrieben, stellt sich am Ende die Frage, mit welchen konkreten **Botschaften** man die Zielgruppe im Arbeitsmarkt ansprechen möchte, denn nicht alle Beweise sind für jede Zielgruppe gleichermaßen geeignet. Der soeben beschriebene Weg von der EVP zur zielgruppenspezifischen Botschaft ist grafisch in ◘ Abb. 5.4 veranschaulicht.

Ein weiteres, fiktives Beispiel mag die unterschiedlichen Ebenen in ◘ Abb. 5.4 verdeutlichen. In einer Schlüsselfunktion wurde Work-Life-Balance als zentrale EVP ermittelt. Work-Life-Balance wird also als Arbeitgebereigenschaft gesehen, die realistisch und authentisch in dieser Funktion gegeben ist, für die Zielgruppe grundsätzlich als relevant erscheint und von anderen Arbeitgebern nicht in gleicher Weise geboten wird. Davon ausgehend stellt sich die Frage, an welchen konkreten Stärken sich diese Work-Life-Balance festmacht. Nehmen

5

wir an, in diesem Beispiel seien dies flexible Arbeitszeiten und eine ausgeprägte Familienpolitik. Damit bewegt man sich immer noch auf recht abstraktem Niveau. Beweise untermauern diese Stärken, indem konkret analysiert und aufgezeigt wird, wie sich flexible Arbeitszeiten oder die Familienpolitik im Alltag darstellen und was das Unternehmen im Einzelnen unternimmt. Beispiele hierfür können die Vertrauensarbeitszeit oder eine individuelle Gestaltung persönlicher Lebensmodelle mit der Möglichkeit für Teilzeitarbeit, längere Auszeiten (»Sabbaticals«) oder Ähnliches sein. Die Familienpolitik mag sich in der Kinderbetreuung widerspiegeln, in Maßnahmen zur Wiedereingliederung von Müttern oder Vätern oder in der Ausbildungsplatzgarantie für Mitarbeiterkinder. Von besonderer Bedeutung ist aber, wie die Mitarbeiter diese Flexibilität und Familienpolitik im Alltag erleben, welchen Nutzen sie daraus in ganz bestimmten Situationen ziehen, in welcher Weise dies ihr Leben einfacher macht und zugleich ihre Produktivität steigert. All dies sind Beispiele für das, was hier als »Beweise« angeführt wird. Nun wird man am Ende nicht alle Beweise, Geschichten, Erlebnisse an alle Zielgruppen im Arbeitsmarkt gleichermaßen vermitteln. Für Hochschulabsolventen mögen familienpolitische Aspekte weniger relevant sein als die selbst gesteuerte Arbeitszeitgestaltung in Teams. Andererseits könnte es Professionals oder Kandidaten auf Teamleiter- oder Managerebene gerade auf familienfreundliche Bedingungen ankommen.

5.4   Kommunikation des Arbeitgeberversprechens

Nach der Entwicklung des Arbeitgeberversprechens erfolgt die Umsetzung. Hierbei geht es in erster Linie um die Konkretisierung der Inhalte und die Wahl der richtigen Medien zur Kommunikation des Versprechens, also um das **Wie**. Wichtig ist an dieser Stelle der Hinweis, dass sich dieses Kapitel lediglich mit jener Kommunikation befasst, die zum Ziel hat, Interesse auf Seiten der Zielgruppe zu wecken. In einem späteren Kapitel wird behandelt, wie Kommunikation im Rahmen der Beziehungspflege zum Kandidaten erfolgen kann.

Die Kommunikation mit der Zielgruppe kann auf sehr unterschiedliche Weise erfolgen. In den vergangenen Jahren dominierten vor allem Medien im Print-Bereich. Man schaltete Image-Anzeigen in einschlägigen Publikationen. Immer mehr Unternehmen verfügten über eine Karrierewebsite, die dazu diente, offene Stellen zu kommunizieren. Erst später wurde versucht, auf diesen Seiten auch Employer-Branding-Inhalte zu vermitteln, basierend auf einer zuvor definierten EVP. Karrieremessen waren von je her eine Form, um mit potenziellen Bewerbern in Kontakt zu treten und zu kommunizieren. Darüber hinaus gab es schon immer eine Kommunikation mit potenziellen Kandidaten auf persönlicher Ebene. Seit wenigen Jahren erleben wir, dass das Internet eine dominierende Rolle bei der Kom-

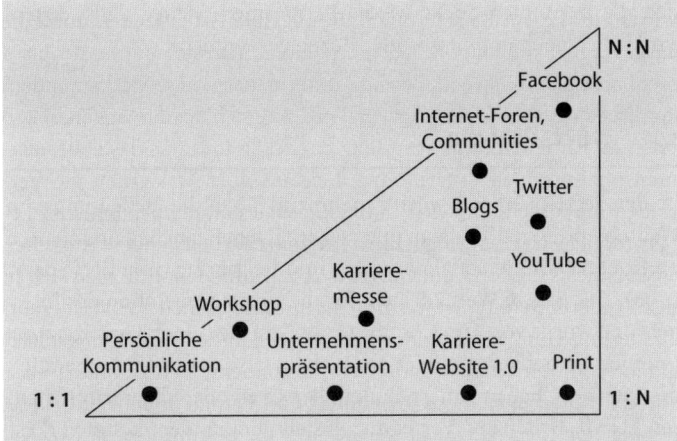

Abb. 5.5 Klassifizierung unterschiedlicher Wege der Kommunikation mit der Zielgruppe

munikation mit der Zielgruppe einnimmt. Wir haben es mit neuen Formen der Kommunikation über Blogs, Internet-Foren oder innerhalb von Internet-Communities zu tun. Wenn wir aber die jüngsten Entwicklungen betrachten, drängen sich Social Media zunehmend in den Vordergrund. Soziale Netzwerke wie Xing oder LinkedIn und mehr interaktive Plattformen wie Twitter und Facebook sind zunehmend Gegenstand der Diskussion im Rahmen von Personalmarketing und TRM.

Die genannten Medien unterscheiden sich in ihrer grundlegenden Art und Weise, wie eine Kommunikation zwischen Arbeitgeber, Mitarbeiter, Kandidaten und anderen Personen stattfindet. ◘ Abb. 5.5 zeigt einen Versuch, klassische und modernere Medien systematisch zu klassifizieren.

Die drei Ecken in ◘ Abb. 5.5 zeigen jeweils extreme Formen der Kommunikation zwischen Arbeitgeber und der Zielgruppe. Eine 1:1-Kommunikation entspricht einer sehr persönlichen Form der Kommunikation zwischen zwei Individuen bzw. zwischen einem Arbeitgeber und einem (potenziellen) Kandidaten. Bei einer 1:N kommuniziert eine einzelne Instanz, sei es eine Person oder ein Arbeitgeber, als Ganzes mit vielen (N). Im Falle einer N:N-Kommunikation findet eine wechselseitige Kommunikation vieler Personen untereinander im Rahmen eines sozialen Netzwerks statt. In diesem Netzwerk können neben dem Unternehmen an sich Mitarbeiter, Interessenten, Kandidaten oder fachlich Interessierte involviert sein. Die klassischen Medien der Kommunikation, wie etwa Karrieremessen, Karrierewebseiten, Printanzeigen sind im unteren rechten Bereich wiedergegeben. Auf diese wird nicht näher eingegangen, sie werden als bekannt vorausgesetzt (vgl. hierzu DGFP, 2005). Im rechten oberen Rand finden

5

sich die bekannten Social-Media-Plattformen wieder. Auf Letztere wird im Folgenden umfassender Bezug genommen.

5.5   Social Media

In den letzten Jahren wird zunehmend über die Bedeutung von Web 2.0 und Social Media in unterschiedlichen Bereichen und so auch im Kontext von Personalmarketing und Recruiting diskutiert (Beck, 2008). Der Begriff **Web 2.0** steht für die zweite Generation des Internets und wurde von Tim O'Reilly (2005) in Folge einer Konferenz von Internet-Vordenkern geprägt. Im Web 1.0, also der ersten Generation des Internets, haben Unternehmen, Personen oder allgemein Instanzen HTML-Seiten zur Verfügung gestellt, und andere konnten diese lesen. Dies entspricht einer 1:N-Kommunikation, wonach eine einzelne Instanz, eine Person oder Institution etwas kommuniziert und viele zuhören oder die jeweiligen Inhalte lesen, der eine produziert, der andere konsumiert. Im Rahmen des Web 2.0 wird der Internet-User auch als »Prosumer« bezeichnet. Er konsumiert nicht mehr nur Inhalte, sondern stellt selbst Inhalte zur Verfügung, die wiederum von anderen gelesen werden. Kennzeichnend für Web 2.0 ist also, dass der Internetnutzer Inhalte selbst beisteuert (User Generator Content). Typische Beispiele hierfür sind Wikipedia, wo die Einträge von Nutzern und nicht von einem zentralen Expertengremium erstellt werden oder YouTube, wo jedermann Videos über alles Mögliche der Öffentlichkeit bereitstellen kann. **Social Media** wiederum ist eine spezielle Form des Web 2.0. Typische Social Media Plattformen sind Facebook, Xing, LinkedIn oder Twitter (▶ Übersicht unten). Das Besondere an diesen Plattformen ist, dass hier Menschen untereinander in Kontakt treten, ihr soziales Netzwerk abbilden, entwickeln und darüber Inhalte austauschen. Kennzeichnend ist also der zwischenmenschliche (soziale) Aspekt. Nutzer bringen nicht nur Inhalte ins Spiel, sondern sich selbst und ihre Beziehungen, die dann unterschiedlich intensiv gepflegt werden. Social Media haben in den letzten Jahren eine dramatische, geradezu explosionsartige Entwicklung erfahren.

Twitter

Wer auf Twitter einen eigenen Account einrichtet, hat dort die Möglichkeit, kurze Nachrichten zu verfassen. Diese dürfen nicht mehr als 140 Zeichen umfassen. Man nennt diese Nachrichten »Tweets«. Andere Twitter-Nutzer, so genannte »Twitterer«, die sich für diese Nachrichten interessieren, können sich dazu entschließen, einem zu folgen (»followen«). Man bezeichnet diese anderen Twitter-Nutzer, die einem folgen, als »Follower«. Als Twitterer sieht man auf der eigenen Twitter-Einstiegseite fortlaufend die Nachrichten jener Twitterer, denen man selbst folgt. Findet man eine

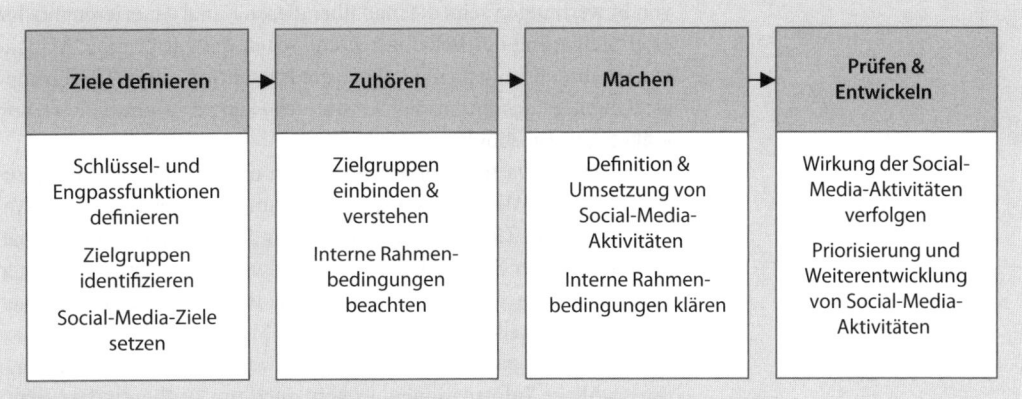

Ziele definieren	Zuhören	Machen	Prüfen & Entwickeln
Schlüssel- und Engpassfunktionen definieren

Zielgruppen identifizieren

Social-Media-Ziele setzen | Zielgruppen einbinden & verstehen

Interne Rahmenbedingungen beachten | Definition & Umsetzung von Social-Media-Aktivitäten

Interne Rahmenbedingungen klären | Wirkung der Social-Media-Aktivitäten verfolgen

Priorisierung und Weiterentwicklung von Social-Media-Aktivitäten |

◻ Abb. 5.6 Schritte zu einer Social-Media-Strategie

> Nachricht besonders interessant, besteht die Möglichkeit eines so genannten »Retweets«. Damit leitet man diese Nachricht an die eigenen Follower weiter. Über diesen Mechanismus werden kurze Nachrichten über ein Netzwerk von Twitterern und Followern gestreut. Derzeit gibt es kein alternatives Kommunikationsmedium, über das Informationen so schnell und zielgruppengenau verbreitet werden können.

Nun werde ich seit etlichen Monaten immer häufiger von Personalern gefragt, ob sie im Rahmen ihres Personalmarketings oder Recruitings auch Facebook nutzen oder twittern sollen. Ich erlebe hier eine große Neugier, gepaart mit zögerlicher Unsicherheit und der Sorge, möglicherweise einen wichtigen Trend zu verschlafen. Bevor im Einzelnen auf Facebook oder Twitter eingegangen wird, soll im Folgenden zunächst ein allgemeiner Orientierungsrahmen vorgestellt werden, wie man als Arbeitgeber bezüglich seiner Personalgewinnung eine Social-Media-Strategie entwickeln kann (vgl. auch Hoffman, 2009). Die einzelnen Schritte sind in ◻ Abb. 5.6 schematisch wiedergegeben. Dieser Orientierungsrahmen ist für alle Social-Media-Aktivitäten relevant und geht über die Vermittlung des Arbeitgeberversprechens hinaus. Dies gilt insbesondere für die aktive Kandidatensuche (▶ Kap. 6), aber auch für die Kandidatenbindung (▶ Kap. 7).

Unternehmen, die Social Media systematisch und professionell nutzen wollen, sollten zunächst definieren, was sie damit erzielen wollen. Welche Zielgruppen sollen damit erreicht werden? Haben diese einen Bezug zu kritischen Funktionen und dadurch eine besondere Relevanz? Am Anfang einer Initiative Ziele zu definieren, ist vermutlich immer richtig. Aber in diesem Kontext ist es wert, explizit darauf hinzuweisen. Mir scheint, viele Unternehmen sind bei der Nutzung von Social Media eher planlos unterwegs und folgen dem »Me-too-Prinzip«. Konkrete Social-Media-Ziele können die Anzahl

Eine Social-Media-Strategie setzt Ziele und Zuhören voraus

5

von Bewerbungen sein, die man über diesen Kanal generieren möchte oder Steigerung der Bekanntheit auf Seiten der Zielgruppe. Manche Unternehmen wollen eine intensivere Interaktion mit der Zielgruppe erreichen, gemessen an der Anzahl der externen Kommentare und »Likes« auf Facebook.

Social Media funktioniert nur, wenn man seiner Zielgruppe zunächst zuhört. Was wird bis heute über uns im Internet gesagt? Was interessiert die Zielgruppe, die ich am Ende erreichen möchte? Man schafft sich über Social Media nur dann Resonanz, wenn man seinen Fans und Followern Inhalte anbietet, die in irgendeiner Weise einen Mehrwert darstellen. Wenn hierbei von »Mehrwert« die Rede ist, darf man dies nicht *zu* betriebswirtschaftlich verstehen. Es geht nicht nur um sachliche Informationen, es geht auch um Authentisches, Skurriles, Inhalte, die von Herzen kommen oder die Einblicke in sonst Verborgenes bieten. Was auf den ersten Blick banal erscheint, mag für die Zielgruppe lebendig und wertvoll erscheinen. Banal ist vielmehr, was man ohnehin auf der Karrierewebsite findet.

Den dritten Schritt nenne ich ganz bewusst und lapidar »Machen«. Auch wenn in der Zwischenzeit wertvolle Hinweise darüber zur Verfügung stehen, was man wie im sozialen Web tun sollte und was nicht, wird jeder eigene Schritt in diese Welt zunächst experimentellen Charakter haben (vgl. Weinberg, 2010). Man kann viel von den Erfahrungen anderer lernen, aber was Social Media betrifft, kommt man um die eigenen Erfahrungen nicht herum. Deshalb ist es wichtig, in einer vierten Phase zu prüfen, wie die eigenen Social-Media-Aktivitäten angenommen werden, um dann zu entscheiden, von welchen Aktivitäten man sich verabschiedet und welche modifiziert und weiterentwickelt werden sollen.

Im Folgenden wird auf die relevanten Social-Media-Plattformen detaillierter eingegangen. Wir beginnen mit Facebook. **Facebook** hat pro Tag mehr Aufrufe als die Top-100-Seiten in Deutschland pro Monat. Facebook ist nach Google die Seite, die am häufigsten aufgerufen wird. Das Internet ist sicherlich mehr als Facebook, und Social Media umfasst auch andere Plattformen wie Twitter, Xing, LinkedIn und wie sie alle heißen. Will man aber Social Media verstehen, sollte man aufgrund der aktuellen Dominanz dieser Plattform zuerst Facebook verstehen.

Facebook bietet ein erweitertes soziales Umfeld

Was hat es mit Facebook auf sich, und welche Rolle kann diese Plattform im Kontext Employer Branding und bei der Vermittlung des Arbeitgeberversprechens einnehmen? Hierzu muss man zunächst sehen, dass Facebook einen sozialen Raum im Internet darstellt, in dem sich User auf eher informelle Weise Erlebnisse, Eindrücke, Meinungen, Fotos oder Videos teilen. Üblicherweise wird auf Facebook geduzt. Die meisten Inhalte, die dort »gepostet« und »gelikeds« werden, sind eher lapidarer, banaler Natur. Der fremde Beobachter wundert sich zuweilen über die Motivation der Nutzer, derart banale Inhalte ins Netz zu stellen. Was bringt es einer Community, wenn ein »Freund« beispielsweise postet, dass er sich über die Verspätung seines Zugs ärgert oder das Foto eines überdimensionierten Schnitzels anpreist? Die Erklärung ist an sich einfach und menschlich. Facebook-Nutzer erleben sich kontinuierlich in einer Art erweitertem sozialen Umfeld. Genauso wie im wahren Leben, wo man zuweilen von vertrauten Menschen umgeben ist und nicht selten Banalitäten austauscht, tut man dies als Facebook-Nutzer auch in dieser sozialen Welt. Man ist sozusagen nie alleine und immer dann, wenn man irgendwas loswerden will, tut man das auch. Der Austausch auf Facebook ist also weniger professionell, tiefsinnig oder besonders reflektiert, sondern alltäglich, spontan und wie die meisten Dinge im Leben nicht sonderlich weltbewegend. Wer diesen Grundgedanken nicht erkennt, versteht Facebook nicht.

Nun sind viele Dinge im Alltag von Mitarbeitern und deren Miteinander ebenso banal. Hier gibt es Lustiges, Skurriles, Besonderes, Peinliches, Interessantes, Bemerkenswertes. Dies sind natürliche Bestandteile der realen Arbeitswelt. Mitarbeiter wundern sich, freuen sich, ärgern sich, sind stolz auf dies und begeistert von »das«. Bis heute gibt es außer auf Facebook keinen Platz, wo diese alltäglichen Dinge ihren Niederschlag finden. Das Foto vom Geschäftsführer auf dem Betriebssommerfest mit seiner Bratwurst und der merkwürdigen Grillschürze wird man eben nicht auf die Karrierewebsite stellen. Will man aber als Unternehmen genau diesen Einblick gewähren und Eindrücke aus dem bunten Alltag vermitteln, dann gibt es neben Facebook keine Alternative. Zumindest habe ich noch keine offizielle Firmenwebsite gesehen, wo Bilder aus dem Alltag regelmäßig veröffentlicht würden. Auf einer offiziellen Seite wäre dies vielleicht sogar peinlich und unprofessionell. Auf Facebook ist das aber nicht nur erlaubt, sondern erwünscht. Insofern ist Facebook sicherlich eine gute Plattform, um sich über die Mitarbeiter von der menschlichen, alltäglichen Seite zu zeigen. Darin besteht aus meiner Sicht der wesentliche Nutzen von Facebook im Kontext Employer Branding. Eine gute Mischung aus Information, Banalem und Alltäglichem findet sich etwa auf der gut geführten Fan-Seite von Bain & Company (◘ Abb. 5.7).

Ich bezweifle aber, dass man als Arbeitgeber in der Lage ist, über Facebook insbesondere passive Kandidaten zu erreichen. Hierfür sollte man zunächst etwas von sozialer Netzwerkanalyse verstehen. Im Web sind Menschen, so auch potenzielle Kandidaten und Talente, sichtbar und zunehmend vernetzt. Zwischen diesen Usern finden Aktivitäten statt, es werden Inhalte ausgetauscht, bewertet und kommentiert. Dabei organisieren sich User über die Beziehungen, die sie aktiv pflegen, und über Gruppen, Communities, denen sie sich aktiv zuordnen. Ich selbst beschäftige mich mit modernen Themen rund um Human Resource Management. Dazu gehören Inhalte wie Employer Branding, Talentmanagement, Recruiting oder aktuell Personalentwicklung 2.0. Entsprechende Inhalte verbreite ich über Facebook oder auch über Twitter, bin »befreundet« mit anderen, die hierzu was zu sagen haben. Andere Menschen, die sich für meine Inhalte interessieren, sind mit mir befreundet oder folgen mir auf Twitter. Da-

5

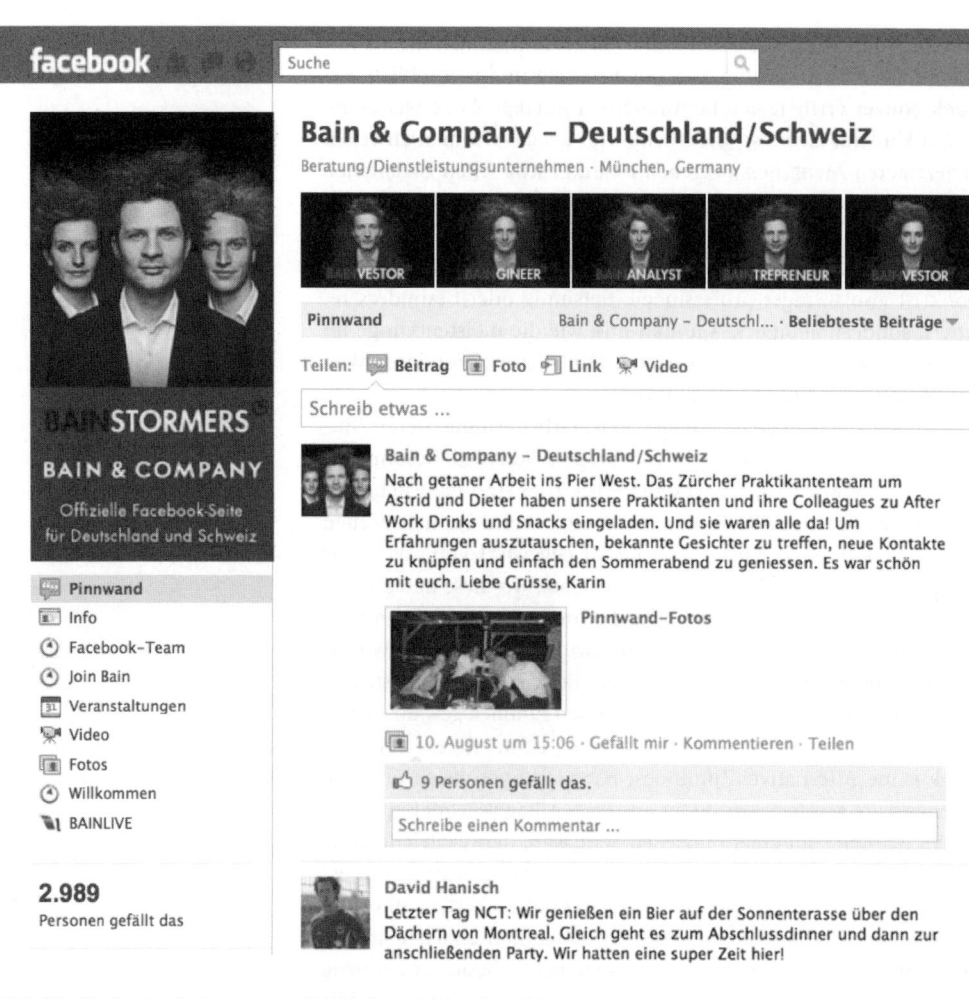

Abb. 5.7 Die Facebook-Fan-Page von Bain & Company

rüber hinaus bin ich in ausgewählten Xing-Gruppen und moderiere selbst eine. Ich lebe in einer virtuellen Welt, in der ich immer wieder auf dieselben Leute treffe. Menschen, deren Interessen ähnlich gelagert sind wie meine. Aus Sicht der sozialen Netzwerkanalyse spricht man hierbei auch von so genannten **Clustern**, Bereichen innerhalb umfangreicher Netzwerke, wo sich Kontakte aufgrund inhaltlicher Gemeinsamkeiten häufen. Diese Cluster sind hierarchiefreie Räume, die sich nur durch die Beziehungen der Netzwerkteilnehmer untereinander definieren.

Im Rahmen der Kommunikation mit der Zielgruppe gibt es zwei Arten von Cluster. Ich nenne sie Karrierecluster und Zielgruppencluster. In **Karriereclustern** verbinden sich Menschen über Facebook, aber auch über Twitter oder andere Plattformen, weil sie an den Karrieremöglichkeiten eines Unternehmens interessiert sind. Schaut man aber genauer hin, wird man feststellen, dass viele Fans der Deutschen-

Bahn-Fan-Page entweder selbst im Personalmarketing in anderen Unternehmen arbeiten oder sich aus beruflichen Gründen für das interessieren, was die Deutsche Bahn hier veranstaltet. So hat gerade der Initiator und langjährige Betreiber dieser Seite Robindro Ullah kürzlich in seinem Blog auf die von ihm benannte »Suppentheorie« hingewiesen, wonach viele Fans auf Facebook, aber auch Follower auf Twitter, aus dem Personalbereich stammen und lediglich in ihrer eigenen Suppe löffeln (Ullah, 2011a). Es erinnert an Zeiten des CB-Funks. CB-Funker haben sich auch vor allem über CB-Funk unterhalten, weil das eben die Thematik ist, die alle verbindet. Inwieweit man innerhalb dieser Cluster wirklich die Zielgruppe erreicht, bleibt eine bislang unbeantwortete Frage.

Die andere Form von Clustern sind **Zielgruppencluster**. Hier verbinden sich Menschen, die zu einer bestimmten Zielgruppe gehören und sich inhaltlich zu einer alle verbindenden Thematik austauschen. Während bei Facebook eher private Inhalte transportiert werden, handelt es sich bei Twitter um eine Plattform, die deutlich intensiver für professionelle Inhalte genutzt wird. Bei Xing treffen sich Vertreter bestimmter Zielgruppen zu allen möglichen Themen und tauschen sich aus. Für jedes Thema gibt es Cluster, wenngleich es sicherlich je Zielgruppe Unterschiede in der Nutzungsintensität von Social Media gibt.

Was sind nun die Implikationen aus dieser Unterscheidung in Karrierecluster und Zielgruppencluster? Karrierespezifische Seiten auf Facebook oder vergleichbare Accounts auf Twitter sind sicherlich gute Orte für interessierte Kandidaten, Alumni, ehemalige Praktikanten, um sich über einen Arbeitgeber kontinuierlich zu informieren. Aktivitäten dieser Art vermitteln nach außen eine aufgeschlossene Haltung gegenüber Neuem, was bei etlichen Zielgruppen grundsätzlich positiv ankommt. Anders als auf statischen Karrierewebseiten kann gerade auf Facebook eine Interaktion zwischen Arbeitgeber und Interessenten stattfinden. Arbeitgeber können sich von ihrer alltäglichen, menschlichen Seite zeigen. Nicht zuletzt bewegt man sich auf Facebook in einer Welt, in der sich viele Talente ohnehin tagtäglich bewegen. Die Nutzung dieser Dienste ist insofern sicherlich ein Schritt in die richtige Richtung. Die Entwicklung geht sogar so weit, dass in der Personalerszene darüber diskutiert wird, ob man eigene Karrierewebseiten überhaupt noch benötigt. Schon heute packen manche Unternehmen mehr Informationen, Bilder, Videos auf ihre Facebook-Seite als auf ihre eigene Unternehmenswebsite. Aber ob man die Zielgruppe und insbesondere die talentierten Kandidaten über karrierebezogene Seiten erreicht, bleibt fraglich. Wird ein erfahrener Logistik-Experte Fan der Lufthansa Fan-Page BeLufthansa? Dieser erfahrene Logistik-Experte wird sich möglicherweise eher mit Menschen verbinden und austauschen, die ähnlich gelagerte, fachliche Interessen haben, und das auf seinem Niveau. Vor diesem Hintergrund erscheinen so manche Karrierecluster eher als Zielgrup-

Experten werden eher selten Fan einer Karriere-Fan-Page

pencluster von Personalern, die sich mit Social Media im Kontext Personalmarketing und Recruiting beschäftigen.

Wenn im Rahmen eines TRM und mittels Social Media mit der Zielgruppe kommuniziert werden soll, funktioniert dies nur, indem man sich als Arbeitgeber den Zielgruppenclustern nähert und sich dort Gehör verschafft. Hierauf wird insbesondere im nächsten Kapitel eingegangen, wenn es darum geht, wie man talentierte Kandidaten im Arbeitsmarkt findet und auf sie zugehen kann. Eine Karriereseite auf Facebook oder einen Twitter-Account einzurichten, um dann auf Fans und Followers zu hoffen, erscheint nicht wirklich vielversprechend. Die eigentliche Kunst besteht darin, tatsächlich in Kontakt mit der Zielgruppe zu gelangen, was nur jemand erreicht, der selbst Teil dieser Zielgruppe ist oder es schafft, deren Inhalte nachzuvollziehen, sich einzubringen oder deren Sprache zu sprechen. Diese Überlegungen habe ich erstmals auf meinem Blog beim Harvard Businessmanager erläutert: Wo Personalmarketing per Facebook an Grenzen stößt (Trost, 2007).

Wenn man mit Gedanken spielt, im Kontext Social Media und Web 2.0 sein Arbeitgeberversprechen zu vermitteln, sollte man vor allem über Blogs und Videos auf YouTube nachdenken.

Blogs bieten die Möglichkeit, Inhalte differenzierter darzustellen

Zunächst zum Thema **Blogs**. Auf Facebook, Twitter oder Xing haben Internetnutzer kaum die Möglichkeit, größere Zusammenhänge darzustellen, schon allein deswegen, weil diese Plattformen dafür keinen Raum bieten. Tweets umfassen maximal 140 Zeichen und Posts bzw. Kommentare auf Facebook sind auch nicht wesentlich länger. Internetnutzer, die sich etwas ausführlicher und differenzierter im Internet artikulieren wollen, nutzen hierfür Blogs. Im Grunde kann heute jeder Nutzer seinen eigenen Kanal schaffen und, ähnlich wie es News-Portale tun, regelmäßig über Dinge schreiben, die er für mitteilungswürdig hält. Von dieser Möglichkeit machen immer mehr Menschen Gebrauch. Man kann dies auf eigene Veranlassung etwa über Plattformen wie »Wordpress« tun oder eine etablierte Institution, zum Beispiel das eigene Unternehmen oder ein öffentliches Medium, bietet entsprechende Möglichkeiten an. Ich selbst bin stolz und glücklich darüber, dass mir der Harvard-Businessmanager einen eigenen Blog zur Verfügung stellt, wo ich regelmäßig meinen Gedanken und Ideen freien Lauf lassen kann. Genauso können Unternehmen ausgewählten Mitarbeitern die Chance einräumen, über ihren Alltag bei ihrem Arbeitgeber zu berichten. An dieser Stelle kommt die Vermittlung des Arbeitgeberversprechens zum Tragen, denn niemand kann glaubwürdiger und authentischer Einblicke in die Arbeitswelt eines Unternehmens liefern als die eigenen Mitarbeiter (vgl. Erb, 2011). Um zurückzukommen auf das obige Beispiel des technischen Vertriebs, so können Blogs ein sinnvolles Mittel sein, einen aktuellen Mitarbeiter im technischen Vertrieb regelmäßig zu Wort kommen zu lassen, sodass die relevante Zielgruppe aus erster Hand erfährt, wie es sich anfühlt, in dieser Funktion beschäftigt zu sein.

So hat die Firma Festo in Esslingen bereits frühzeitig einen eigenen Ausbildungsblog etabliert (http://www.ausbildungsblog.de). Hier schreiben Azubis und Studenten dualer Studiengänge über ihren Alltag, posten darüber hinaus selbst gemachte Videos und Fotos und vermitteln so direkte Einblicke. Für immer mehr Unternehmen ist die betriebliche Ausbildung eine Engpassfunktion. Insofern böte es sich diesen Unternehmen an, diesem Beispiel zu folgen. Die Daimler AG hat mehrere Hundert Mitarbeiter engagiert, die sich dazu bereit erklärt haben, über ihr Leben beim schwäbischen Autohersteller zu berichten (http://blog.daimler.de/hier-bloggen-mitarbeiter – allerdings haben es die wenigsten Mitarbeiter auf mehr als einen Blogbeitrag geschafft). Diese Mitarbeiter stammen aus unterschiedlichen Bereichen dieses Konzerns und zeichnen so zwar kein repräsentatives, aber doch ein umfassendes Bild des Arbeitgebers Daimler. Führt man Blogs, wie die eben genannten Beispiele, sollte man auf einige Regeln achten.

— Mitarbeiter, die für ein Unternehmen bloggen, müssen dies wollen und können. Niemals sollte man Kollegen diesen Job einfach so delegieren, geschweige sie dazu »verdonnern«, weil sie vielleicht gerade Zeit zu haben scheinen. Mitarbeiter sollten über ausreichend Geschichten und Erlebnisse im Unternehmen verfügen, damit ihnen über längere Zeit nicht die Themen ausgehen. Sie müssen selbstverständlich schreiben können und Spaß daran haben. Hier empfehle ich, dass Mitarbeiter sich fürs Bloggen bewerben können und man diese Möglichkeit auch als Privileg darstellt.

— Blogger brauchen Freiheit, über das schreiben zu können, was sie wollen. Es ist zwar durchaus in Ordnung, intern eine Prüfschleife einzubauen, um Beiträge – so wenig wie möglich – zu redigieren. Insgesamt muss aber ein Blogger die Chance haben, sich durch seine Geschichten ein eigenes, individuelles Profil zu verleihen. Was einen Blogger ansport, ist die Resonanz auf Seiten der Leser, und dies erreicht er am besten durch Authentizität und Originalität, die nur er selbst schaffen kann.

— Blogs müssen von realen Mitarbeitern geschrieben werden und niemals von einer Agentur oder einer zentralen Abteilung wie etwa der Unternehmenskommunikation oder der Personalmarketingabteilung. Sprache ist zu komplex, als dass jemand für einen anderen schreiben kann. So wie ein Azubi können nur Azubis schreiben. Internetnutzer merken intuitiv, ob ein Blog wirklich von dem angeblichen Autor geschrieben wird.

Worauf man bei Blogs achten sollte

Blogs benötigen Spielregeln. Es gibt Unternehmen, wie etwa Yahoo!, die die Spielregeln von den Bloggern selbst in einem Wiki, also einem im Internet editierbaren Dokument, erarbeiten ließen. Diese Herangehensweise ist durchaus sinnvoll, weil dadurch die notwendige Akzeptanz auf Seiten der Blogger sichergestellt werden kann. Klassische Regeln sind etwa, dass man keine kritischen Interna wie beispielsweise Zahlen über die Finanzlage oder über geheime Produktneuent-

5

wicklungen preisgibt. Blogger sollten persönlich für das verantwortlich sein, was sie schreiben und nicht das Unternehmen. Gut geführte Blogs werden nicht als Platz für interne Kritik oder das Ausleben interner Querelen zwischen Mitarbeitern missverstanden.

Blogs bieten authentische Einblicke in die Arbeitswelt

Blogs sind eine einfache und sichere Weise, Web 2.0 zu nutzen. Sie erfordern einen überschaubaren, initialen Aufwand. Am Ende adressieren sie den Wunsch gerade zukünftiger Generationen, authentische Einblicke in die Arbeitswelt bestimmter Schlüssel- oder Engpassfunktionen des Unternehmens zu bekommen, jenseits von polierten und meist statischen Karrierewebseiten und Broschüren. Ergänzend sei hier darauf hingewiesen, dass Blogs bei Google einen relativ hohen »Pagerank« haben, also dort schnell gefunden werden. Blogs können also auch dadurch dazu beitragen, dass potenzielle Arbeitgeber bei der Informationssuche von Kandidaten auf deren Radar erscheinen.

Kommen wir zu **YouTube-Videos**. Ich lebe in Tübingen. Und während ich diese Zeilen schreibe, erlebt Deutschland einen Hype zweier Videos, die von Tübingern erstellt und auf YouTube gepostet wurden. Das eine Video stammt von einem in Eritrea geborenen Schauspieler namens Tedros Teclebrhan, der sich in einem inszenierten Interview auf der Straße auf überzeugend dümmliche Weise zum Integrationstest äußert.[1] Das andere Video wurde von zwei Tübinger Studentinnen erstellt und beinhaltet einen Rap über Tübingen: »Tübingen, warum bist Du so hügelig?«[2] Beide Videos erzielten binnen weniger Tage sagenhafte Zugriffszahlen. Ersteres sogar über zehn Millionen. Von diesem Erfolg konnten die Ersteller dieser Videos nicht ausgehen. Nun haben diese Beispiele wenig mit Personalgewinnung zu tun, zeigen aber das große Potenzial von YouTube-Videos, in kurzer Zeit sehr viele Menschen zu erreichen, wenngleich aus wissenschaftlicher Sicht bis heute nicht klar ist, warum bestimmte Videos einen Hype auslösen und andere nicht. Man kann diesen so genannten viralen Effekt kaum erzwingen.

YouTube-Videos bieten die Chance einer hohen Verbreitung

Im Kontext Employer Branding bieten YouTube-Videos eine besondere Chance, sich als Arbeitgeber zu präsentieren und darüber eine hohe Verbreitung zu erreichen. Vor allem bieten solche Videos die Möglichkeit, bestimmte Schlüssel- und Engpassfunktionen zielgerichtet und anschaulich darzustellen. Im Grunde gibt es in diesem Zusammenhang vier Arten von Arbeitgebervideos, wie in ◘ Abb. 5.8 verdeutlicht. Sie werden in unterschiedlicher Weise den Anforderungen nach Authentizität, Professionalität und möglichst geringem Kostenaufwand gerecht.

Videos können entweder von Mitarbeitern oder von Profis bzw. professionellen Agenturen produziert werden. Anderseits kann es sich bei den Darstellern in den Videos ebenfalls um echte Mitarbeiter oder um professionelle Schauspieler handeln. Je nach Kombination sind die in ◘ Abb. 5.8 wiedergegebenen Vor- und Nachteile wahrscheinlich, aber nicht zwingend. Hierbei gibt es kein Richtig oder Falsch.

---

1   http://www.youtube.com/watch?v=vcAN-Efb57l
2   http://www.youtube.com/watch?v=5xBSrqpiiCk

	Eingeschränkte Professionalität	Hohe Professionalität
Profis	Eingeschränkte Professionalität Eingeschränkte Authentizität	Hohe Professionalität Hohe Kosten Eingeschränkte Authentizität
Darsteller		
Mitarbeiter	Geringe Professionalität Geringe Kosten Hohe Authentizität	Eingeschränkte Professionalität Eingeschränkte Authentizität
	Mitarbeiter	Profis
	Produzent	

◻ Abb. 5.8 Vier Formen von Arbeitgebervideos

Die Wirtschaftsprüfungsgesellschaft Deloitte hat vor einiger Zeit einen internen Wettbewerb durchgeführt, in dem Mitarbeiter aufgefordert wurden, eigene Videos über ihren Arbeitgeber zu produzieren. Interessanterweise wurde diese Initiative zunächst mit konkreten Vorgaben gestartet, wonach sich die Videos auf vorgegebene Themen beziehen sollten. Dies wiederum wurde von den Mitarbeitern als »zu corporate« abgelehnt. Erst die absolute Freiheit motivierte die Zielgruppe, ihrer Kreativität freien Lauf zu lassen, was am Ende zu herausragenden Ergebnissen führte. Dies ist charakteristisch für die Facebook-Generation. Arbeitgeber, die ihr Arbeitgeberversprechen in authentischer Weise formulieren, müssen sich hier am Ende auch nicht darum sorgen, ob die Inhalte zum »offiziellen« Arbeitgeberversprechen passen (vgl. Hesse, 2011).

YouTube-Videos bergen neben der großen Chance einer viralen Verbreitung innerhalb der relevanten Zielgruppe auch Gefahren. Ist ein Video in seiner Botschaft zu überzeichnet, wenig authentisch oder sichtlich unprofessionell (obwohl es bemüht professionell anmutet), besteht die wahrscheinliche Gefahr, in der Netzgemeinde regelrecht zerrissen zu werden. Dies geschieht entweder über direkte Kommentare zum Video oder über Kommentare auf Facebook, wo Videos geteilt werden. Man bezeichnet die Überhäufung eines Videos mit Häme auch als »Shitstorm«. Ein prominentes Beispiel lieferte das österreichische Bundesheer, das über die Möglichkeit geworben hat, man könne beim Heer Panzer fahren und damit fesche Mädels beeindrucken[3].

---

3   http://www.youtube.com/watch?v=y3dDQXgJkEo

5

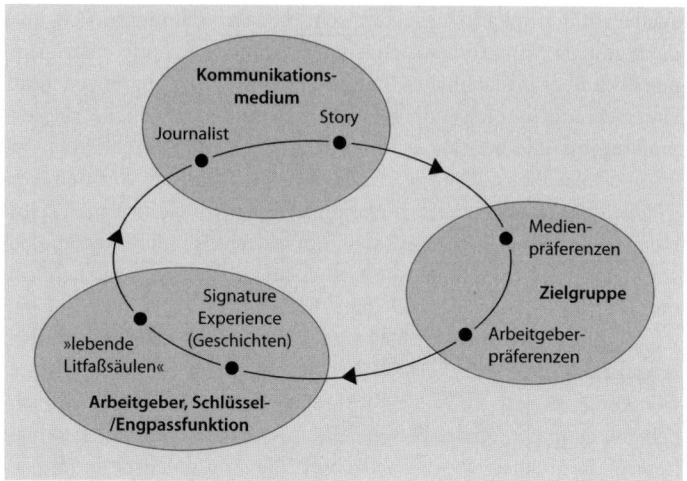

☐ **Abb. 5.9** Die Wirkungsweise von Employer PR

5.6   Employer PR

In meiner Heimatstadt Tübingen gibt es die Gerhard Rösch GmbH, ein mittelständisches Unternehmen der Bekleidungsindustrie. Diese, für viele unbekannte Firma verfügt einerseits über eine langjährige, vorbildliche Familienpolitik und andererseits über eine rührige Leiterin der Unternehmenskommunikation (Frau Rösch, die Frau des Geschäftsführers). Wiederholt wurde dieser Arbeitgeber für seine Verdienste im Bereich der Gleichstellung von Mann und Frau und für die Vereinbarkeit von Familie und Beruf mit Preisen gesegnet. Man verstand es nun, dieses besondere Potenzial wirksam in die Öffentlichkeit zu tragen. Weil ich täglicher Zeuge der lokalen und regionalen Berichterstattung bin, erlebe ich die Präsenz dieses Arbeitgebers hautnah. Man liest Interviews, Zeitungsbeiträge, hört Berichte in lokalen Nachrichtensendern. Wer heute an Rösch denkt, denkt unter anderem an seine Familienfreundlichkeit. In den Medien auf so positive Weise so präsent zu sein, kostet dieses Unternehmen fast nichts.

Employer PR bietet im Kontext mit Social Media gänzlich neue Möglichkeiten

Social Media, Blogs und Nachrichten-Portale (z. B. Spiegel-Online) ermöglichen heute in ihrem Zusammenspiel eine ganz neue Dynamisierung von Public Relations (PR). Um nichts anderes handelt es sich bei dem obigen Beispiel. Die damit verbundenen Möglichkeiten stehen jedem Unternehmen unabhängig von seiner Größe zur Verfügung. Seit einiger Zeit sprechen wir in diesem Kontext von **Employer PR** (vgl. Böcker & Schelenz, 2008). ☐ Abb. 5.9 zeigt schematisch die Wirkungsweise von Employer PR.

Ausgangspunkt ist auch hier die **Zielgruppe** im Arbeitsmarkt, die man mit Employer PR erreichen möchte. Dies können beispielsweise Ingenieure einer bestimmten Fachrichtung, junge Leute, aber auch Familien im Einzugsgebiet sein. Letztere definieren sich über die regionale Nähe zum Arbeitgeber, während man andere Zielgruppen etwa über ihr fachliches Interesse oder ihr Alter abgrenzen kann. Unterschiedliche Zielgruppen haben meist unterschiedliche Medienpräferenzen. Hierbei geht es um die Frage, welche Zeitschriften, Online-Portale, Blogs, Zeitungen oder was auch immer von den Vertretern der jeweiligen Zielgruppe präferiert wird. Gehört man selbst nicht zu der Zielgruppe, weiß man normalerweise nicht, was die bevorzugten Medien sind. Deshalb ist es hier absolut unerlässlich, mit der Zielgruppe zu sprechen. Nicht selten wird man überrascht sein, wo im Internet sich jene Menschen aufhalten, die man letztendlich erreichen möchte oder welche Zeitschriften sie lesen. Viele Mechatroniker lesen Zeitschriften über Modellbau oder besuchen vergleichbare Blogs und Internet-Foren. Lufthansa hat festgestellt, dass man potenzielle Flugbegleiter in Fachzeitschriften für Skilehrer findet (viele Skilehrer arbeiten im Sommer als Flugbegleiter).

Neben den Medienpräferenzen ist es wichtig, die Arbeitgeberpräferenzen der Zielgruppe zu verstehen. Dieser Aspekt wurde bereits im Zusammenhang mit der Entwicklung einer EVP ausführlich behandelt. Will man also junge Familien im Einzugsgebiet ansprechen, dann ist es nicht nur relevant zu wissen, welche Zeitung diese Zielgruppe liest, sondern für welche Themen sich diese in Bezug auf ihre Arbeitgeberpräferenzen interessiert. Hier können Themen wie Familienfreundlichkeit oder die Vereinbarkeit von Beruf und Privatleben zum Zug kommen, wie das obige Beispiel der Gerhard Rösch GmbH auf klassische Weise veranschaulicht. Ingenieure interessieren sich wiederum für neueste Technologien innerhalb bestimmter Fachbereiche. Insofern liegt es nahe, diese Zielgruppe der Ingenieure mit Geschichten über aktuellste Entwicklungen zu bedienen.

Hat man verstanden und definiert, welche Zielgruppe man einerseits ansprechen möchte und andererseits, was deren Arbeitgeber- und Medienpräferenzen sind, stellt sich in einem nächsten Schritt die Frage, was man als **Arbeitgeber,** insbesondere in seinen **Schlüsselfunktionen,** Entsprechendes zu bieten hat. Welche Storys, Geschichten könnten für die öffentlichen Medien interessant sein? Etliche Beispiele wurden bereits genannt: neue technische Entwicklungen, besondere Kundenprojekte, Innovationspreise oder Preise für hervorragende Personalpolitik, die Tatsache, dass man auch in schwierigen Zeiten seine Mitarbeiter halten konnte, berufliche aber auch private, herausragende Erfolge einzelner Mitarbeiter, die Einweihung eines neuen Firmengebäudes als Folge des anhaltenden Erfolgs. Die Liste ließe sich beliebig erweitern. Ich glaube, jedes Unternehmen hat mehr Geschichten zu erzählen, als es beim ersten Gedanken zugibt. In diesem Kontext spricht man auch von so genannten »Signature Experiences« oder Schlüsselerlebnissen, in deren Genuss die Mitarbeiter in einem Unternehmen kommen und die einen Arbeitgeber zu einem besonderen Arbeitgeber machen (vgl. Erickson & Gratton, 2007).

> Jedes Unternehmen hat interessante Geschichten zu erzählen

Manche Unternehmen verfügen über Personen, die eine besondere Bekanntheit und Wirkung in der Öffentlichkeit haben. Man bezeichnet solche Personen auch als »lebende Litfaßsäulen«. Die internationale Unternehmensgruppe Virgin ist untrennbar mit ihrem Gründer und CEO Richard Branson verbunden. Branson ist vermutlich das Paradebeispiel, wie ein Mann durch sein Auftreten einem Unternehmen ein unverwechselbares Image verleihen kann. Er suchte von Anfang an Medienpräsenz, was sicherlich ein Erfolgsgeheimnis von Virgin war und heute noch ist. Es gibt aber auch bekannte Beispiele aus dem Mittelstand. So versteht es kaum einer, wie der »König von Burladingen« Wolfgang Grupp seine Geschichte über den Erhalt deutscher Arbeitsplätze in seinem Hause Trigema nach außen zu tragen. Seit Jahren ist er gefragter Gast in Interviews oder Talkrunden. Stars im eigenen Unternehmen, seien es der Geschäftsführer oder andere Personen, sind in den Medien gefragt und können die Nachfrage nach ihrer Person nutzen, um Geschichten über das Unternehmen in die Zielgruppe zu transportieren.

Schließlich geht es im Rahmen eines Employer PR darum, die Geschichten an ausgewählte **Medien** zu »verkaufen«. Ich kenne ein Unternehmen im Hochschwarzwald, das sich Employer PR als Maßnahme zur Personalgewinnung explizit auf die Fahne geschrieben hat. Auf einer Landkarte wurde mit einem Zirkel ein Radius von 80 Kilometern gezogen und analysiert, welche Tageszeitungen innerhalb dieses Gebiets gelesen werden. Der CEO persönlich hat das Ziel gesetzt, in diesen ausgewählten Medien mit einer ganz bestimmten Häufigkeit als Arbeitgeber aufzutauchen. Employer PR heißt nun, wie bei PR überhaupt, sich mit Redakteuren und Journalisten dieser Medien gut zu stellen und mit diesen eine langfristige Beziehung aufzubauen. Im Rahmen einer PR muss man diese Personen als Kunden verstehen. Sie sind es, die Geschichten annehmen oder ablehnen. Am Ende verfolgt man das Ziel, in diesen Medien präsent zu sein. Ist dies der Fall und es wird eine Geschichte veröffentlich, kann man als Unternehmen aktiv dazu beitragen, dass diese Geschichte innerhalb der Zielgruppe gestreut und weitererzählt wird. Dabei helfen insbesondere Social Media, allen voran Plattformen wie Twitter oder Facebook. Hier schließt sich der Kreis: Die Geschichte etwa in Form eines Artikels sollte die Zielgruppe erreichen und deren Arbeitgeberpräferenzen treffen.

Employer PR bietet jedem Unternehmen hervorragende Chancen, seine Schlüssel- und Engpassfunktionen zu vermarkten, wie die obigen Überlegungen gezeigt haben. Es wurde aber auch deutlich, dass Employer PR einer gewissen Systematik bedarf. Unternehmen, welche die dezidierte Funktion einer Unternehmenskommunikation haben, wissen dies. Der Aufwand ist aber gegenüber dem Nutzen, den Employer PR bringen kann, überschaubar. Am Ende ist das Erscheinen in einem öffentlichen Kommunikationsmedium kostenlos. Darin liegt ein besonderer Vorteil. Der zweite

Vorteil besteht darin, dass Geschichten, die in einem öffentlichen Medium vermittelt werden, ein gewisses Maß an Authentizität aufweisen. Der Leser, Zuhörer oder Zuschauer weiß, dass die Möglichkeiten eines Unternehmens, die Berichterstattung zu polieren und zu beschönigen begrenzt sind.

Aktive Suchstrategien

Das vorausgegangene Kapitel behandelte den werblichen, kommunikativen Teil der Personalgewinnung, also die Marketingseite im weitesten Sinne. Nur mit der Erarbeitung und Kommunikation eines überzeugenden Arbeitgeberversprechens hat man noch keinen einzigen geeigneten Kandidaten oder potenziellen, neuen Mitarbeiter gefunden. Darum geht es nun in diesem Kapitel. Nach einigen grundlegenden Überlegungen und einem kurzen Überblick werden moderne Ansätze dargestellt, wie qualifizierte Kandidaten im externen Arbeitsmarkt gefunden werden können. Dabei werden die klassischen Ansätze, wie Stellenanzeige oder das Engagement von Personalberatungen, gänzlich außen vor gelassen. Gerade bei der Besetzung von Schlüssel- und Engpassfunktionen erfahren wir immer deutlicher, dass diese traditionellen, eher passiven Ansätze der Personalgewinnung nur noch begrenzte Zugkraft haben werden.

6.1   Ausgangsüberlegungen und Überblick

Es gibt Mitarbeiter, die aktuell an keinem neuen Job interessiert sind. Hierbei handelt es sich um Arbeitnehmer, die entweder glücklich mit ihrer Aufgabe sind, gerade erst mit ihrem neuen Job begonnen haben, oder beispielsweise kurz vor der Berentung stehen. Diese Personen können durch keine Maßnahme der Personalgewinnung erreicht werden. Aus Sicht des Personalmarketings und des Recruitings existieren diese Menschen schlichtweg nicht. Wir bezeichnen sie als **Nicht-Suchende.** Dem stehen die so genannten **Aktiv-Suchenden** gegenüber. Hierbei handelt es sich um Menschen, die aktiv bemüht sind, in absehbarer Zeit einen neuen Job zu finden. Aktiv Suchende lesen den Stellenmarkt in ihrer lokalen Tageszeitung. Sie besuchen Stellenbörsen im Internet oder gehen auf Karrieremessen. Es gibt mehrere Gründe, warum jemand aktiv sucht. Man wurde gekündigt oder man hält es im aktuellen Job aufgrund nicht zufriedenstellender Rahmenbedingungen nicht mehr aus. Oder man steht kurz vor dem Ende der Ausbildung und hat noch kein Job-Angebot in der Tasche. Aktiv Suchende investieren Zeit für die Jobsuche, da sie in gewisser Hinsicht unter Druck stehen. Anders als die anderen hier beschriebenen Gruppen sind es nur die Aktiv-Suchenden, die sich aus eigenem Antrieb heraus auf eine Stelle bewerben. Dann gibt es noch die so genannten **Passiv-Suchenden.** Diese Gruppe ist im Kontext der Personalgewinnung die interessanteste, wie noch gezeigt wird. Man nennt sie auch latent Suchende oder passive Kandidaten. Menschen dieser Gruppe haben aktuell einen Job und investieren keine Zeit für die Suche einer alternativen Karrieremöglichkeit. Es geht ihnen gut, und sie stehen in keiner Weise unter Druck. Aber sie gehen mit offenen Augen durch die Welt, sind durchaus aufgeschlossen. Sie fangen erst dann an, über eine andere Karriereoption nachzudenken, wenn man ihnen eine Option sozusagen unter die Nase hält, sei es dadurch, dass sie für eine Stelle empfohlen werden, ein Headhunter anruft, ein ehemaliger Kollege, ein Freund mit einem Jobangebot winkt.

TRM konzentriert sich auf Passiv-Suchende

Diese Differenzierung in Nicht-, Aktiv- und Passiv-Suchende ist im Rahmen der Personalgewinnung aus zwei Gründen sehr relevant. Erstens kann davon ausgegangen werden, dass passiv suchende Kandidaten in der Tendenz besser qualifiziert sind und im Arbeitsmarkt einen höheren »Marktwert« genießen. Unter anderem deshalb können sie sich diese Passivität auch leisten. Unternehmen sollten also bestrebt sein, Menschen dieser Gruppe zu gewinnen. Der entscheidende Punkt ist aber, dass zweitens Arbeitgeber zur Gewinnung von passiven Kandidaten selbst aktiv werden müssen. Hier verhält es sich wie im normalen Leben: Wenn zwei Menschen sich kennenlernen wollen, dann muss mindestens einer auf den anderen aktiv zugehen. Wenn der Kandidat passiv ist, muss eben der Arbeitgeber **aktive Strategien** an den Tag legen. Von diesen aktiven Suchstrategien handelt dieses Kapitel. Ergänzend sei erwähnt, dass es aufgrund des zunehmenden Fachkräftemangels immer mehr passive Kandidaten geben wird. Sich im Rahmen der Personalgewinnung auf aktiv Suchende zu verlassen, wird dazu führen, dass insbesondere Schlüssel- und Engpassfunktionen kaum mehr durch geeignete Kandidaten besetzt werden können.

Was heißt es nun, als Arbeitgeber bei der Personalgewinnung aktiv zu suchen? Aktivität umfasst im wesentlich zwei Dimensionen. Einerseits bedeutet Aktivität, in gewisser Hinsicht aggressiv zu sein. Dieser Begriff hat im Deutschen zugegebenermaßen eine etwas negative Konnotation. Im Englischen könnte man hier den Begriff »competitive« verwenden, was eine Form der Wettbewerbsorientierung umschreibt. Vertriebsmitarbeiter kennen dies. Sie sehen sich tagtäglich in einem Wettkampf gegen Mitbewerber um Kunden und Auftraggeber. Um nichts anderes geht es hier. Schließlich ist im hier behandelten Kontext auch vom »Krieg um Talente« die Rede. Aggressivität ist aber in diesem Kontext eher sportlich gemeint und weniger zerstörerisch. Andererseits bedeutet Aktivität die Einbindung der Fachbereiche bei der Suche und Identifikation geeigneter Kandidaten. Fachbereiche sind jene Bereiche innerhalb eines Unternehmens, die nicht zur Personalabteilung gehören, also etwa Produktion, Marketing oder der Einkauf. Suchstrategien sind dementsprechend dann aktiv, wenn in einem Unternehmen die Suche nach Kandidaten nicht als Aufgabe der Personalabteilung allein verstanden wird, sondern man darin eine Aufgabe aller Betroffenen erkennt.

Kombiniert man nun die beiden Dimensionen Aggressivität und Einbindung der Fachbereiche, so ergibt dies ein zweidimensionales Feld unterschiedlicher Spielarten (◘ Abb. 6.1).

In ◘ Abb. 6.1 sind unterschiedliche Suchstrategien entlang der beiden beschriebenen Dimensionen positioniert. Diese Einordnung basiert weniger auf empirischen Befunden, sondern vielmehr auf Plausibilitätsüberlegungen. Im linken unteren Bereich sind die passiven Suchstrategien dargestellt. Hierzu gehören die klassischen, lehrbuchartigen Ansätze wie Stellenanzeigen, das Engagement einer Personal-

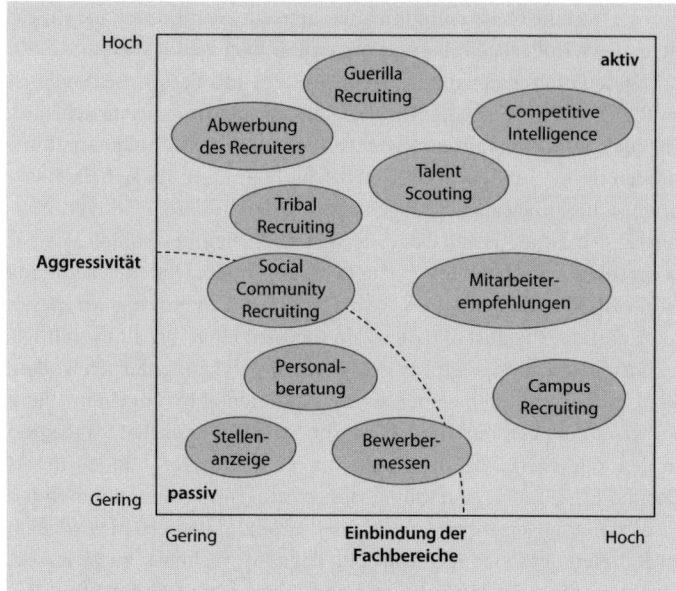

◘ **Abb. 6.1** Passive und aktive Suchstrategien

beratung oder der Besuch von Bewerber- oder Karrieremessen. Unter Stellenanzeigen werden in diesem Zusammenhang alle Anzeigen verstanden, die zur Besetzung einer Vakanz dienen, unabhängig davon, in welchem Medium sie geschaltet werden. Diese Maßnahmen sind hinlänglich bekannt und am meisten verbreitet, weswegen hierauf im Folgenden nicht weiter eingegangen wird. Der Fokus liegt vielmehr auf den aktiveren Strategien. Auf diese wird in den folgenden Abschnitten im Einzelnen detaillierter Bezug genommen.

6.2   Social Community Recruiting

Seit etlichen Jahren stehen jedem Internetnutzer Plattformen zur Verfügung, von denen insbesondere Personalberater oder Personalvermittler früher geträumt haben. Die Rede ist von Xing oder LinkedIn. Hierbei handelt es sich um soziale Netzwerkplattformen, auf denen Millionen von Nutzer ihre Lebensläufe, Präferenzen, Stärken und beruflichen Kontakte sichtbar machen. Diese Informationen sind jedermann zugänglich. Im Folgenden werden Xing und LinkedIn synonym behandelt. Beide Seiten liefern ein vergleichbares Spektrum an Funktionalitäten. Unterschiede bestehen in erster Linie bezüglich der äußeren Anmutung und der teilnehmenden Zielgruppe. Xing ist nach wie vor die im deutschsprachigen Bereich dominierende Plattform, während LinkedIn internationaler ausgerichtet ist. Weiterhin besteht auf LinkedIn eine höhere Chance, Personen auf Executive-Ebene zu finden. Anders als etwa Facebook oder Wer-kennt-wen haben beide

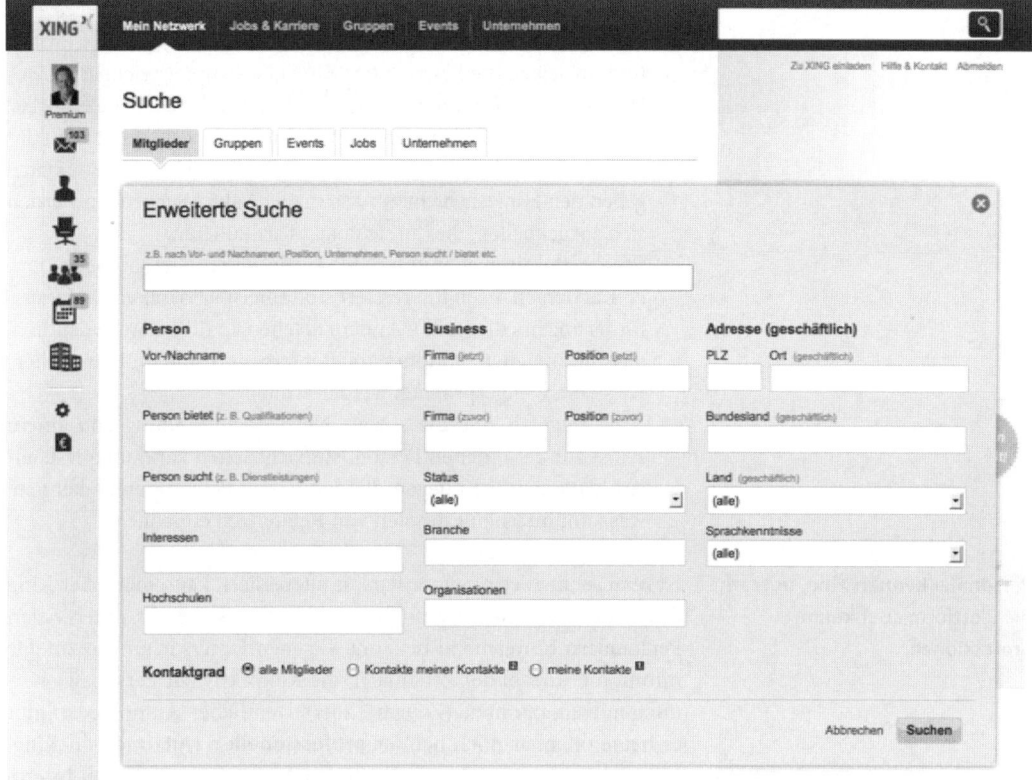

Abb. 6.2 Die erweiterte Suchfunktion bei Xing

Communities eine eindeutig professionelle, berufsbezogene Ausrichtung. Es geht primär um die Pflege von Geschäftskontakten, Karrieremöglichkeiten und um den fachlichen Austausch.

Xing bietet gute Möglichkeiten, geeignete Kandidaten zu finden und sie zu kontaktieren. So wundert es nicht, dass sich diese Plattform in kürzester Zeit zu einer der wichtigsten Karriereplattformen entwickelt hat. Allerdings unterscheidet sie sich von den traditionellen Internet-Stellenbörsen vor allem darin, dass auf sozialen Netzwerkplattformen Talente zu finden sind und auf Stellenbörsen in erster Linie Jobs. Plattformen wie Xing werden dem Grundsatz gerecht, dass sich im Zuge des Fachkräftemangels immer mehr Unternehmen bei den Kandidaten bewerben und nicht umgekehrt. Die Suchmaske der erweiterten Suchfunktion für Xing-Premium-Nutzer zeigt die Vielfalt an Merkmalen, nach denen dort gesucht werden kann (■ Abb. 6.2).

Unternehmen bewerben sich bei Talenten

Egal wie oder was man sucht, am Ende erhält man eine Liste von Personen, deren Details man näher in Betracht ziehen kann. Die wohl relevantesten Informationen sind:
- Was macht die Person zurzeit, und was waren die Karrierestationen zuvor? Diese Informationen haben den Charakter von Lebensläufen.

- Wie aktiv ist die Person auf Xing (Aktivitätsindex)? Dies gibt einen Hinweis auf die Aktualität und Vollständigkeit des Profils, und inwieweit die Person über Xing überhaupt erreichbar ist.
- Warum ist die Person bei Xing? Auch wenn der explizite Hinweis, dass die Person »an Karrierechancen interessiert« ist fehlt, heißt das nicht, dass dem nicht trotzdem so ist. Passiv suchende Kandidaten geben den Hinweis nicht, und so manche aktiv Suchenden werden sich zurückhalten, dies so sichtbar zu artikulieren.
- Personen weisen eher unter »Ich suche« darauf hin, ob sie an neuen Karrierechancen interessiert sind (meist ist dann von »Herausforderungen« die Rede). Andere machen an dieser Stelle deutlich, dass sie an neuen Optionen nicht interessiert sind und möglicherweise nicht angesprochen werden wollen.
- Xing zeigt an, wie die soziale Netzwerkverbindung von einem selbst zur gefundenen Person ist. Nicht selten kann man feststellen, dass eigene Kollegen die gefundene Person bereits kennen, was zum internen Einholen von Referenzen einlädt.

Personaler kennen Xing, nutzen die Plattform aber kaum professionell

Ist man schließlich an einer Person interessiert, kann man über Xing direkt Kontakt mit ihr aufnehmen. All dies ist bereits unter vielen Personalern hinreichend bekannt. Eigenen Untersuchungen zufolge nimmt die Anzahl der Personaler, die Xing aktiv zur Personalgewinnung nutzen, rasant zu (Zwigart, 2011). Deutlichen Aufholbedarf gibt es heute offenbar noch bei der **professionellen Nutzung** von Xing. Neben häufig genannten mangelnden Ressourcen stellt sich in erster Linie die Frage, wie Xing nicht nur irgendwie, sondern effizient und zielführend genutzt werden kann. Auf fünf Aspekte sollte bei der Xing-Nutzung geachtet werden:

1. Einbindung der Zielgruppe,
2. persönliche Ansprache der Kandidaten,
3. Priorisierung gefundener Kandidaten,
4. systematische Dokumentation der Ergebnisse und Aktivitäten sowie
5. eine gezielte Einbindung der Fachbereiche.

Im Folgenden werden diese fünf Prinzipien kurz erläutert.

- Berufsfelder ändern sich so schnell wie nie zuvor. Heute gibt es Jobs, die es vor drei Jahren noch nicht gab, und in wenigen Jahren werden wieder neue Berufe ans Tageslicht kommen. Dies ist dem rasanten technologischen Wandel und der Globalisierung zuzuschreiben. Wer weiß schon, was ein »SharePoint Implementation Consultant« oder ein »Technical Writer Mobile Architecture« macht und worauf es bei diesen Jobs ankommt? Mehr denn je sind auch die Mitarbeiter im Personalbereich auf die Unterstützung der jeweiligen Zielgruppe angewiesen. Wer bei Xing einen Kandidaten für die Funktion eines »Global Support Consultant Logistics« sucht, sollte bei jenen um Rat fragen, die sich mit diesen Berufsfeldern auskennen bzw. selbst einen vergleichbaren Job bereits innehaben. Welche Begriffe sollte ich bei der Suche auf Xing verwenden? Auf welche Arbeitgeber sollte ich achten? Was sollte ein Kandidat nach Möglichkeit bieten? Wie spreche ich einen Kandidaten an, und wie mache ich ihm meine zu besetzende Stelle schmackhaft? All dies sind Beispielfragen, die am besten mit internen Vertretern der Zielgruppe im Vorfeld erörtert werden sollten, noch bevor man sich bei Xing auf die Suche macht.

— In einem unveröffentlichten Experiment haben wir auf Xing verdeckt und bezüglich unterschiedlicher Jobs Kandidaten angesprochen. In der einen Bedingung erfolgte dies unpersönlich mittels Standardanschreiben: »Sehr geehrte Dame, sehr geehrter Herr, wir sind auf Ihr Profil aufmerksam geworden. Es geht um …« und so weiter. In der anderen Bedingung erfolgte die Ansprache persönlich, mit dem Namen des Kandidaten in der Anrede und einem kleinen persönlichen Bezug zum Lebenslauf: »Insbesondere Ihre Tätigkeit im Unternehmen … finden wir interessant.« In der ersten, unpersönlichen Bedingung betrug der Rücklauf zwischen 10 und 15%. Die persönliche Kontaktaufnahme führte zu Rückläufen zwischen 60 und 80%. Dies ist eindeutig. Die zweite Variante ist somit nicht nur aufwendiger, sondern führt zu deutlich höherem Erfolg.

— Die Suche auf Xing kann je nach Zielfunktion schnell zu umfangreichen Ergebnissen führen. Diese Situation ist mit dem Eingang vieler Bewerbungen vergleichbar, wenngleich durch die aktive Suche die Vorauswahl nahezu obsolet geworden ist. Hier liegt es nahe, dasselbe zu tun wie mit Bewerbungen, nämlich im Sinne einer Priorisierung Kategorien gefundener Kandidaten zu bilden: A, B und C etwa. Die A-Kandidaten wird man dann zuerst ansprechen.

— Jeder, der bereits erste Gehversuche mit Xing unternommen hat, wird erlebt haben, dass man relativ leicht den Überblick darüber verliert, wie man gesucht und wen man gefunden oder gar angesprochen hat. Wer eine Stunde mit Kandidatensuche auf Xing verbringt, sollte danach ein sichtbares und nachvollziehbares Ergebnis vorliegen haben. Dies soll hier nicht als Aufruf zu unnötiger Bürokratie missverstanden werden. Praktische Erfahrungen zeigen lediglich, dass man sich ohne das nötige Maß an Dokumentation nicht nur schnell und hoffnungslos verzettelt, sondern auch den Spaß an der Sache verliert. Pragmatisch gesprochen besteht die Lösung in einem einfachen »Excel-Sheet«, in dem man seine Suchergebnisse und Aktivitäten dokumentiert. Wem das immer noch zu viel des Aufwands bedeutet, sollte darüber nachdenken, zumindest die Suche nach Kandidaten beispielsweise an eine studentische Unternehmensberatung auszulagern.

— Kollegen aus den Fachbereichen verfügen nicht selten über ausgezeichnete Netzwerke außerhalb des Unternehmens, was sich häufig in deren eigenen Xing-Kontakten widerspiegelt. Insofern liegt es nahe, ausgewählte Kollegen um entsprechende Unterstützung bei der Suche nach geeigneten Kandidaten zu bitten. Eine einfache Möglichkeit besteht darin, dass Kollegen in ihrem Xing-Status auf zu besetzende Stellen aufmerksam machen und dort auf die jeweilige Stellenausschreibung im Internet verlinken. Sucht man beispielsweise einen Kandidaten für die interne Revision, dann böte es sich an, bestehende Mitarbeiter aus dieser Funktion zu bitten, eine entsprechende Statusmeldung mit einem Verweis auf die zu besetzende Stelle zu posten.

Wenngleich Xing in Deutschland und LinkedIn international sicherlich die am meisten verwendeten Plattformen für Social Community Recruiting sind, sollte man an dieser Stelle andere Social Media Plattformen nicht außer Acht lassen. Insbesondere bieten Twitter, Foren und Blogs interessante Möglichkeiten, um auf vielversprechende Kandidaten aufmerksam zu werden. Mein Eindruck ist, dass gerade Twitter als Möglichkeit zur Kandidatensuche bis heute unterschätzt wird, weswegen hierauf im Folgenden detaillierter eingegangen werden soll. Die Möglichkeiten von Blogs und Foren werden weiter unten im Zusammenhang mit Talent Scouting eingehender erörtert (vgl. auch Ullah, 2011b).

Bei Twitter findet man Experten

Wie ich bereits an anderer Stelle erwähnt habe, bin ich selbst bei **Twitter** aktiv[1]. Dort folge ich anderen Twitterern, die aus meiner Sicht auf interessante Inhalte rund um HRM aufmerksam machen (tweeten). Twitter ist für mich insofern ein wichtiger Kanal, um über aktuelle Inhalte zeitnah informiert zu bleiben, ganz nach dem Web-2.0-Prinzip, wonach ich nicht zu den Informationen gehe, sondern die Informationen zu mir kommen. Wer also wissen will, wer meiner Ansicht nach im Bereich HRM etwas zu sagen hat, kann über meinen Account nachschauen, welchen Personen ich folge. Diese Herangehensweise bietet grundsätzlich einen wertvollen Zugang zu relevanten Zielgruppen. Es gibt bei Twitter Experten zu fast allen Themen. Sucht man Kandidaten, die sich beispielsweise für SAP HR interessieren, kann man bei Twitter nach Personen Ausschau halten, die sich zu diesem Thema regelmäßig äußern. Inwieweit diese Personen wirklich etwas zu sagen haben, erkennt man ganz einfach an der Anzahl ihrer Follower. Die Anzahl der Follower ist ein sicherer Indikator dafür, ob ein Twitterer in der Community Resonanz erfährt, was er am Ende nur über interessante Inhalte erreichen kann. Sobald man diese Experten ausfindig gemacht hat, stößt man in der Gruppe jener Personen, denen der Experte selbst folgt, ganz sicher auf weitere Experten innerhalb verwandter Themenbereiche.

Kandidatensuche über Twitter erfordert eine Reihe von Fertigkeiten, die über die Suche bei Xing deutlich hinausgehen. Xing ist im Grunde eine Datenbank, in der man direkt über bestimmte Suchkriterien fündig wird. Bei Twitter muss man aber Zugang zu einem Netzwerk finden und die wichtigsten Player identifizieren. Wer bei Twitter

---

1   Auf Twitter findet man mich unter dem Namen @armintrost.

welche Fähigkeiten und Erfahrungen hat, erschließt sich einem nicht unmittelbar, sondern vielmehr über die Bedeutung der Twitterer in ihrem jeweiligen Netzwerk. Dazu muss man das Netzwerk verstehen lernen. Sucht man regelmäßig nach Kandidaten in bestimmten Fachbereichen, dann lohnt es, sich mit der jeweiligen Szene über längere Zeit hinweg auseinanderzusetzen. Man sollte selbst bei Twitter aktiv werden und die Funktionsweise dieser Plattform selbst erfahren. Hat man einmal gute Kandidaten bei Twitter identifiziert, kann man selbst diesen folgen und sich ein Bild über deren Aktivitäten machen. Darüber hinaus bietet Twitter charmante Möglichkeiten, auf unkomplizierte Weise mit Twitterern in Kontakt zu treten.

So manchen Personaler bewegt die Frage, ob es denn überhaupt in Ordnung sei, bei Xing andere Menschen anzusprechen, um sie auf einen Job im eigenen Unternehmen aufmerksam zu machen. Hierbei werden nicht selten rechtliche Bedenken in Erwägung gezogen. Rechtlich bedenklich wird Abwerbung aber nur dann, wenn man den Kandidaten täuscht, in die Irre führt und ihn aktiv zu Vertragsbruch auffordert. Rechtlich kritisch wird die Sache auch dann, wenn man Mitarbeiter versucht abzuwerben, lediglich um dem Wettbewerber zu schaden (s. hierzu auch Trost & Horstmeier, 2007).

Mir scheint, dass hier eine andere Problematik zum Tragen kommt. In der Personalarbeit sind wir es seit Jahrzehnten gewöhnt, dass sich Menschen bei Unternehmen bewerben und nicht umgekehrt. Selbst nach geeigneten Kandidaten zu suchen und aktiv auf sie zuzugehen, ist eine Tätigkeit, die fern von den bisherigen Gewohnheiten liegt. Fremde Menschen anzusprechen erfordert Mut und ist nicht jedermanns Sache. Hierzu muss man geboren sein, die entsprechende Persönlichkeit und Fähigkeiten mitbringen. In der Vergangenheit war es komfortabel, mit Bewerbern zu arbeiten, die etwas vom Unternehmen (vom Arbeit**geber**) wollen. Man wusste, dass, wer sich bewirbt, zumindest schon Interesse hat. Im Social Community Recruiting kann man von dieser Voraussetzung nicht mehr ausgehen.

> **Personaler sind es nicht gewohnt, Talente anzusprechen**

An dieser Stelle ist es wichtig zu verstehen, dass sich im Zuge von Social Media in der weltweiten Internet-Community eine Art Konsens dahin gehend entwickelt hat, dass es absolut erlaubt, sogar erwünscht ist, aufeinander zuzugehen, solange man respektvoll und fair miteinander umgeht.

6.3 Mitarbeiter werben Mitarbeiter

Ein sehr mächtiges Instrument der aktiven Personalgewinnung ist ein so genanntes **Mitarbeiterempfehlungsprogramm.** Das zugrunde liegende Prinzip ist denkbar einfach: Ein Mitarbeiter empfiehlt eine Person außerhalb des Unternehmens, etwa einen ehemaligen Kommilitonen oder früheren Kollegen. Wenn es dann aufgrund der Empfehlung zu einer erfolgreichen Einstellung kommt, erhält der Mitarbeiter, der

6

die Empfehlung ausgesprochen hat, einen meist finanziellen Bonus. Programme dieser Art sind außerordentlich erfolgreich und werden von immer mehr Unternehmen aktiv genutzt. Dafür gibt es eine ganze Reihe von Gründen (vgl. Granovetter, 1995; Ullman, 1966).

Gute Leute kennen gute Leute

Ein entscheidender Grund liegt in der wissenschaftlich fundierten Annahme, wonach gute Leute gute Leute kennen – »A player knows a player«. Im Volksmund unterscheidet man ja zwischen zwei sich widersprechenden Theorien. Die eine besagt: »Gleich und Gleich gesellt sich gern.« Die andere Theorie postuliert, Gegensätze würden sich anziehen. Aufgrund sozialpsychologischer Erkenntnisse kann man davon ausgehen, dass die erste Theorie eher zutrifft, wenngleich Gegensätze eine gewisse Faszination bergen. Wenn es um die Frage geht, wen man sich als Freund oder Lebenspartner wünscht, dann ist man eher bestrebt, mit solchen Menschen dauerhafte Beziehungen aufzubauen, die einem selbst ähnlich sind. So wissen wir, dass Menschen eher dazu geneigt sind, ihre Einstellungen zu bestätigen, was eben dann einfacher fällt, wenn man mit solchen anderen Menschen zu tun hat, die die eigene Einstellung teilen. Oder man stelle sich eine Person vor, die einen respektablen IQ von 105 hat. Wenn diese Person einen Lebenspartner hätte, der mit einem IQ von 120 gesegnet ist, dann könnte dies anstrengend werden. Aber ebenso anstrengend würde die Konstellation umgekehrt, also wenn der Lebenspartner einen deutlich geringeren IQ hätte. Weiterhin suchen sich Menschen Freunde unter anderem danach aus, ob diese einen vergleichbaren Lebensstil pflegen und ähnliche Werte vertreten. Lehrer werden bestätigen, dass Schüler die Nähe zu denjenigen anderen Schülern suchen, die sich auf einem vergleichbaren Leistungsniveau befinden. Für Studenten kann ich das aus meiner eigenen Praxis bestätigen. Unternehmen können also zu Recht davon ausgehen, dass die eigenen Mitarbeiter andere Menschen kennen, die den Mitarbeitern auf gewisse Weise ähnlich sind. Und da man die aktuellen Mitarbeiter irgendwann einmal sorgfältig ausgewählt, für geeignet befunden hat und diese immer noch im Unternehmen arbeiten, mag man unterstellen, dass sich diese auf einem zumindest akzeptablen Leistungsniveau befinden (vgl. Yakubovich & Lup, 2006).

Gute Leute haben starke Netzwerke

Weiterhin darf angenommen werden, dass gute Leute über starke Netzwerke verfügen (Fernandez & Castilla, 2001). Leistungsstarke Menschen haben aus vielerlei Gründen bessere Möglichkeiten, anderen leistungsstarken Menschen zu begegnen. Menschen, die erfolgreich sind, werden von anderen Menschen als attraktiver wahrgenommen und haben es insgesamt leichter, ein soziales Netzwerk aufzubauen. Natürlich ist die soziale Welt etwas komplexer, als hier in wenigen Sätzen beschrieben ist. Bei den hier genannten Hypothesen handelt es sich lediglich um allgemeine Tendenzen, die nicht auf jeden Einzelnen zutreffen. Der entscheidende Punkt im hier behandelten Kontext ist die Annahme, dass Unternehmen insbesondere über ihre leistungsstarken Mitarbeiter indirekt über ein mächtiges Netzwerk verfügen, das weit über die eigenen Unternehmensgrenzen hinaus reicht. Die meisten Unternehmen haben über ihre eigenen Mitarbeiter vermutlich deutlich bessere Netzwerke als die Personalberater, die mit der Suche nach geeigneten Kandidaten beauftragt wurden. Dieses Potenzial kann durch Mitarbeiterempfehlungsprogramme systematisch ausgeschöpft werden.

Ein weiterer Grund, der die Bedeutung solcher Programme untermauert, ist in der Zuverlässigkeit persönlicher Empfehlungen zu sehen. In den Kulturkreisen, die ich kenne, genießen persönliche Empfehlungen ein hohes Maß an Vertrauen. Ein Mitarbeiter täte sich keinen Gefallen, einen Hochstapler zu empfehlen, nur um einen Bonus einzuheimsen. Am Ende fällt eine Empfehlung, die dem Unternehmen Schaden zugefügt hat, immer auch auf den Mitarbeiter zurück, der den neuen Kollegen »ins Boot geholt« hat. Die Mitarbeiter wissen das, und man kann ihnen so viel Verantwortungsbewusstsein zuschreiben, dass sie kein Interesse daran haben, das Unternehmen, in dem sie beschäftigt sind, durch die Vermittlung eines leistungsschwachen Mitarbeiters zu schwächen.

Aber so einfach diese Idee klingt, so vielfältig sind die Gestaltungsoptionen solcher Programme. Es gibt nicht das Mitarbeiterempfehlungsprogramm. Im Wesentlichen ranken die unterschiedlichen, möglichen Spielarten um die Fragen, auf die im Folgenden detaillierter eingegangen wird:

— Ist die Empfehlung Auslöser des Prozesses oder wird ex post geprüft, ob im Falle einer Einstellung eine Empfehlung vorlag?
— Wie hoch ist der Anreiz (Bonus)? Gibt es einen einheitlichen Bonus oder hängt dieser von der Art der zu besetzenden Stelle ab?
— Ist die Teilnahme am Mitarbeiterempfehlungsprogramm freiwillig oder verpflichtend?
— Welche Mitarbeiter dürfen an dem Mitarbeiterempfehlungsprogramm teilnehmen – alle oder nur ausgewählte Mitarbeiter?
— Wird das Mitarbeiterempfehlungsprogramm für alle Positionen verwendet oder nur für ausgewählte Stellen?
— Von wem werden empfohlene Kandidaten angesprochen?
— Wann wird der Bonus ausgezahlt?

Die wohl einfachste Möglichkeit, ein Mitarbeiterempfehlungsprogramm prozessual umzusetzen, besteht darin, den neuen Mitarbeiter *ex post* etwa im Zuge der Vertragsverhandlung zu fragen, ob er aufgrund einer persönlichen Empfehlung eines Mitarbeiters auf die entsprechende Stelle aufmerksam wurde. Trifft dies zu, wird nach dem Namen des betreffenden Mitarbeiters gefragt, worauf dieser dann einen Bonus erhält. Andere Unternehmen setzen im Prozess weit früher an. Dort können Mitarbeiter beispielsweise in einem dafür vorgesehenen Portal oder auf einer Intranetseite Informationen über eine Person eingeben, die sie empfehlen wollen: Name der empfohlenen Person, ihre Mail-Adresse, die Zielposition oder Funktion oder Angaben, woher und wie gut man diese Person kennt. Diese Eingabe löst dann einen Prozess aus, innerhalb dessen die empfohlene Person

Wie wird die Empfehlung geprüft?

kontaktiert wird. Am Ende erfolgt ein Abgleich zwischen neuen Einstellungen und den über diesen Prozess gewonnenen Informationen. Letztere Variante ist zwar ungleich aufwendiger und generiert mehr Informationen, von denen viele ins Leere führen. Sie hat aber einen aktiveren Charakter, weil hierüber den Mitarbeitern ein institutioneller Weg angeboten wird, im Rahmen des Programms aktiv zu werden. Darüber hinaus gewinnt so das Unternehmen Informationen über Kandidaten, die vielleicht zum jetzigen Moment nicht zur Verfügung stehen, aber in Zukunft interessant sein könnten. Selbstverständlich besteht auch die Möglichkeit, beide Varianten zu kombinieren.

Wie hoch ist der Bonus?

Eine zentrale Frage bei der Durchführung von Mitarbeiterempfehlungsprogrammen ist die nach der **Höhe des Bonusses.** Eigenen Einschätzungen und Beobachtungen zufolge liegt dieser bei Kandidaten mit akademischem Abschluss zwischen 5 und 8% des Bruttojahreszielgehalts. Häufig erlebe ich Diskussionen, in denen darüber debattiert wird, ob Mitarbeitern überhaupt ein Bonus ausgezahlt werden soll. Meist wird argumentiert, Mitarbeiter sollten so intrinsisch motiviert und von ihrem Arbeitgeber überzeugt sein, dass sie auch ohne monetäre Anreize bereit sind, gute Empfehlungen auszusprechen. Die Praxis zeigt aber, dass dies nur sehr selten funktioniert. Man sollte den Aufwand der Mitarbeiter, der mit Empfehlungen einhergeht, nicht unterschätzen. Mitarbeiter prüfen regelmäßig ihre Kontakte, etwa auf Xing, sammeln und durchforsten ihre Visitenkarten, reflektieren darüber, wen sie wann und wo kennengelernt haben und welchen Eindruck bestimmte Personen auf sie hinterließen. Sie denken darüber nach, ob diese Personen möglicherweise für bestimmte Positionen in Frage kommen. Darüber hinaus übernimmt der Mitarbeiter auch ein gewisses Maß an Verantwortung. Eine Empfehlung auszusprechen ist also weit mehr als nur die Nennung eines Namens. Relevanter ist die Frage, ob ein einheitlicher Bonus bezahlt werden soll oder ob sich der in Aussicht gestellte Bonus an der Art der Position orientiert. Abgesehen von der zusätzlichen Komplexität eines variablen Bonusses spricht vieles für diese Variante. Schließlich sind Positionen auch unterschiedlich schwer zu besetzen. Ein Orientierungsrahmen könnte das Jahreszielgehalt von Positionen sein, was eine Transparenz unterschiedlicher Gehaltsniveaus voraussetzen würde. Einfacher wäre die besondere Berücksichtigung von Schlüssel- und Engpassfunktionen: Je schwerer eine Position zu besetzen ist und je höher ihre strategische Bedeutung ist, desto höher ist der Bonus. Manche Unternehmen verzichten gänzlich auf einen finanziellen Anreiz und setzen dafür auf Sachleistungen. Andere wiederum kombinieren finanzielle Anreize mit Sachleistungen. So haben etwa bei Adidas die Mitarbeiter die Chance, im Falle einer erfolgreichen Empfehlung zusätzlich zu einem finanziellen Bonus eine Vespa zu bekommen. Bei Randstad wird unter den Mitarbeitern, die erfolgreich neue Kollegen geworben haben, eine Weltreise verlost. Derartige Sachleistungen haben den Vorteil, dass sie einen viralen, kommunikativen Effekt haben können. Die glücklichen Mitarbeiter sprechen über ihren Gewinn oder tragen ihn zur Schau, was schlussendlich zu Nachahmern führen kann.

Die meisten Mitarbeiterempfehlungsprogramme sind für die Mitarbeiter freiwillig. Sie werden zwar dazu aufgerufen, Mitarbeiter zu werben, aber wenn sie es nicht tun, ist das auch in Ordnung. In manchen, meist wissensintensiven Branchen und dort vor allem in kleineren und mittleren Unternehmen findet man zunehmend Mitarbeiterempfehlungsprogramme, bei denen die Teilnahme für alle oder aber für ausgewählte Mitarbeiter verpflichtend ist. Diese Herangehensweise macht nur dann Sinn, wenn man davon überzeugt ist, dass alle Mitarbeiter einen wertvollen Beitrag leisten können. Unter dieser Voraussetzung setzt ein verpflichtendes Programm ein klares Signal, wonach Personalgewinnung Aufgabe eines jeden in der Organisation ist und somit eine hohe Priorität genießt. Ich kenne kleine Beratungsunternehmen, die ein bis zwei Mal im Jahr so genannte »Referral Workshops« oder »Rolodex-Meetings« durchführen. Dort treffen sich die Mitarbeiter für ein bis zwei Stunden, bringen ihre Visitenkarten mit. Xing-Kontakte haben sie auf ihren Smartphones sowieso dabei. Und dann geht es darum, gemeinsam eine Liste von Personen auf dem Flipchart zu generieren, die man in den kommenden Tagen und Wochen gezielt abarbeitet. Man wartet also nicht, bis die Mitarbeiter Empfehlungen aussprechen, sondern schafft einen institutionellen Rahmen, die Mitarbeiter aktiv abzuholen. Einen vergleichbaren Fall liefert Google. Aufgrund des enormen personellen Wachstums verlässt sich Google trotz seiner hohen Anziehungskraft im Arbeitsmarkt längst nicht mehr auf passive Personalbeschaffungsmethoden, sondern hat Recruiting zur Aufgabe aller Mitarbeiter erklärt. An einem Tag im Jahr müssen sich alle Mitarbeiter ganz dem Thema Recruiting widmen, ihre Kontakte durchforsten und potenziell geeignete Personen kontaktieren. Am Abend wird dann erwartet, dass jeder Mitarbeiter seinen Bericht über seine Recruiting-Aktivitäten und -Erfolge abliefert.

Eine wichtige Frage bei der Gestaltung eines Mitarbeiterempfehlungsprogramms ist die, *wer* eine Empfehlung aussprechen kann. Zunächst liegt die Idee nahe, jedem Mitarbeiter diese Möglichkeit zu eröffnen. Zumindest hätte diese Herangehensweise einen fairen Charakter. Alle haben dieselben Chancen. Hier stellt sich aber das Problem, ob man die Empfehlungen aller Mitarbeiter haben möchte und ob alle Mitarbeiter überhaupt in der Lage sind, wertvolle Empfehlungen zu liefern. Jedes Unternehmen hat seine ausgeprägten Netzwerker, Mitarbeiter, die über besonders umfangreiche soziale Netzwerke und wertvolle Kontakte verfügen. Sie weisen meist mehrere Jahre Berufserfahrung auf, haben eine gewinnende Art und sind nicht selten überdurchschnittlich qualifiziert. Objektiv kann man dies unter anderem an der Anzahl ihrer Xing-Kontakte oder an der Anzahl ihrer Follower auf Twitter erkennen. Unternehmen können diesen Vorteil gezielt nutzen und diese Mitarbeiter aktiv in Mitarbeiterempfehlungsprogramme einbinden, indem man ihnen attraktive Boni für die Werbung von Mitarbeitern in Aussicht stellt. In einer extremen Variante

Freiwillig oder verpflichtend?

Wer darf Empfehlungen einbringen?

6

können Mitarbeiterempfehlungsprogramme sogar nur auf diese Mitarbeiter beschränkt werden. Man kann auch einen Schritt weitergehen und fordert Mitarbeiter auf, sich für ein solches Programm zu bewerben, sodass schließlich nur solche Mitarbeiter Empfehlungen einbringen können, die hierfür gezielt ausgewählt wurden. Dadurch erhält ein Mitarbeiterempfehlungsprogramm einen exklusiven Charakter – »Fürs Werben bewerben« –, und man arbeitet am Ende nur mit einer ausgewählten, starken Gruppe von Mitarbeitern, die man für diese Aufgabe auch entsprechend qualifizieren, begleiten, unterstützen und führen kann.

In diesem Zusammenhang stellt sich häufig die Frage, inwieweit Mitarbeiter der Personalabteilung an einem Mitarbeiterempfehlungsprogramm teilhaben können. Schließlich ist es deren Job, neue Mitarbeiter zu gewinnen, gerade dann, wenn sie offiziell für Personalgewinnung verantwortlich sind. Üblicherweise nutzen auch die Mitarbeiter im HR selten ihre persönlichen Kontakte, um Stellen im Unternehmen zu besetzen. Kommt dies aber trotzdem vor, dann spräche nichts dagegen, auch in solchen Fällen eine erfolgreiche Vermittlung mit einem Bonus zu honorieren.

Weiterhin ist zu beobachten, dass manche Unternehmen sogar dazu übergehen, Bewerber, ehemalige Mitarbeiter oder jedermann dazu aufzufordern, Empfehlungen einzubringen. Für letztgenannte Option gibt es bereits dezidierte Webseiten, wie etwa die deutsche Seite Jobleads (s. unten, Übersicht »Demokratisierung der Personalberatung«).

Für welche Stellen werden Empfehlungen genutzt?

Eine weitere Gestaltungsoption bezieht sich auf die **Stellen**, für die ein Mitarbeiterempfehlungsprogramm genutzt wird. Entweder man setzt ein solches Programm für die Besetzung aller Stellen ein oder nur für solche, von denen man annimmt oder aus Erfahrung weiß, dass sie schwer zu besetzen sind. Entscheidungen darüber können auch im Einzelfall etwa mit dem einstellenden Linienvorgesetzten gefällt werden, sozusagen als Teil der stellenbezogenen Recruiting-Strategie. Nun ist Differenzierung meist eine gute Idee. Sie vermeidet die mit einer Gießkannenstrategie verbundenen Streuverluste. Allerdings bedarf die stellenbezogene Durchführung eines Mitarbeiterempfehlungsprogramms einer entsprechend differenzierten und gezielten Kommunikation der zu besetzenden Stellen an die Mitarbeiter. Eine speziell hierfür eingerichtete Intranetseite (Pull-Prinzip) oder eine aktive Information an die Mitarbeiter (Push) etwa per Mail, Yammer[2] oder anderen Kommunikationskanälen ist hierfür zwingend erforderlich.

Von wem wird der Empfohlene angesprochen?

Wie oben erläutert, funktionieren manche Mitarbeiterempfehlungsprogramme dergestalt, dass Mitarbeiter eine persönliche Empfehlung einbringen und diese dann Auslöser für den weiteren Prozess

---

2   Yammer (http://www.yammer.com) ist eine unternehmensinterne Variante von Twitter und wird immer häufiger als effektives Mittel zur Mitarbeiterkommunikation verwendet.

ist. Hier muss geklärt werden, wie und vor allem von wem die empfohlene Person kontaktiert und angesprochen werden soll. Hier gibt
es unterschiedliche Optionen. Entweder die Person wird direkt von
dem Mitarbeiter angesprochen, der die Empfehlung eingebracht hat
oder sie wird von einem Mitarbeiter aus der Personalabteilung kontaktiert. Alternativ kann auch darüber nachgedacht werden, ob diese
Person von einer externen Agentur, etwa von einer Personalberatung
kontaktiert werden soll. Jede Option birgt ihre besonderen Vor- und
Nachteile. Der Mitarbeiter selbst kennt den Empfohlenen am besten
und ist am nächsten an ihm dran. Mitarbeiter aus HR legen meist ein
höheres Maß an Professionalität an den Tag und können besser über
formelle Rahmenbedingungen informieren, wie etwa Gehalt oder Sozialleistungen. Externe Agenturen können ein Unternehmen bei der
Ansprache empfohlener Kandidaten entlasten und sind hierbei meist
sehr professionell. Hinzu kommt, dass die Ansprache durch eine
Agentur weniger den Charakter einer Abwerbung hat, wenngleich
dies aus rechtlicher Sicht keinen Unterschied macht. Im letzteren Fall
sollte allerdings vertraglich sichergestellt werden, dass die Agentur
den wertvollen Kontakt nicht für »Placements« in anderen Unternehmen verwendet. Natürlich kann auch bezüglich dieser Gestaltungsoption im Einzelfall entschieden werden, was der richtige Weg ist.
Nicht selten erscheinen auch Kombinationen durchaus als sinnvoll.

Stellt sich abschließend die Frage, *wann* der Bonus ausgezahlt
werden soll. Hierzu gibt es eine Vielzahl an Spielarten. Die leitende Frage sollte hierbei sein, wofür der Bonus bezahlt wird. Für die
Empfehlung an sich? Für eine erfolgreiche Neueinstellung? Für
eine erfolgreiche Probezeit? Oder für ein dauerhaftes Anstellungsverhältnis? Es gibt Unternehmen, die bereits für eine Empfehlung
einen geringen Bonus, beispielsweise 50 Euro auszahlen. Dies kann
zu einer hohen Anzahl größtenteils unqualifizierter Empfehlungen
führen. Einer Personalabteilung, die nach Effizienz strebt, wird diese
Idee widerstreben. Schließlich bedarf dieser Ansatz einer besonderen Vorauswahl, ähnlich wie nach dem Bewerbungseingang auf eine
ausgeschriebene Stelle. Andererseits wird man in manchen Branchen
und Unternehmen für jeden erdenklichen Kontakt dankbar sein.
Meinen eigenen Beobachtungen zufolge zahlen die meisten Unternehmen den Bonus unmittelbar nachdem der Arbeitsvertrag beiderseits unterschrieben wurde. Auch wenn man zu diesem Zeitpunkt
nicht weiß, ob sich der neue Mitarbeiter im Unternehmen bewähren
wird, sieht man die Leistung des Empfehlenden als erbracht. Hierbei
macht man den Mitarbeiter nicht dafür verantwortlich, ob der neue
Kollege, den er »ins Boot geholt« hat, im Unternehmen erfolgreich
Fuß fasst. Schließlich ist dies auch von etlichen Faktoren abhängig,
die sich nicht im Einflussbereich des Empfehlenden befinden. Trotzdem wird der Bonus nach meinen Beobachtungen nicht selten erst
nach erfolgreicher Beendigung der Probezeit ausbezahlt. In manchen
Fällen wird ein Mischmodell realisiert, wonach die eine Hälfte des

**Wann wird der Bonus
ausbezahlt?**

6

Bonusses nach Vertragsunterzeichnung und die andere Hälfte nach der Probezeit ausbezahlt wird.

Es gibt Arbeitsmärkte und Branchen, in denen der Mangel an qualifiziertem Personal bereits so dramatische Formen angenommen hat, dass die Unternehmen bereit sind, sehr hohe Boni für eine Vermittlung zu bezahlen. Solche Konstellationen bergen die Gefahr, dass sich Mitarbeiter dazu aufgefordert sehen, mehr als Headhunter zu agieren, als ihrem eigentlichen Job nachzugehen. Hier steht der monetäre Anreiz an höherer Stelle als der Erfolg des eigenen Unternehmens. In manchen Ländern ist aus Mitarbeiterempfehlungen sogar ein regelrechter Geschäftszweig geworden, wo Freunde, Verwandte damit Geld verdienen, sich systematisch zu empfehlen, Boni kassieren und teilen, dann schnell kündigen, um am anderen Tag bei einem anderen Unternehmen als Empfohlener erneut ins Spiel zu kommen. Zum Glück sind diese Fälle noch selten, aber sie münden in die Option, wonach sich der Bonus an der Dauer der Betriebszugehörigkeit des empfohlenen Mitarbeiters orientiert. In Deutschland gibt es nur wenige Unternehmen, die dies in der beschriebenen Form praktizieren.

Die Vielfalt an Gestaltungsoptionen zeigt, wie unterschiedlich mögliche Spielarten von Mitarbeiterempfehlungsprogrammen sein können. Bei der Entwicklung und Implementation eines solchen Programms sollten diese Optionen im Einzelnen diskutiert werden, um schließlich den für ein Unternehmen richtigen Ansatz zu finden. Ergänzend sei kurz auf zwei Faktoren eingegangen, die im Rahmen eines Mitarbeiterempfehlungsprogramms für den Erfolg relevant sind, nämlich Kennzahlen einerseits und eine passende Technologie andererseits.

Kennzahlen helfen, den Erfolg zu prüfen

Geeignete **Kennzahlen** helfen, den Erfolg eines Mitarbeiterempfehlungsprogramms zu prüfen, systematisch zu verbessern und gegebenenfalls gegenüber der Geschäftsleitung zu rechtfertigen. Im Folgenden seien eine Reihe geeigneter Kennzahlen erläutert:

- Die wohl wichtigste und naheliegende Kennzahl ist der Anteil neuer Mitarbeiter, die über ein Mitarbeiterempfehlungsprogramm eingestellt wurden. Dieser zeigt am Ende die relative Bedeutung dieser Maßnahme im Konzert unterschiedlicher Recruiting-Instrumente. Deutlicher wird die Bedeutung dieses Programms, wenn man hier zwischen den Neueinstellungen für Engpass- und Schlüsselfunktionen und den restlichen Funktionen differenziert.
- Die Qualität der Empfehlungen kann anhand des Anteils der durch Empfehlung entstandenen Einstellungen relativ zur Gesamtzahl der Empfehlungen analysiert werden. Eine validere, aber zugleich aufwendigere Messung bestünde darin, Leistungskennzahlen von Mitarbeitern in den ersten Monaten und Jahren in Betracht zu ziehen. So könnte man prüfen, wie hoch der Anteil der »High-Potentials« unter den durch Empfehlung gewonnenen Mitarbeitern im Vergleich zum Anteil restlicher Mitarbeiter ist. Einfacher wäre es, die Beurteilung neuer Mitarbeiter am Ende ihrer Probezeit heranzuziehen. Hier sollte sich zeigen, dass Mitarbeiter, die über Empfehlungen gewonnen wurden nach ihrer

Probezeit besser beurteilt werden als jene, die über andere Wege eingestellt wurden.

— Die Anzahl der Empfehlungen relativ zur Mitarbeiteranzahl spiegelt die Akzeptanz dieses Programms auf Seiten der Mitarbeiter wider. Diese Kennzahl wird dann nicht nur interessant, sondern auch relevant, wenn mit Mitarbeitern dahin gehend Ziele vereinbart wurden.

— Schließlich könnten die Gesamtkosten aufgrund ausgezahlter Boni pro Jahr interessant sein. Teilt man diesen Betrag durch die Anzahl der durch Empfehlungen eingestellten neuen Mitarbeiter, erhält man einen Betrag, der die »Cost-per-Hire« bei Empfehlungsprogrammen widerspiegelt. Interessant ist hierbei vor allem der Vergleich mit den durchschnittlichen Kosten, die bei der Nutzung anderer Personalgewinnungsmethoden anfallen. Das Verhältnis dieser Kosten kann helfen, die Bedeutung des Programms gegenüber der Geschäftsleitung zu vertreten, da die Kosten einer Einstellung mittels Mitarbeiterempfehlung meist unter den üblichen Einstellungskosten liegen.

Je nach Größe des Unternehmens und der Komplexität des Mitarbeiterempfehlungsprogramms kann der Einsatz einer geeigneten Technologie förderlich für den Erfolg des Programms sein. Diese Technologie sollte vor allem zwei Dinge können: Sie sollte es einerseits dem Mitarbeiter einfach machen, Empfehlungen abzugeben und dies am besten bezogen auf sichtbare, ausgeschriebene Stellen. Andererseits sollte die Technologie im Sinn eines Workflows dem Mitarbeiter, der die Empfehlung abgegeben hat, kontinuierlich den aktuellen Status des Prozesses anzeigen. Die Unternehmensberatung Accenture bietet ihren Mitarbeitern ein eigens hierfür entwickeltes Portal an, in dem Empfehlende nicht nur den Status aktueller Empfehlungen verfolgen können, sondern auch die Historie ihrer bisherigen Aktivitäten und Boni. Darüber hinaus werden aktuelle, zu besetzende Schlüsselpositionen angezeigt. Im Internet sind in den vergangenen Jahren bereits entsprechende öffentliche Plattformen aufgetaucht (► Übersicht unten). In Zukunft wird damit zu rechnen sein, dass es für Smartphones und Tablet-PCs (z. B. iPad) entsprechende Applikationen für Mitarbeiter geben wird.

Technologie kann Mitarbeiterempfehlungsprogramme unterstützen

Demokratisierung der Personalberatung
Bislang war es Unternehmen überlassen, inwieweit sie auf das Instrument der Mitarbeiterempfehlung zugreifen und dieses mittels geeigneter Prozesse sowie Rahmenbedingungen entsprechend institutionalisieren. In der Zwischenzeit gibt es aber Plattformen im Internet, die es jedem Internetnutzer ermöglichen, mittels Empfehlungen Geld zu verdienen. Zu Recht kann hier von einer Art Demokratisierung der Personalberatung gesprochen werden, weil Plattformen dieser Art jedem Nutzer die Möglichkeit geben, über Vermittlung von Personal Geld zu verdienen. Das Einzige,

6

was er benötigt, sind ein Browser und ein soziales Netzwerk. Ein Vorreiter in Deutschland ist die Plattform Jobleads (http://www.jobleads.de). Hier können Unternehmen Stellen ausschreiben und einen Vermittlungsbonus ausloben. Neben den Ausschreibungen bildet ein Netzwerk (ähnlich dem auf Xing) die eigentliche Substanz dieser Plattform. Bei diesem Netzwerk handelt es sich um ein so genanntes »geschlossenes Netzwerk«, an dem Nutzer nur dann teilnehmen können, wenn sie von bereits teilnehmenden Nutzern in das Netzwerk eingeladen werden – eine durchaus übliche Herangehensweise, um die Qualität eines Netzwerks zu sichern. Wird nun ein User auf ein Stellenangebot aufmerksam und vermittelt mittels weniger Klicks Mitglieder aus dem eigenen Netzwerk, bekommt dieser im Falle einer erfolgreichen Einstellung den entsprechenden Bonus.

Es besteht kein Zweifel daran, dass insbesondere für die Besetzung von Engpass- und Schlüsselfunktionen Mitarbeiterempfehlungsprogramme das dominierende Instrument der Personalgewinnung sein werden. Nichtsdestotrotz wird diesem Ansatz zuweilen auch mit Kritik begegnet.

Führen Mitarbeiterempfehlungen zu Vetternwirtschaft und Monokultur?

Der wohl am häufigsten vorgebrachte Kritikpunkt ist, bei Mitarbeiterempfehlungsprogrammen handelt es sich um eine institutionalisierte Form der **Vetternwirtschaft** (Nepotismus). In der Tat haben Freunde, Bekannte und Verwandte von Mitarbeitern aufgrund von Mitarbeiterempfehlungsprogrammen eine höhere Chance, im Rahmen der Personalgewinnung eines Unternehmens berücksichtigt zu werden. Ob es sich am Ende des Tages wirklich um Vetternwirtschaft handelt, entscheidet sich am eigentlichen Auswahlverfahren. Die Gefahr des Nepotismus besteht im Grunde erst dann, wenn Kandidaten bevorzugt werden, **weil** sie durch eine Empfehlung berücksichtigt werden, die Empfehlung an sich also als Eignungskriterium genutzt wird. Formal lässt sich diese Gefahr einfach bannen, indem im Auswahlverfahren kein Unterschied gemacht wird zwischen den Kandidaten, die über ein Empfehlungsprogramm in die Wahl gekommen sind und den restlichen Kandidaten (sofern es welche gibt). Informel besteht die Gefahr aber durchaus, da die für die Auswahl verantwortlichen Mitarbeiter im HR und in den Fachbereichen den empfehlenden Kollegen möglicherweise nicht vor den Kopf stoßen wollen, indem sie »seinen« Kandidaten ablehnen.

Der zweite, prominente Kritikpunkt besagt, Mitarbeiterempfehlungsprogramme würden eine für den Unternehmenserfolg ungesunde **Monokultur** erzeugen. Diese Idee basiert auf der bereits erläuterten Annahme, Menschen würden sich vorwiegend mit solchen anderen Menschen umgeben, die ihnen selbst ähnlich sind. Wenn nun also Mitarbeiter Mitarbeiter werben, sollte dies entsprechend dieser Kritik dazu führen, dass sich eine Organisation kontinuierlich durch Menschen reproduziert, die den bereits beschäftigten Mitarbeitern gleich sind – die Organisation als sich selbst stabilisierendes System. Wenn dem so ist, verhindert ein Unternehmen durch Mitarbeiterempfehlungsprogramme frische Impulse von außen und die mittlerweile als erstrebenswert akzeptierte, interne Vielfalt (Diversity). Inwieweit diese aus meiner Sicht akademisch anmutende Kritik zutrifft, soll an dieser Stelle allerdings nicht weiter erörtert werden.

6.4   Campus Recruiting

Bei der Gewinnung von Hochschulabsolventen hat sich zunehmend die Erkenntnis durchgesetzt, dass es sich lohnt, möglichst frühzeitig mit Studenten[3] in Kontakt zu treten, sie über die Zeit ihres Studiums hinweg zu binden, um sie dann, wenn sie schließlich ihr Studium abgeschlossen haben, einstellen zu können. Als Hochschullehrer erlebe ich unmittelbar die Aktivitäten von Unternehmen, zumindest an unserer Fakultät. Das Dekanat erhält Briefe oder Mails von Unternehmen mit beiliegenden oder angehängten Praktikums- und Stellenausschreibungen oder Poster mit der Bitte um Aushang. Wir haben eine Reihe von Lehrbeauftragten engagiert. Auf unterschiedlichen Veranstaltungen oder in Vorlesungen halten Unternehmensvertreter interessante Vorträge. Einmal im Jahr kommen die Unternehmen mit einem eigenen Stand zu uns auf eine hochschulinterne Karriereveranstaltung. All dies gehört eindeutig in die Kategorie Campus Recruiting. Trotzdem sind diese Aktivitäten bestenfalls rudimentäre Ansätze eines professionellen Campus Recruiting.

Ein in Deutschland mittlerweile viel zitierter Ansatz stammt von Nilgens, Eggers und Ahlers (1996). Sie beschreiben einen ganzheitlichen Ansatz des Hochschulmarketings, der mehrere Stufen von der Kontaktanbahnung bis hin zu Einstellung umfasst (◘ Abb. 6.3).

In der Kontaktanbahnung wird über Vorträge oder Aushänge geworben. Auf Recruiting-Messen findet etwa die Kontaktaufnahme statt, die dann beispielsweise mittels Praktika verdichtet wird. Pflegt man dauerhaft den Kontakt, beispielsweise über Abschlussarbeiten, kommt es am Ende, wenn alles gut läuft, zu einer erfolgreichen Einstellung des vormaligen Studenten. Erwähnenswert an diesem Ansatz ist die Systematik, mit der unterschiedliche Aktivitäten aufeinander aufbauen. Er macht deutlich, dass es zur Gewinnung von Studenten mehr bedarf als nur einer Stufe. In dem hier vorliegenden Buch werden diese Ideen aufgegriffen, aber in eine etwas andere Systematik gebracht. Die Kontaktanbahnung wird hier eher als Teil des kommunizierten **Arbeitgeberversprechens** gesehen. Die Pflege von Beziehungen wird weiter unten im Zusammenhang mit Kandidatenbindung

---

3   Mir ist durchaus geläufig, dass man sich in der deutschen Sprache seit Jahren bemüht, anstatt von Studenten von »Studierenden« zu sprechen, um damit implizit eine gewisse Geschlechtneutralität zu vermitteln. In der Praxis hat dieser Begriff aber bis heute kaum Fuß gefasst. Deswegen verwende ich in diesem Buch weiterhin die Sprache der Praxis und bleibe bei den »Studenten«.

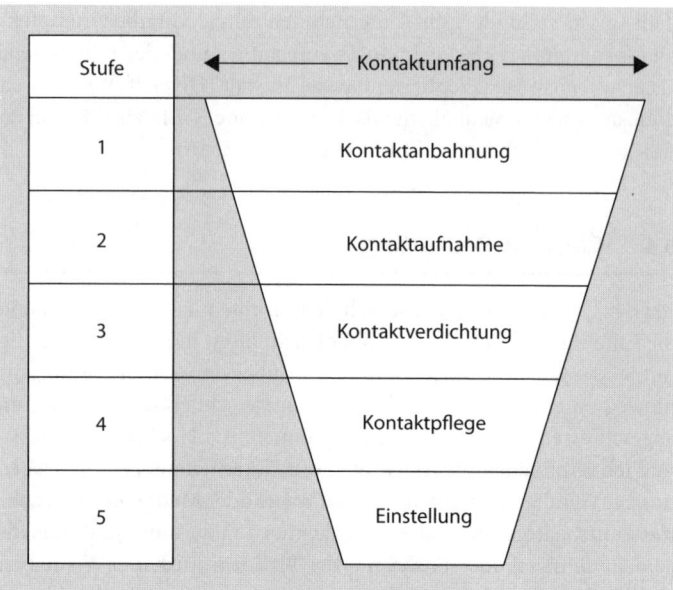

Abb. 6.3 Ganzheitliches Hochschulmarketing. (Nach Nilgens, Eggers & Ahlers, 1996)

behandelt. Die damit einhergehenden Aktivitäten sind aber allgemeiner Art und gelten nicht nur für Studenten. So ist Kontaktanbahnung auch für die Gewinnung von Nicht-Studenten relevant, genauso die Bindung vielversprechender Kandidaten – um nur bei diesen beiden Punkten zu bleiben. Im Folgenden wird daher ein anderer Ansatz vorgestellt, der sich allein auf die Aktivitäten rund um die Gewinnung von Studenten bezieht. Auch aus diesem Grund ist hier von »Campus Recruiting« die Rede und nicht von »Hochschulmarketing«. Ein weiterer Grund ist dem Umstand geschuldet, dass der Begriff Hochschulmarketing missverständlicherweise durch zwei Bedeutungen belegt ist: die Gewinnung von Studenten als Arbeitnehmer einerseits und die Positionierung und Präsentation von Hochschulen im Wettbewerb um Studenten andererseits.

Das ultimative Ziel eines Campus Recruiting besteht darin, Unternehmensvertreter und Studenten zusammenzubringen

Das ultimative Ziel eines Campus Recruiting besteht darin, Unternehmensvertreter mit Studenten in direkten Kontakt zu bringen. Mit Unternehmensvertretern sind weniger die Kollegen aus der Personalabteilung gemeint, als vielmehr Mitarbeiter oder Manager, die jene Jobs innehaben, zu deren Besetzung das Campus Recruiting durchgeführt wird. Studenten wollen mit Menschen sprechen, die selbst in den Schuhen stecken oder gesteckt haben, die man ihnen in Aussicht stellt. Hierzu sind eine Reihe von Maßnahmen erforderlich, die man in drei aufeinander aufbauenden Komponenten unterscheiden kann (Abb. 6.4).

Ausgangspunkt ist eine kriteriengeleitete Identifikation und Definition der Zielhochschulen, mit denen man dauerhaft und professionell zusammenarbeiten will. Der wichtigste Schritt danach ist der

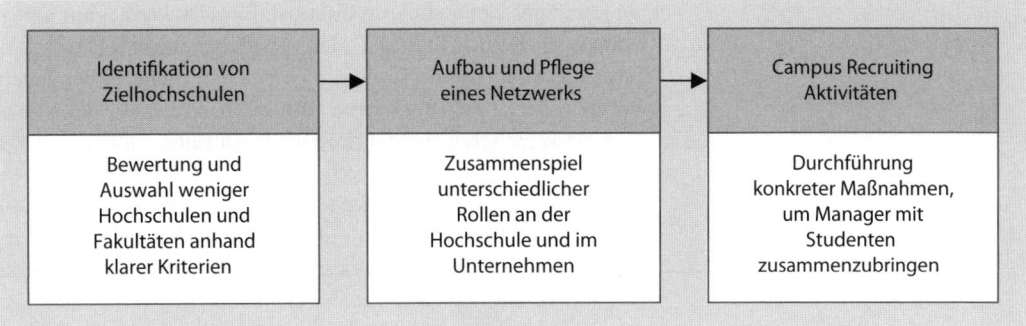

▣ **Abb. 6.4** Komponenten eines modernen Campus Recruiting

Aufbau von Beziehungen zu Professoren und Studenten. Dieses Netzwerk und die Beziehungen helfen dann bei der operativen Umsetzung konkreter Campus Recruiting-Aktivitäten.

Zunächst zur **Identifikation von Zielhochschulen**. Wie noch im Laufe der Darstellungen deutlich wird, handelt es sich bei Campus Recruiting um ein umfangreiches Konzept, das in erheblichem Maße Ressourcen binden kann. Insofern liegt es auf der Hand, bei der Zusammenarbeit mit Hochschulen strategisch und fokussiert vorzugehen. Ich kenne viele Unternehmen, die mir auf die Frage, mit welchen Universitäten sie kooperieren, eine endlose Liste von Einrichtungen zeigen. Meist sind diese Listen irgendwie historisch entstanden. Man hat einmal mit der einen Hochschule was gemacht (seitdem nicht mehr). Die andere Hochschule steht auf der Liste, weil einer der Geschäftsführer dort studiert hat und eben will, dass man diese »seine« Hochschule auf dem Radar hat. Hier gilt aber das Prinzip: lieber mit wenigen Hochschulen arbeiten und dafür richtig. Bei der Auswahl von Zielhochschulen sollten eine Reihe von Kriterien herangezogen werden:

— Entspricht das Lehrangebot der Hochschule inhaltlich und qualitativ den Anforderungen vor allem innerhalb der Schlüssel- und Engpassfunktionen? In diesem Zusammenhang geht es in erster Linie um die an einer Hochschule angesiedelten Fakultäten und deren Curricula und weniger um die Hochschule als Ganzes.

— Wurden bereits in der Vergangenheit Absolventen der Hochschule eingestellt? Dieses Kriterium ist so einfach wie valide. Eine einfache Analyse, von welchen Hochschulen in der Vergangenheit Absolventen gewonnen wurden liefert eine sinnvolle Aussage darüber, wo man auch in Zukunft erfolgreich sein könnte. Vor allem sind Alumni und deren Netzwerk der bestmögliche Zugang zu einer Fakultät. Man sollte hier auch darauf achten, inwieweit bereits in der Vergangenheit erfolgreich Projekte, Abschlussarbeiten, Praktika vergeben wurden.

— Nichts hilft beim Aufbau einer Beziehung zu einer Hochschule mehr als ein Geschäftsführer, Vorstand oder oberer Manager, der

Was sind relevante Zielhochschulen?

an jeweiliger Hochschule studiert hat. Insofern kannes ein Kriterium sein, wie viele Manager oder Mitarbeiter an einer Hochschule studiert haben oder inwieweit bereits natürliche Beziehungen auf der oberen Führungsebene vorhanden sind. Nicht selten haben Manager bereits Lehraufträge an bestimmten Hochschulen.

— Es gibt Hochschulen, um deren Absolventen viele Unternehmen zugleich ringen. Das hat meistens Gründe, die insbesondere in der Qualität der Absolventen und im Ruf der Hochschule zu suchen sind. Eine Überlegung kann aber darin bestehen, bewusst auf andere Hochschulen oder Nischenfakultäten zuzugehen. Ein Kriterium kann deshalb die Konkurrenzsituation sein: Bestehen bereits erhebliche Beziehungen zu anderen Firmen derselben Branche? Wenn dem so ist, sinken die Chancen, sich als Arbeitgeber an der jeweiligen Hochschule durchzusetzen.

— Weiterhin sollte in Betracht gezogen werden, inwieweit eine Hochschule oder Fakultät gegenüber institutionellen Partnerschaften mit Unternehmen aufgeschlossen ist. Eine erste Anlaufstelle können so genannte Career Center sein, die immer mehr Hochschulen gerade für die Unternehmenskooperation institutionell ins Leben gerufen haben.

— Ein weiteres Kriterium kann die regionale Nähe der Hochschule sein. Praktisch gesprochen nimmt man eine Landkarte, zieht einen Kreis mit einem vordefinierten Radius um den Hochschulstandort und berücksichtigt all jene Institutionen, die innerhalb der definierten geografischen Distanz liegen.

— Schließlich kann die kulturelle Passung ein Kriterium sein. Es gibt Hochschulen mit eher elitärem Charakter oder Hochschulen, deren Absolventen hemdsärmeliger daher kommen. Jede Hochschule hat ihr eigenes implizites Wertesystem, ähnlich wie das bei Unternehmen der Fall ist. Insofern stellt sich die Frage, inwieweit das Wertesystem einer Hochschule zur eigenen unternehmensinternen Kultur passt.

Im Grund erfolgt die Bestimmung von Zielhochschulen nach denselben Prinzipien wie etwa eine Anbieterauswahl im strategischen Einkauf oder die Auswahl von Partnern im Rahmen eines professionellen Partnermanagements. Man versucht Entscheidungen möglichst rational und unter Berücksichtigung relevanter Größen herzuleiten. Das Schlüsselkriterium bei der Auswahl von Zielhochschulen ist aber neben der Frage, ob die Hochschule geeignete Studenten hervorbringt, die Bereitschaft der Manager, mit einer in Frage kommenden Hochschule zu kooperieren und diese ergibt sich aus ihren eigenen Beziehungen zu einer Hochschule. Deshalb sollten die natürlichen Beziehungen, die man als Unternehmen über seine Mitarbeiter zu einer Hochschule oder Fakultät hat, immer der Ausgangspunkt sein.

Campus Recruiting basiert auf einem etablierten, professionellen Netzwerk

Ich kenne Unternehmen, in denen sich die Personalabteilung intensiv und engagiert um Studenten ausgewählter Hochschulen bemüht. Sie kümmern sich um Aushänge oder sind auf hochschulinternen Events präsent. Zugleich gibt es in vielen Unternehmen Manager,

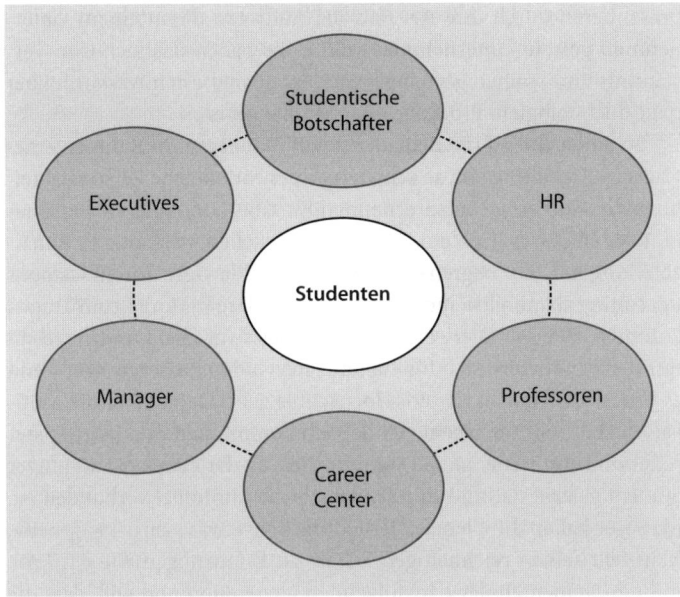

Abb. 6.5 Rollen innerhalb eines Campus Recruiting- Netzwerks

die von sich aus etwa als Lehrbeauftragte oder Vortragende aktiv sind, meist, weil sie mal an einer Hochschule studiert haben. Beide Aktivitäten sind wichtig in einem Campus Recruiting. Synchronisiert und abgestimmt würden sie aber einen deutlich höheren Mehrwert bringen. Deshalb soll im Folgenden detaillierter auf die Frage eingegangen werden, wie ein professionelles **Netzwerk** sinnvoll organisiert und orchestriert werden kann. Nach der Identifikation der Zielhochschulen ist dies die zweite Komponente eines Campus Recruiting. In ◘ Abb. 6.5 sind die verschiedenen Rollen innerhalb eines solchen Netzwerks überblicksartig dargestellt.

Im Mittelpunkt eines Campus Recruitings stehen selbstverständlich die Studenten als die relevante Zielgruppe, auf deren Gewinnung alle Aktivitäten ausgerichtet sind. Die wichtigste Rolle, um Studenten zu erreichen, ist die der **Manager** aus den Fachbereichen. Dahinter steht die Annahme, dass Studenten in erster Linie mit Personen sprechen und diese erleben wollen, die aktuell das machen, was sie selbst in einem Unternehmen langfristig erreichen können. Studenten der Informatik wollen, wenn sie es mit einem IT-Unternehmen zu tun haben, eher mit Entwicklern sprechen als mit Personen aus dem HR. Hierbei muss es sich nicht notwendigerweise um Manager mit Führungsverantwortung handeln. Auch »High-Potentials« oder andere Mitarbeiter sind hier gemeint. Es geht hier um Vertreter eines Unternehmens, die ihren Arbeitgeber in gewinnender Weise und mit den notwendigen Erfahrungen und Einblicken gegenüber Studenten repräsentieren können. Sie können die notwendige Begeisterung für die Aufgaben und Herausforderungen am besten vermitteln. Sie re-

Manager spielen beim Campus Recruiting eine wichtige Rolle

6

präsentieren durch ihre Art und ihr Auftreten die in einem Unternehmen gelebte Unternehmenskultur. Sie haben das fachliche Verständnis und können gegenüber Studenten am besten Auskunft über neue Technologien, Produkte oder Märkte geben.

So einleuchtend die Bedeutung von Managern im Rahmen eines Campus Recruitings ist, so schwierig ist es für manche Personalabteilung, diese für einen entsprechenden Einsatz zu motivieren. Personaler kennen dieses Problem. Man wird feststellen, dass eine Personalabteilung nur sehr begrenzt in der Lage ist, Manager für ein Campus Recruiting zu mobilisieren. Hier müssen andere Faktoren zum Tragen kommen. Wie schon erwähnt, sind Manager vor allem und vielleicht nur dann motiviert, sich für Campus Recruiting zu begeistern, wenn es um Aktivitäten an »ihrer« Hochschule geht. Dann kann die Motivation aber sehr hoch sein. Schließlich kommt man nun Jahre später reifer und erfahrener an die Stätte zurück, an der man einst als junger Student gelernt hat und mit der man auch emotional verbunden ist. Manager haben die Chance, der Hochschule etwas »zurückzugeben«. Man teilt seinen reichhaltigen Schatz an Erfahrungen wie ein Erbe mit den Studenten der nachfolgenden Generation und will, dass die Studenten der eigenen Hochschule erfolgreich sein werden, erfolgreicher als die der anderen Hochschulen.

Immer mehr Unternehmen vereinbaren mit ausgewählten Managern jedes Jahr Ziele, die mit Personalgewinnung zu tun haben. So gibt es Manager, die in ihrer Zielvereinbarung stehen haben, dass sie sich beispielsweise zu 5% ihrer Zeit der Gewinnung von Studenten an einer Hochschule widmen und daraus ein klar definiertes Ergebnis resultiert. Man verlässt sich also nicht auf die intrinsische Motivation von Managern, sondern sucht solche aus, die aufgrund ihrer persönlichen Art und Erfahrung geeignete Repräsentanten sein können. Man überlässt es nicht dem Zufall, ob sie sich für ein Campus Recruiting engagieren. Dabei ist klar, dass hier die Geschäftsführung eine entscheidendere Rolle spielt als etwa die Personalabteilung, die sich naturgemäß nicht in der Position befindet, mit Managern Ziele zu vereinbaren. Auf die Rolle der Geschäftsführung wird weiter unten eingegangen.

Manager können im Rahmen eines Campus Recruitings sehr unterschiedliche Aufgaben übernehmen. Dazu gehören Vorträge als besondere Veranstaltung oder im Rahmen von Vorlesungen. Professoren sind für solche Aktivitäten meist sehr aufgeschlossen, vor allem, wenn ihnen Praxisnähe am Herzen liegt. Ein intensiveres Engagement besteht in der Übernahme von Lehraufträgen. Viele Manager haben nicht nur Spaß an der Arbeit mit jungen Leuten, sondern sehen in einem solchen Einsatz auch die damit verbundene Ehre. Nicht selten erhalten Lehrbeauftragte nach mehrjährigem Engagement in der Lehre eine Honorarprofessur und den damit verbundenen, erstrebenswerten Professorentitel. Weiterhin können Manager Bachelor- oder Masterarbeiten betreuen oder Studentenprojekte vergeben. Schließlich ist es Teil eines professionellen Campus Recruitings, dass

Manager auf einschlägigen Karriereveranstaltungen einer Hochschule präsent sind und dort ihren Arbeitgeber repräsentieren. Zu guter Letzt besteht häufig die Möglichkeit, studentische Initiativen aktiv zu unterstützen (z. B. SIFE, ▶ Übersicht unten).

Auf die eine oder andere Aktivität wird weiter unten detaillierter eingegangen. Es sei an dieser Stelle ausdrücklich gesagt, dass Hochschulen und Fakultäten gegenüber dem Engagement von Managern meist aufgeschlossen, zuweilen dankbar sind. Insbesondere Fakultäten und Lehrstühle, die auf Praxisbezug und Vernetzung mit der Industrie setzen, werden die Türen offen halten.

SIFE

SIFE (http://www.sife.de) steht für »Students In Free Enterprise« und ist eine im Jahr 1975 gegründete, studentische Non-Profit-Organisation, die zum Ziel hat, Studenten auf der ganzen Welt in Projekten mit gesellschaftlicher oder ökologischer Bedeutung zu engagieren. In Deutschland hat sich SIFE in den letzten Jahren rasant entwickelt. Bei der Drucklegung dieses Buches werden voraussichtlich über 40 deutsche Universitäten eigene SIFE-Teams etabliert haben. In diesen Teams bringen Studenten ihr Wissen ein, um beispielsweise Menschen in Notlagen dauerhaft in Lohn und Brot zu bringen. Dafür entwickeln sie eigene Geschäftsideen und setzen diese gemeinsam mit den Betroffenen um. Dabei werden die Teams von meist namhaften Unternehmen finanziell, aber vor allem inhaltlich unterstützt. Diese Unternehmen haben ihrerseits den Vorteil, mit diesen, besonderen Studenten, die nicht nur für Scheine studieren, sondern ein gesellschaftliches Engagement an den Tag legen, in direkten Kontakt zu kommen. Jedes Jahr findet ein nationaler Wettbewerb statt, in dem das Hochschulteam mit dem besten Projekt von zahlreichen Juroren ausgewählt und emotional gefeiert wird. Die Jury besteht aus Vertretern der Sponsoren, Ehrenmitgliedern und ehemaligen SIFE-Studenten. Die Gewinner der nationalen Wettbewerbe treffen sich dann jährlich auf dem internationalen Wettbewerb, der irgendwo auf dem Globus stattfindet.

»Executives« üben auf Studenten eine gewisse Faszination und Anziehungskraft aus, insbesondere dann, wenn es bei diesen um bekannte Persönlichkeiten aus, dem Wirtschaftsleben handelt. Insofern sind Executives nicht selten Vorbilder für die jungen Leute. Dies trifft besonders dann zu, wenn sie an derselben Hochschule oder Fakultät studiert haben wie die Studenten selbst. Executives, also Geschäftsführer, Vorstände, Führungskräfte auf oberen Positionen, können aufgrund ihrer Bedeutung und Anziehungskraft etwa durch Vorträge viele Studenten erreichen und ihr Unternehmen als Arbeitgeber repräsentieren. Durch persönliche Beziehungen zu Professoren, Dekanen oder Rektoren können sie als Türöffner für weitergehende Aktivi-

Executives können Türen öffnen

täten an einer Hochschule einen signifikanten Beitrag leisten. Nicht selten sind sie in wissenschaftlichen Beiräten einer Hochschule oder Fakultät aktiv. Unternehmensintern liegt es gerade in der Verantwortung dieser Personen, auf Seiten ihrer Manager eine Verpflichtung für ein Engagement an einer Hochschule zu schaffen. Darüber hinaus liegt es meist in ihrer Hand, studentische Initiativen, wie SIFE oder AIESEC, finanziell zu unterstützen.

Studentische Botschafter

Unternehmen, die Campus Recruiting zu Ende gedacht haben, nutzen zunehmend die Rolle so genannter **studentischer Botschafter** (Ambassadors). Ein studentischer Botschafter ist bei einem Unternehmen etwa als Werkstudent angestellt und studiert an einer der Zielhochschulen. So engagiert beispielsweise die internationale Wirtschaftsprüfungsgesellschaft PricewaterhouseCoopers (PwC) ausgewählte ehemalige Praktikanten als »Talent Ambassador«. Diese sind auf einer extra dafür eingerichteten Website, zunehmend auch über Facebook, sichtbar. Andere Studenten sind aufgerufen, bei Fragen rund um Karrieremöglichkeiten mit diesen Botschaftern Kontakt aufzunehmen. Studentische Botschafter sind aber nicht nur dafür vorgesehen, als Ansprechpartner ihrer Kommilitonen zu dienen, sie beraten auch ihr Unternehmen bei der Planung und Umsetzung von Marketingaktivitäten. Schließlich wissen Studenten einer Fakultät oder Hochschule am besten, auf welchen Partys man am besten Flyer verteilt, wo Poster besonders vorteilhaft platziert werden müssen, welche Professoren wie aufgeschlossen für entsprechende Aktivitäten sind, in welcher studentischen Organisation man wie die besten Studenten erreicht. Zu guter Letzt ist ein solches Ambassador-Programm dazu geeignet, herausragende Studenten dauerhaft zu binden. Studenten, die längere Zeit die Fahne ihres Unternehmens öffentlich hochgehalten haben, entwickeln allein dadurch eine Bindung zu dem Unternehmen, das sie vertreten haben.

Es gibt aber auf Seiten der Studenten nicht nur die studentischen Botschafter, mit denen man im Rahmen eines Campus Recruiting kooperieren kann. Darüber hinaus gibt es eine Vielzahl anderer Personen, die helfen können, Zugang zu den Besten zu bekommen. Dazu gehören die aktuellen Praktikanten, Studenten, die im Unternehmen eine Abschlussarbeit schreiben oder neue Mitarbeiter. Ihr Netzwerk sollte man als Arbeitgeber nutzen. An meiner Fakultät beobachte ich ständig, dass sich Studenten gegenseitig beispielsweise Auslandspraktika vermitteln, indem sie für ihr eigenes Praktikum Nachfolger suchen und dazu auf ihr Netzwerk zugreifen. Weiterhin sollte man als Arbeitgeber die Chance nutzen, sich mit wissenschaftlichen Hilfskräften (Hiwis), Tutoren, Masterstudenten, Doktoranden, Studentenvertretern (AStA, Allgemeiner Studierendenausschuss) auszutauschen, wenn sich die Chance dafür bietet. Gerade diese Studenten verfügen meist über herausragende Netzwerke innerhalb ihrer Fakultät.

Professoren sind wichtige Vermittler

Professoren spielen in einem Campus Recruiting eine wichtige Rolle, weil sie allein aufgrund ihrer Tätigkeit eine große Nähe zur Zielgruppe und zur Institution Hochschule haben. Sie halten Vorlesungen und leiten Seminare, in denen Manager Gastvorträge halten. Sie betreuen Bachelor- und Masterarbeiten, die in Unternehmen geschrieben werden. Sie betreuen weiterhin praktische und wissenschaftliche Projekte, die in Kooperation mit Unternehmen durchgeführt werden. Professoren wissen, welche Studenten hinsichtlich ihrer Leistung herausragend sind und können am ehesten einschätzen, welche dieser jungen Leute Talent und Potenzial haben. Wenn Arbeitgeber also in Kontakt mit Studenten kommen wollen, kommen sie an Professoren kaum vorbei. Zumindest ergeben sich deutlich mehr Möglichkeiten, wenn Kontakte zu Professoren bestehen, als wenn dies nicht der Fall ist. Professoren sind ihrerseits eine besondere Zielgruppe. Viele Professoren wurden das, was sie sind, weil sie die Unabhängigkeit suchten und ihre akademische Freiheit über alles schätzen. Es ist schwer, als Universität Professoren für Aktivitäten rund um Campus Recruiting zu verpflichten. Vielmehr muss man deren Interessen verstehen und ihnen vermitteln, welchen Mehrwert ihnen eine entsprechende Kooperation mit Unternehmen liefert. Ihre präferierten Gesprächspartner sind vor allem Executives oder führende Spezialisten in Unternehmen, die in Bereichen tätig sind, die den Forschungsinteressen des Professors nahe stehen.

Immer mehr Hochschulen führen so genannte **Career Center** ein. Hierbei handelt es sich um zentrale Einrichtungen, die sich nach außen um die Kooperation mit Unternehmen rund um das Thema Karrieremöglichkeiten kümmern. Nach innen sind sie eine Anlaufstelle für Studenten, wenn es um Praktika und Karriereoptionen geht oder wenn Studenten einfach nur Rat hinsichtlich ihrer persönlichen Karriereplanung suchen. Diese Career Center sind für Unternehmen ein guter Kontakt, um zu erfahren, welche Möglichkeiten eine Hochschule insgesamt anbietet, um Arbeitgebern Zugang zu Studenten zu schaffen. Sie können etwa darüber Auskunft geben, wo und wann innerhalb einer Hochschule bestimmte Karriereveranstaltungen stattfinden, an denen man sich als Arbeitgeber beteiligen kann. Sie helfen auch bei der Organisation einer Hochschulpräsenz.

Wie die bisherigen Rollen zeigen, kann ein systematisches und professionelles Campus Recruiting beliebig komplex sein. Es geht für einen Arbeitgeber darum, Studenten, studentische Organisationen und Botschafter, Professoren, Executives und Manager so zu orchestrieren und zusammenzubringen, dass sich am Ende möglichst viele geeignete, talentierte und motivierte Studenten bewerben. Hierzu gehört, dass die Akteure, die sich in ein Campus Recruiting einbringen (Manager, Botschafter), durch gezieltes Training, aber auch durch entsprechende Rahmenbedingungen hinreichend dazu befähigt sind. Es geht darum, Kontakte, herzustellen und zu koordinieren, wo dies geboten ist. All dies wird in den meisten Unternehmen als Aufgabe von HR gesehen. Es ist explizit nicht vorrangige Rolle der Personalabteilung, auf Studenten zuzugehen, um sie zu werben, es sei denn, einzelne Vertreter aus **HR** können das Unternehmen auf überzeugende Weise gegenüber der jeweiligen Zielgruppe repräsentieren. Das ist

In einem Campus Recruiting müssen unterschiedliche Rollen orchestriert werden

die vorrangige Rolle der Manager. HR schafft die Rahmenbedingungen dafür, dass Manager oder Mitarbeiter aus den Fachbereichen und Studenten in direkten Austausch kommen. Für jedes Unternehmen, das sich in Campus Recruiting engagiert, stellt sich die Frage, wie zentral die Organisation durch HR sein sollte. Hierauf soll an dieser Stelle keine allgemeingültige Antwort gegeben werden. Viel wichtiger ist die Frage, wie die verschiedenen Rollen innerhalb eines Unternehmens, also Manager, Executives, studentische Botschafter, kooperieren. Möglicherweise sieht man sogar weitere Rollen vor. Manche Unternehmen beschäftigen beispielsweise so genannte »Corporate Campus Recruiting Manager«, deren dezidierte Aufgabe es ist, alle Aktivitäten und Beziehungen rund um ein Campus Recruiting zu managen. HR empfehle ich daher die einmalige Durchführung eines Workshops, in dem gemeinsam mit allen Beteiligten über die zukünftige Zusammenarbeit diskutiert wird. Den für ein Unternehmen richtigen Weg wird man dadurch herausarbeiten und definieren können. In der Folge lohnen sich dann regelmäßige, wohldosierte Meetings, in denen über zukünftige Aktivitäten, Erfahrungen, Erfolge gesprochen werden kann.

Kommen wir nun zu der dritten Komponente eines Campus Recruiting, den eigentlichen **Aktivitäten**, die über das oben beschriebene Netzwerk realisiert werden können. In ◗ Abb. 6.6 findet sich eine Aufstellung der gängigen Aktivitäten, sortiert nach Aufwand pro Student und Nähe zum Studenten.

Campus Recruiting kann zahlreiche Aktivitäten umfassen

Die Anordnung der verschiedenen Aktivitäten in der ◗ Abb. 6.6 basiert mehr auf Plausibilitätsüberlegungen als auf einer fundierten empirischen Basis. Je nach Ausgestaltung der Aktivitäten können der Aufwand pro Student, den man damit erreicht, und die Nähe sehr unterschiedlich sein. Grundsätzlich kann man davon ausgehen, dass, je intensiver der Kontakt mit einem Studenten und die Nähe zu ihm sind, desto größer auch der Aufwand ist, den ein Unternehmen erbringen muss, um mit einem Studenten in Kontakt zu kommen und einen konstruktiven Austausch zu gestalten. Aushänge sind mit einem geringen Aufwand verbunden, haben eine hohe Reichweite, aber man kommt mit Aushängen nicht in dem Maße in Kontakt mit Studenten, um als Arbeitgeber einen nachhaltigen Eindruck zu hinterlassen. Vor allem hat man über Aushänge keinerlei Möglichkeit, Studenten direkt zu erleben, es sei denn, es folgen daraus weitergehende Maßnahmen. Gänzlich anders verhält sich dies etwa bei Praktika, wo eine individuelle und relativ intensive Betreuung gefragt ist.

Wendet man das Stufenmodell von Nilgens, Eggers und Ahlers (1996) aus ◗ Abb. 6.3 auf die hier skizzierten Maßnahmen an, würde dies bedeuten, dass man sich als Arbeitgeber sozusagen vom linken unteren Rand stufenweise nach rechts oben kämpft. Man beginnt mit Aushängen und endet mit der Betreuung von Praktika und/oder Abschlussarbeiten. So stellt sich dies in der Praxis aber nicht notwendigerweise dar. Es kann im Einzelfall nach einer kurzen Phase der Anbahnung, beispielsweise im Rahmen eines Gastvortrags,

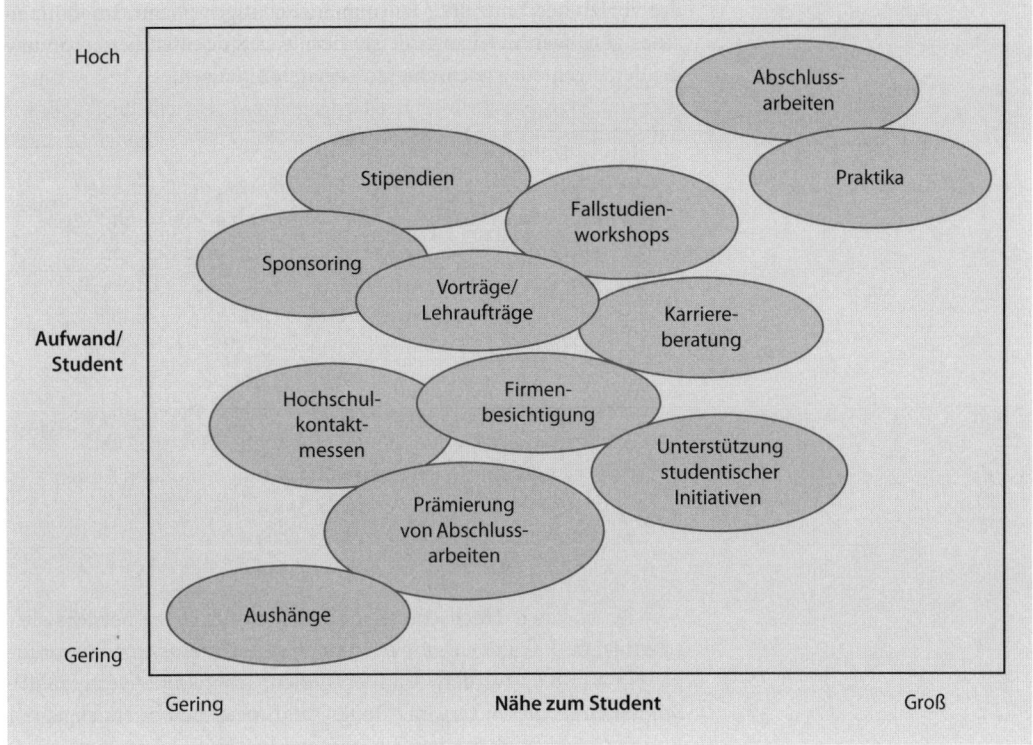

relativ schnell dazu kommen, dass ein Student ein Praktikum annimmt. Manche Studenten kommen direkt über eine Ausschreibung
oder Vermittlung durch ihren Professor an eine Abschlussarbeit und
bleiben nach ihrem Studium im jeweiligen Unternehmen. Inhaltlich
bedarf der Großteil der genannten Aktivitäten wohl kaum einer weiteren Erläuterung. Es ist hinreichend bekannt, was Praktika, Aushänge, Lehraufträge usw. sind. Zwei Aspekte sind im Campus Recruiting
zukünftig von besonderer Relevanz und sollen hier besondere Erwähnung finden. Einerseits wird zukünftig entscheidend sein, sich in
irgendeiner Weise vom Wettbewerb abzuheben. Andererseits ist es
wichtig, dort hinzugehen, wo man die besten Studenten trifft.

Gerade an Hochschulen, deren Absolventen im Arbeitsmarkt besonders begehrt sind, stehen sich Arbeitgeber mit ihrer Vielzahl an
Aushängen, Flyern und dergleichen regelrecht auf den Füßen. In Zukunft sind hier Aktivitäten gefragt, mit denen sich Unternehmen in
irgendeiner Weise von den anderen abheben. Dies können Maßnahmen sein, die von dem abweichen, was man seit Jahren an Hochschulen gewohnt ist (▶ Übersicht). Bayer stellt Professoren schicke Scooter
mit Bayer-Aufschrift zu Verfügung, damit sie damit schneller in die
Hörsäle kommen. MLP bietet professionelle Assessment-Center-
Trainings an. An meiner Hochschule wurden Studenten regelmäßig

**Außergewöhnliche Maßnahmen
sind gefragt**

6

durch HP »beschnitzelt« – wie man hier zu sagen pflegte. Im Rahmen eines geselligen Events wurde serviert, was Studenten (insbesondere die der Ingenieurwissenschaften) am liebsten essen.

> **Bobby-Train-Race**
> Als der ehemalige Leiter Hochschulmarketing der Deutschen Bahn von einem Kollegen gefragt wurde, ob er etwas mit 10 Bobby Trains anfangen könne, kam ihm die Idee, an ausgewählten Hochschulen in Deutschland nachts in Parkhäusern Bobby-Train-Rennen mit Studenten zu veranstalten. Bobby Trains sind Bobby Cars in Form von ICEs. Studenten, in weiße Papieroveralls gekleidet, rasen auf den kleinen Vehikeln vom obersten zum untersten Stockwerk eines Parkhauses. Der Effekt ist klar: Man vermittelt, dass der konservativ anmutende Arbeitgeber Deutsche Bahn Spaß versteht und an unternehmungslustigen, mutigen Leuten interessiert ist. So eine Aktion spricht sich unter Studenten herum, verbal oder auf Facebook (Trost, 2009a).

An den meisten Hochschulen und insbesondere an betriebswirtschaftlichen Fakultäten gibt es studentische Unternehmensberatungen (in ◼ Abb. 6.6 werden sie zu den studentischen Initiativen gezählt). Studenten in diesen Organisationen sind meist besonders engagiert und per se gegenüber einer Zusammenarbeit mit Unternehmen aufgeschlossen. Für wenig Geld können Unternehmen ihre Dienste in Anspruch nehmen und kommen zugleich mit ihrer Zielgruppe in Kontakt. Es gibt weiterhin Initiativen, wie SIFE (s. oben, Übersicht »SIFE«) oder AIESEC, wo man besonders motivierte Studenten antrifft. Etliche der Studenten in diesen Initiativen beweisen schon früh Führungsstärke und dienen häufig als natürliche Multiplikatoren. All dies sind Beispiele dafür, wo man gute Studenten antreffen und durch geeignete Aktivitäten auf dem Radar der Zielgruppe erscheinen kann.

Ergänzend sei ein Aspekt erwähnt, der in diesem Buch nicht explizit im Kontext Campus Recruiting behandelt wird, aber dennoch von zentraler Bedeutung ist, nämlich die dauerhafte Pflege von Beziehungen zu vielversprechenden Studenten. Diese Maßnahmen gehen über die oben genannten Aktivitäten hinaus. Ein typisches Beispiel, das weiter unten detaillierter aufgegriffen wird, besteht darin, Praktikanten, die sich während ihrer Zeit im Unternehmen besonders positiv hervorgetan haben, während der Zeit ihres Studiums zu binden, in der Hoffnung diese am Ende ihrer Ausbildung für das Unternehmen zu gewinnen. Diese Idee der Kandidatenbindung ist zentral für TRM und wird in ▶ Kap. 7 umfassend und nicht nur für die Zielgruppe der Studenten behandelt.

Kennzahlen

Abschließend sei auch in diesem Zusammenhang des Campus Recruitings kurz auf die Verwendung von Kennzahlen eingegangen. Manche Unternehmen, wie etwa die Wirtschaftsprüfungsgesellschaft Deloitte, sehen darin eine vierte Komponente des Campus Recruitings. Die wohl am nächsten liegende Kennzahl ist die Rate eingestellter

Hochschulabsolventen, die über eine oder mehrere der oben genannten Aktivitäten auf einen Arbeitgeber aufmerksam geworden sind. Dieser Indikator liefert eine Aussage über die Effektivität des Campus Recruitings. Stellt man die Anzahl der über Campus Recruiting gewonnen Absolventen ins Verhältnis zu den geschätzten Gesamtkosten des Campus Recruitings, erhält man eine Aussage über dessen Effizienz. Weiterhin ist es ratsam, die eben genannten Indikatoren entlang der unterschiedlichen Zielhochschulen zu differenzieren. Noch einfacher ist es zu analysieren, wie viele neu eingestellte Hochschulabsolventen im Laufe eines Jahres von welcher Hochschule stammen. Diese Ergebnisse sind vor allem dann aussagekräftig, wenn man sie ins Verhältnis zu den Absolventen der Zielgruppe an den jeweiligen Hochschulen setzt.

6.5   Talent Scouting

Das innovative Zirkusunternehmen Cirque de Soleil hat nicht zuletzt aufgrund seines anhaltenden Erfolgs einen ausgeprägten, internationalen Bedarf an neuen Künstlern. Um diesen Personalbedarf zu decken, werden keine Stellenanzeigen geschaltet. Auch werden keine Personalberater engagiert. Recruiting wird nicht von einer hierfür etablierten Einheit innerhalb einer Personalabteilung vorangetrieben. Dies ist vielmehr die Aufgabe der bereits engagierten, angestellten Künstler. Um neue Künstler zu gewinnen, verbringen die bereits aktiven Künstler erhebliche Zeit, um in Klubs, auf der Straße oder wo auch immer Ausschau nach talentierten Künstlern zu halten (Taylor & LaBarre, 2006). Natürlich ist diese Tätigkeit auch eine Quelle der Inspiration und eine Möglichkeit, von Reaktionen des jeweiligen Publikums zu lernen. Vorrangig handelt es sich hierbei aber um eine Maßnahme der Personalgewinnung.

Im Sport ist eine vergleichbare Herangehensweise seit Langem üblich. In ihrem lesenswerten Buch über die Managementpraktiken der »New York Yankees« beschreiben die Autoren Berger und Berger (2005), wie eigens dafür ausgebildete Profis ihre Zeit auf Baseballspielen provinzieller Highschools und Universitäten verbringen, um junge Talente ausfindig zu machen. Im internationalen Fußballgeschäft ist dies nicht anders. So wurde etwa der ehemalige Nationalspieler Thomas Hitzlsberger im zarten Alter von sieben Jahren von einem so genannten Späher des FC Bayern München entdeckt. Damals spielte er beim VfB Forstinning, in einem sonst kaum bekannten Dorf 30 km östlich von München.

Die Rede ist von **Talent Scouting**, einer Maßnahme der Personalgewinnung, die in bestimmten Branchen, wie etwa in der Kunst oder im Sport schon längst üblich ist. Es geht darum, meist junge, talentierte Menschen bei der Ausübung relevanter Tätigkeiten (Kunst, Fußballspielen usw.) verdeckt zu beobachten, sie zu beurteilen, um

Beim Talent Scouting werden Menschen bei ihrer Arbeit beobachtet

6

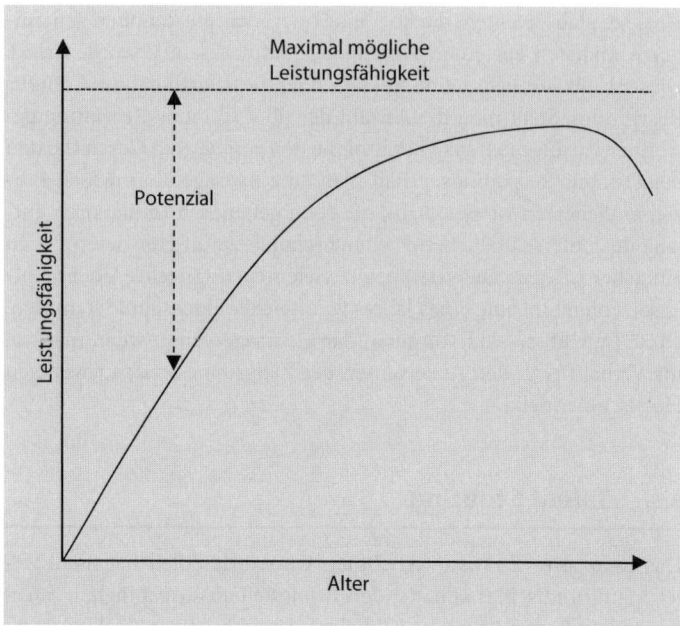

◘ Abb. 6.7 Lernkurve

sie im Falle einer vermuteten Eignung anzusprechen und zu gewinnen. Immer mehr Unternehmen anderer Branchen entdecken diese Methode. Mein Eindruck ist, dass es mehr Arbeitgeber sind als man zunächst vermutet. Denn Talent Scouting ist öffentlich nicht sichtbar wie etwa Stellenanzeigen oder die Präsenz von Arbeitgebern auf Karrieremessen. Man mag zunächst denken, diese Methode sei nur in sehr wenigen Branchen möglich. Im Folgenden wird allerdings der Versuch unternommen zu zeigen, dass mit ausreichend Kreativität und der nötigen Systematik mehr möglich ist, als man diesem Ansatz spontan zuschreiben mag.

Zunächst zur Frage, woran man ein junges Talent erkennen kann. Mit dieser Frage beschäftigen sich viele Unternehmen, etwa im Kontext ihrer Talentmanagementstrategie, seit vielen Jahren. Dabei richtet sich diese Fragestellung meist auf interne Mitarbeiter: Welche Mitarbeiter haben das Potenzial, langfristig Schlüsselpositionen zu besetzen? Bei den ausgewählten Kollegen spricht man dann meist von so genannten High-Potentials. Im hier diskutierten Fall geht es aber um Menschen, die eben noch nicht im Unternehmen arbeiten. Im Sport hat dieses Problem der Talenterkennung bereits zahlreiche Sportwissenschaftler intensiv beschäftigt (vgl. Joch, 2001). Ein klares Erfolgsrezept ist aber nach wie vor nicht sichtbar. Einen ersten, vielversprechenden Ansatz liefert die so genannte Lernkurve (◘ Abb. 6.7).

Die Lernkurve beschreibt, wie Menschen eine Kompetenz entwickeln. Dies gilt für die Entwicklung von Führungskompetenz genauso wie für Sprachen, die Fähigkeit, ein Instrument zu spielen oder beispielsweise für die Vertriebsfähigkeit im B2B-Bereich. Die Lernentwicklung ist am Anfang am größten und nimmt dann ab. Etliche Kompetenzen nehmen mit zunehmendem Alter auch wieder ab. Man kann nun annehmen, dass es für jeden Menschen ein hypothetisches **maximal mögliches Niveau an Leistungsfähigkeit** gibt. Ist dies von Natur aus hoch, spricht man von Begabung oder von **Talent**. Begabung oder Talent ist hypothetischer Natur. Man kann sie nicht sehen. Die Annahme ist nun, dass eine schnelle Lernentwicklung, also ein hohes Leistungsniveau in jungen Jahren oder nach nur kurzer Lernzeit, ein Indikator für ein hohes maximal mögliches Leistungsniveau ist. In anderen Worten: Wer schnell lernt, hat langfristig viel Raum nach oben. Die Differenz zwischen aktuellem Leistungsniveau und dem maximal möglichen bezeichnet man als **Potenzial**.

Die Betrachtung der Lernentwicklung ist aber nur eine Dimension der Talentbestimmung. Neben dieser **Leistungsdimension** gibt es die motivationale und die emotionale Dimension:

Talent erkennt man an der Entwicklung, der Motivation und am Spaß

— Bezüglich der **motivationalen Dimension** geht man von der Annahme aus, dass Menschen mit einem besonderen Talent für eine Sache einen ausgeprägten Leistungs- und Erfolgswillen an den Tag legen, gepaart mit einem hohen Maß an Disziplin.

— Hinter der **emotionalen Dimension** steht die Hypothese, Menschen mit einem Talent hätten ausgeprägten Spaß an der Ausübung ihrer Sache. Sie lieben das, was sie tun.

Talent Scouting im engeren Sinne beinhaltet die Identifikation von Talent unter Verwendung der oben beschriebenen oder anderer Kriterien. Sucht man konstant nach geeigneten Software-Entwicklern, würde man also versuchen, junge Entwicklungsbegeisterte aufzuspüren, deren Talent einzuschätzen, um sie dann anzusprechen und zu gewinnen – eine Maßnahme, die übrigens bei Spieleentwicklern nicht unüblich ist. Talent Scouting im weiteren Sinne wird aber auch bei der Suche nach Personen eingesetzt, die bereits auf dem Höhepunkt ihrer Leistungsfähigkeit sind. Der Vorteil hierbei liegt dann darin, dass man diese Personen unmittelbar für eine entsprechende Aufgabe vollwertig einsetzen kann. Unabhängig davon, ob Talent Scouting die Suche junger Talente oder Personen auf bereits hohem Leistungsniveau zum Ziel hat, folgt Talent Scouting einem systematischen Prozess, wie in ◘ Abb. 6.8 schematisch dargestellt.

Ausgangspunkt für Talent Scouting ist die **Bestimmung der Zielfunktion**: Für welche Position oder Funktion soll und kann Talent Scouting als Instrument der Personalgewinnung überhaupt in Frage kommen? Wie die bisherigen Überlegungen bereits deutlich machen, ist Talent Scouting eine Maßnahme, die in überdurchschnittlichem Maße Ressourcen bindet. Man wird diese Methode also im Wesentlichen für Schlüssel- und/oder Engpassfunktionen einsetzen, also dann, wenn die Gewinnung guter Kandidaten von strategischer Bedeutung für das Unternehmen ist oder wenn man mit anderen Mitteln aufgrund der aktuellen Arbeitsmarktlage bei der Personalge-

Talent Scouting erfolgt nach einem systematischen Prozess

6

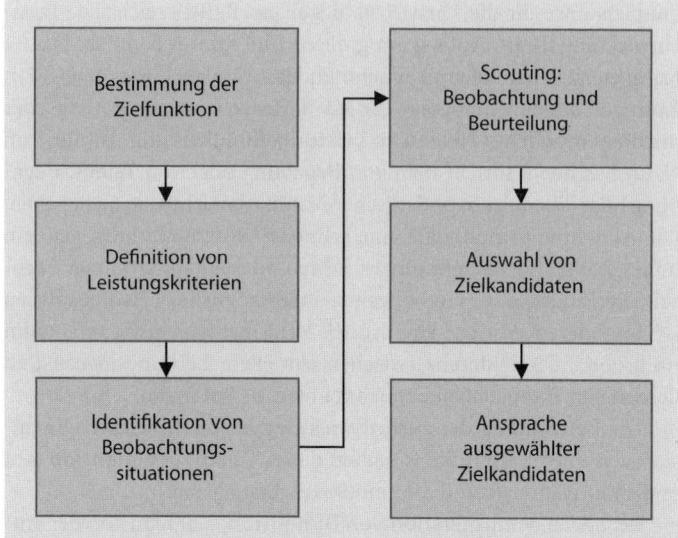

◘ **Abb. 6.8** Der Talent-Scouting-Prozess

winnung schlichtweg nicht weiterkommt. In gewisser Weise müssen bereits bei diesem Schritt nachfolgende Prozessphasen in Betracht gezogen werden. Denn Talent Scouting macht selbstverständlich nur dann Sinn, wenn Kandidaten für die jeweiligen Zielfunktionen in ihrer natürlichen Arbeitsumgebung zugänglich sind und man dabei die Möglichkeit hat, deren Leistung beobachten und einschätzen zu können.

In einem nächsten Schritt erfolgt die **Definition von Leistungskriterien**: Was soll man beobachten, und anhand welcher Kriterien wird festgestellt, ob es sich bei einer Person um einen vielversprechenden Kandidaten handelt? Der Personalleiter eines internationalen Unternehmens der Telekommunikationsbranche berichtete mir kürzlich von seinen Maßnahmen zur Aufbau einer Vertriebsorganisation in einem Land, in dem das Unternehmen Fuß fassen wollte. Hierzu schickte man Mitarbeiter in die größten Städte, um sich dann in zuvor ausgewählten Filialen der Konkurrenz systematisch beraten zu lassen. Die Berater der Wettbewerber wussten in der Situation nicht, dass sie sich bei deren Verkaufsgesprächen mitten in einem Art Assessment-Center befanden. Und wie in jedem professionellen Assessment-Center verfügten die Scouts über klare, vordefinierte Beobachtungskriterien: Freundlichkeit, technische Kenntnisse, Geduld, Empathie aber auch die Fähigkeit zum Umgang mit kritischen Situationen usw. Für Letzteres wurden die Berater sogar mit zum Teil provokanten Fragen konfrontiert.

Vor wenigen Jahren hatte ich die Chance, einen Kunden zu begleiten, der aufgrund bisheriger Erfahrungen feststellen konnte, dass die besten Mitarbeiter in seiner Vertriebsorganisation zuvor in der

Finanzbranche beraten haben. Dies war insofern erstaunlich, als der Vertrieb bei diesem Kunden mit Finanzdienstleistungen überhaupt nichts zu tun hat. Also kam man zu dem Schluss, man könne zukünftige Vertriebsmitarbeiter finden, indem man sich Finanzberater genauer unter die Lupe nimmt. Diese sind wiederum sehr einfach zu beobachten. Kurzerhand entschloss man sich, einen ausgewählten Mitarbeiter damit zu beauftragen, sich einige Wochen lang von vielen Beratern beraten zu lassen, um am Ende die besten auszuwählen. In den beiden soeben genannten Beispielen wurden Beratungs- oder Vertriebssituationen als geeignete **Beobachtungssituationen** erachtet. Diese Phase der Identifikation der Beobachtungssituationen ist sicherlich die größte Herausforderung im Rahmen eines Talent Scoutings. Hier gilt Regel Nummer eins: Es gibt mehr Situationen, in denen man potenzielle Kandidaten beobachten kann, als man zunächst vermutet. Regel Nummer zwei: Es braucht hierfür ein gewisses Maß an Einfallsreichtum. Grundsätzlich sind die meisten Mitarbeiter, die mit Endverbrauchern persönlich zu tun haben, beobachtbar. Mitarbeiter vieler Berufsgruppen sind im Internet, etwa in Foren oder über Twitter, aktiv und dadurch sichtbar. Die Leistung von Wissenschaftlern erkennt man an deren Publikationen. Experten unterschiedlichster Fachbereiche sind auf Kongressen erlebbar. Die Liste ließe sich beliebig erweitern. Der wohl berühmteste Medizinprofessor in der deutschen Geschichte, Professor Ferdinand Sauerbruch, berichtet in seiner empfehlenswerten Autobiografie, wie er einst für die Besetzung der Direktorenstelle an der Chirurgie Zürich während seiner Visite am Marburger Klinikum offenbar von zwei Scouts beobachtet wurde. Sie zeigten sich insbesondere von seinem Umgang mit Kindern beeindruckt. Erst später erfuhr er davon.

Dann folgen die zentralen Phasen des Talent Scouting, nämlich die der **Beobachtung, Beurteilung und Auswahl von Kandidaten**. Das Ergebnis der Beobachtung ist immer eine Liste von Kandidaten, gepaart mit den Ergebnissen der Beobachtung. Sie bildet die Grundlage für eine Beurteilung der Kandidaten. Taylor und LaBarre (2006) berichten von »Cirque de Soleil« und von den Treffen, wo Scouts (Mitarbeiter) anderen Mitarbeitern regelmäßig ihre besten fünf Entdeckungen, teilweise mit Fotos und Filmmaterial, präsentieren. In den meisten Fällen wird die Beurteilung der Kandidaten aber weniger spektakulär vonstattengehen, und man wird kriteriengeleitet eine Art Rankingliste erstellen. Zuletzt wird man davon ausgehend die topplatzierten Kandidaten in die engere Wahl nehmen.

Der Talent-Scouting-Prozess schließt mit der **Ansprache ausgewählter Zielkandidaten**. Die Besonderheit liegt nun freilich darin, dass die Kandidaten bis dahin weder von ihrem Glück noch von der Tatsache wissen, dass sie irgendwann systematisch in Augenmerk genommen wurden. Der amerikanische Recruiting-Vordenker John Sullivan (2005) berichtet von einer besonders aggressiven Variante der FirstMerit-Bank. Nachdem Kandidaten auf Seiten der Konkurrenz ohne deren Wissen beurteilt wurden und man zum sicheren Schluss kam, dass es sich bei diesen um wirklich qualifizierte Leute handelte, entschloss man sich kurzerhand, diesen Kandidaten ohne Vorankündigung ein Job-Angebot zuzusenden. Man nannte die Methode »The Interview-less Hire« (die Einstellung ohne Interview). Nachdem die irritierten Kandidaten FirstMerit kontaktierten, um auf den offenkundigen Fehler aufmerksam zu machen, informierte man diese über die Ernsthaftigkeit des Angebots und bot ihnen im selben Moment ein Gespräch an: »Das Angebot ist ernst gemeint. Wir bieten ihnen gerne ein Gespräch an, mit wem auch immer Sie das Gespräch führen wollen. Wir hätten Sie gerne als neuen Mitarbeiter.«

6.6   Competitive Intelligence

Dem traditionell sozialisierten Mitarbeiter der Personalbeschaffung mögen die bisherigen Überlegungen und insbesondere die zum Talent Scouting befremdlich vorkommen. Ist man es in den meisten Fällen doch gewohnt, infolge von Stellenausschreibungen auf Bewerbungen zu hoffen. Gegen den Wettbewerb zu arbeiten, war bislang in den meisten Personalabteilungen ein kaum anzutreffender Gedanke – anders als im Vertrieb. Talent Scouting hat bereits eine aggressive Konnotation. Es gibt aber innerhalb der Personalgewinnung einen Ansatz, der noch einen Schritt weitergeht: »Competitive Intelligence«.

Ich kann mich noch gut an die Zeit erinnern, als im Jahr 2003 der Software-Anbieter PeopleSoft vom Konkurrenten Oracle übernommen wurde. Zum damaligen Zeitpunkt war ich für das globale Recruiting der SAP verantwortlich. PeopleSoft war damals auch für die SAP einer der größten Wettbewerber, und so erreichte mich der Vorschlag des damaligen SAP-Vorstandes, es wäre nun der geeignetste Moment gekommen, um die besten Leute von PeopleSoft für die SAP zu gewinnen. Man war sich bewusst, dass man nun schnell handeln müsse. Unser Problem war nur, dass wir damals auf diesen besonderen Fall nicht vorbereitet waren. Wir wussten in der Personalabteilung schlichtweg nicht, wer die besten Leute bei PeopleSoft waren. Auch das Einschalten von Personalberatungen war keine große Hilfe. Über Competitive Intelligence hatten wir zwar schon hie und da nachgedacht, aber die Idee nicht weitergeführt. Ich vermute im Nachhinein, dass uns der Gedanke, in dieser Direktheit und Systematik auf Wettbewerber und deren Mitarbeiter zuzugehen, kulturell fernlag und unserem Werteverständnis widersprach. Trotzdem finde ich noch heute Gefallen an dieser Idee.

Competitive Intelligence folgt einer einfachen Überlegung. Durch Empfehlungen von Mitarbeitern, durch Talent Scouting oder andere Suchstrategien entwickelt man eine Liste vielversprechender Kandidaten auf Seiten ausgewählter Wettbewerber. Dabei kann es sich auch um solche Leute handeln, mit denen man schon früher im Gespräch war, die aber zum damaligen Zeitpunkt nicht wechselwillig waren.

Dann, in dem Moment, wenn man davon ausgeht, die Loyalität dieser Kandidaten zu ihrem Arbeitgeber sei geschwächt, werden diese mit attraktiven Angeboten kontaktiert. Anders als bei den bisher dargestellten Ansätzen (z. B. bei Mitarbeiterempfehlungsprogrammen) werden Kandidaten nicht dann angesprochen, wenn man auf sie aufmerksam wird, sondern erst dann, wenn die Wahrscheinlichkeit am höchsten zu sein scheint, sie für das Unternehmen gewinnen zu können. Man nimmt an, die Wechselbereitschaft sei dann besonders ausgeprägt, wenn sich Unternehmen in schwierigen Situationen befinden. Dies können Firmenübernahmen sein, drastische Umstrukturierungen, Stellenabbau oder anhaltende Umsatzverluste. Nicht zuletzt aus diesem Grund denken viele Unternehmen im Rahmen umfassender Veränderungsprojekte gezielt an Mitarbeiterbindungsprogramme, insbesondere im Hinblick auf ihre Leistungsträger und High-Potentials.

Hier wird gerne der Einwand vorgebracht, es sei kaum erstrebenswert, Mitarbeiter der Konkurrenz einzustellen, die in schwierigen Zeiten als Erste das Boot verlassen. Dahinter steht die Annahme, wer in schwierigen Zeiten kommt, auch geht in schwierigen Zeiten. Jene Mitarbeiter seien nicht bereit, Herausforderungen durchzustehen und dauerhaft Verantwortung zu übernehmen. Vermutlich sind die Dinge aber auch hier weniger eindeutig, als es zunächst scheinen mag. Loyalität zum Arbeitgeber muss nicht notwendigerweise mit Leistungsbereitschaft korrelieren.

Eine etwas moderatere Variante von Competitive Intelligence berichtete mir kürzlich der Personalleiter eines schwäbischen Bekleidungsunternehmens. Hierbei ging es weniger um die Identifikation von Kandidaten beim Wettbewerb, sondern um die Frage, wo in Deutschland Stellenanzeigen Sinn machen, sodass man Mitarbeiter bei der Konkurrenz bestmöglich erreicht. Ein Praktikant erstellte eine umfassende Liste aller relevanten Wettbewerber inklusive deren Standorte und den Medien, die dort vorwiegend gelesen werden, beispielsweise Tageszeitungen. Dadurch konnten regionale Cluster identifiziert werden, wo sich Wettbewerber offenbar häufen. Es überraschte nicht, dass man unter anderem im Raum Düsseldorf eine hohe Dichte an Bekleidungsunternehmen ausfindig machen konnte. Daraufhin entschloss sich das Unternehmen, vorwiegend in Regionen wie dieser Anzeigen zu schalten – freilich nicht ganz zur Freude der regional betroffenen Personalleiter.

6.7 Guerilla Recruiting – außergewöhnliche Maßnahmen

Hofheim am Taunus liegt in der Mitte zwischen Frankfurt am Main und Wiesbaden. In diesem beschaulichen Ort gibt es eine Werbeagentur mit dem klingenden Namen FARBEN+FORMEN. Aufgrund anhaltender Erfolge wächst das Unternehmen und sucht dringend neue

◻ **Abb. 6.9** Guerilla Recruiting von FARBEN+FORMEN

Mitarbeiter. Wie einfallsreich dieses Team ist, bewies es vor wenigen Jahren, als die Mitarbeiter eines Nachts loszogen und vor die Eingangstüren ihrer Wettbewerber eine (abwaschbare) URL sprühten: www.wirdallesbesser.com. Man stelle sich also vor, ein Mitarbeiter kommt morgens zur Arbeit und liest diese prominent platzierte Internetadresse. Er wird, sobald er seinen Arbeitsplatz erreicht hat, einen Browser öffnen und neugierig erkunden, was es mit dieser URL auf sich hat. Es öffnet sich eine Seite, auf der die typische Stimmung in Werbeagenturen dargestellt wird: Überstunden, schlechte Bezahlung, chronischer Zeitdruck, mangelnde Wertschätzung usw. Der Mitarbeiter fühlt sich verstanden und in diesem Moment öffnet sich plötzlich ein Pop-up: »Jetzt schnell kündigen und Vorteil sichern!« In diesem Atemzug werden dem überraschten Besucher auf einfallsreiche Weise attraktive Jobs angeboten (◻ Abb. 6.9).

Werbeagenturen können meist von Natur aus frech sein und scheuen keine Aufmerksamkeit. Darüber hinaus sollte man davon ausgehen können, dass sie kreativ sind. So wundert es nicht, dass sich auch andere Agenturen aufsehenerregende Maßnahmen erdacht haben, wie etwa die Düsseldorfer Agentur Butter. Auf einer Preisverleihung des »Art Directorys Club« (ACD) schickte Butter vor 2.400 Anwesenden unter amüsiertem Beifall einen Flitzer auf die Bühne, der auf seiner Brust die Aufschrift trug: »Butter sucht Kreative mit Eiern.«[4] Ob diese Maßnahme AGG-konform ist, sei dahingestellt.

Geringer Aufwand, aber große Wirkung

Bei Maßnahmen dieser Art spricht man neuerdings von so genanntem **Guerilla Recruiting**. Ihnen ist gemein, dass sie mit äußerst geringem Aufwand eine hohe Wirkung erzielen. Letzteres wird meist dadurch erreicht, dass die jeweiligen Aktivitäten außergewöhnlich sind. FARBEN+FORMEN hat durch diese Maßnahme neun Neueinstellungen generiert und dies bei einem finanziellen Aufwand von 9.000 Euro. Es liegt in der Natur der Sache, dass sich Aktivitäten dieser Art nicht selten an den Grenzen des ethisch oder rechtlich Vertretbaren bewegen oder wider den guten Geschmack sind.

---

4   Zu sehen auf YouTube: http://www.youtube.com/watch?v=067cRbrV2Qs

◻ **Abb. 6.10** Ausbildungsmarketing von Festo

Dies muss aber nicht sein, wie das Beispiel von Festo zeigt. Festo ist ein Esslinger Unternehmen im Bereich der Steuerungs- und Automatisierungstechnik, insbesondere bekannt durch seine Innovationen im Bereich der Pneumatik. Zur Gewinnung seiner zahlreichen Azubis veranstaltete das Unternehmen – so wie viele andere Arbeitgeber auch – Tage der offenen Tür für Schüler und Eltern, meist an einem Freitagnachmittag. Die Zahl der Gäste schwand von Jahr zu Jahr. Der einfache Grund: **Tage** der offenen Tür seien laut Aussage der Zielgruppe »uncool«. Besser wäre eine **Nacht** der offenen Tür. Und so wurde – ähnlich wie es FARBEN+FORMEN taten – über eine URL für diese Veranstaltung geworben: www.nacht-der-bewerber.de. Diese URL wurde auf mehrere Meter lange Banner gedruckt und an prominenten Plätzen im Umkreis Esslingen platziert (◻ Abb. 6.10). Die Maßnahme war ein voller Erfolg.

Jedes Jahr strömen Tausende von Studenten zum Absolventenkongress nach Köln. Die meisten reisen mit der Bahn und passieren den Bahnhof Köln-Messe/Deutz. Im Jahr 2010 entschied die Deutsche Bahn, nicht mit einem eigenen Stand auf der Messe präsent zu sein. Stattdessen verteilten sympathische Mitarbeiter der Deutschen Bahn auf den hauseigenen Bahnsteigen kleine Booklets: »Der Firmenchecker – heute stellen Sie die Fragen«. Dabei handelte es sich um ein gut aufgemachtes, ringgebundenes Buch, das Absolventen nutzen konnten, um auf dem Besuch der Messe relevante Fragen über die Arbeitgeber zu notieren, mit denen sie dort ins Gespräch kamen. Natürlich versäumte es die Deutsche Bahn nicht, sich selbst auf dem »Firmenchecker« als attraktiven Arbeitgeber anzupreisen.

Die Darstellung all dieser Beispiele erfolgt keinesfalls mit der expliziten Empfehlung, diese nachzuahmen. Ich denke aber, Unternehmen täten gut daran, über Ansätze nachzudenken, die nicht in den vielen Lehrbüchern über Personalmanagement stehen. Vieles hat sich in den vergangenen Jahren geändert, die Art der Kommunikation oder der Fortbewegung. Der technische Fortschritt hat die Art und Weise, wie Menschen in den westlichen Industrieländern leben

Viele wirksame Maßnahmen stehen nicht in den Personalmanagement-Lehrbüchern

und arbeiten, drastisch verändert. Aber die Methoden der Personalgewinnung scheinen heute noch dieselben zu sein wie vor 50 Jahren. Personalgewinnung und Personalmanagement im Allgemeinen sind äußerst spannende und herausfordernde Themenfelder. Zugleich erleben wir in diesem Feld seit Jahren sehr wenige Überraschungen und funktionierende, innovative Neuerungen. Als Professor für Personalmanagement freue ich mich daher über Ansätze, die frech, kreativ und eben anders sind als das, was seit Jahrzehnten in den Lehrbüchern zur Personalwirtschaft steht.

Die Zielgruppe hat die besten Ideen

Außergewöhnliche Ideen entstehen selten in der Personalabteilung allein. Gerade Mitarbeiter in der Personalabteilung, die es seit Jahren gewohnt sind, mit Stellenanzeigen oder Personalberatungen zu arbeiten, neigen kaum dazu, gänzlich neue Wege einzuschlagen. Hier sind inspirierende Einflüsse von außen gefragt, insbesondere von Seiten der Zielgruppe. Deshalb empfehle ich in diesem Zusammenhang die Durchführung so genannter Innovationsworkshops, in denen HR gemeinsam mit der Zielgruppe und ausgewählten Querdenkern über neue Ideen nachdenken. Dazu bedarf es eines moderierten Settings und der Nutzung von Kreativtechniken in einem ungezwungenen, informellen Rahmen (s. hierzu das Beispiel von Haniel/Metro in folgender Übersicht).

Innovationsworkshop bei Haniel/Metro 2010
Die Unternehmensgruppe Haniel, zu der auch der weltweit größte Handelskonzern Metro gehört, stellte sich 2010 die Frage, was junge Leute tun würden, wenn sie für Personalmarketing und Recruiting verantwortlich wären. Ich hatte das Glück, zusammen mit Haniel/Metro hierfür einen ganztägigen Innovationsworkshop mit 60 Studenten, Schülern, Azubis, Praktikanten und Trainees konzipieren und moderieren zu dürfen. Der Workshop fand in entspannter Atmosphäre in der Haniel-Akademie in Duisburg statt. Einen Tag lang wurden spielerisch, individuell oder in Gruppen konkrete Ideen rund um vier Fragen entwickelt und bewertet: Wie sollen talentierte Menschen auf einen Arbeitgeber aufmerksam gemacht werden? Wie findet man gute Leute? Wie überzeugt man sie als Arbeitgeber, und wie können vielversprechende Kandidaten langfristig gebunden werden? Am Vormittag wurden vor allem Aufwärmübungen gemacht, beispielsweise indem die Teilnehmer mit unterschiedlichen Materialien (Zeitschriften, Stiften, Knete usw.) auf Pinnwänden ihre ideale Karrierewebseite bastelten. Mit unterschiedlichen Brainstorming-Methoden wurden unterschiedliche relevante Themen aufgewühlt. In einer sehr schnellen Folge von Übungen wurden die jungen Leute an das Thema herangeführt, und vor allem sollten sie sich für die Thematik öffnen. Über dem ganzen Tag stand das Motto: »Alles ist erlaubt«. Während am Vormittag Geschwindigkeit, Offenheit und Spontanität im Vordergrund standen, ging es am Nachmittag

> darum, konkrete Ideen zu den oben genannten vier Fragen zu entwickeln, inspiriert durch die Ergebnisse aus dem Vormittag. Diese Ideen waren dann die Grundlage für eine Bewertung derselben mittels Punktevergabe. Der Workshop lieferte am Ende 240 konkrete Ideen, die in einem Folgetermin von der Projektgruppe gesondert bewertet und hinsichtlich ihrer Wirkung, ihres Aufwands und ihrer Machbarkeit priorisiert wurden.
>
> Dieser Tag war für alle Beteiligten äußerst inspirierend und hat allen viel Spaß bereitet. Neben den konkreten Ergebnissen hatte diese Veranstaltung für Haniel/Metro einen erheblichen Image-Gewinn zur Folge. Einen so erfüllten, lebendigen und konstruktiven Tag hatten die meisten von Haniel/Metro damals nicht erwartet.

Inspiriert und ermutigt durch die ersten Erfolge, legte FARBEN+FORMEN übrigens mit einer weiteren Guerilla-Maßnahme nach. So wurden vor dem Eingangsbereich namhafter Werbeagenturen in Frankfurt täuschend echt aussehende Hundehaufen platziert. Darauf prangte ein Fähnchen mit dem Hinweis auf attraktive Karrieremöglichkeiten, gepaart mit dem Satz: »Heute wieder Scheiße drauf?« Hauptsache, diese Aktion kam bei der relevanten Zielgruppe gut an.

Zu Beginn dieses Kapitels wurden in ◻ Abb. 6.1 etliche Suchstrategien überblicksartig dargestellt. Die meisten der dort genannten Strategien wurden bislang detailliert erläutert, mit Ausnahme zweier Ansätze: Tribal Recruiting und die Abwerbung des Recruiters. Hierauf soll abschließend und der Vollständigkeit wegen kurz eingegangen werden. Zunächst zu **Tribal Recruiting**. Viele Unternehmen kennen den Effekt, dass, wenn sie einen leistungsstarken Mitarbeiter verlieren, häufig mehrere Kollegen gemeinsam mit diesem Mitarbeiter das Unternehmen verlassen. Solche Situationen sind für das jeweilige Unternehmen besonders schmerzhaft. Sie zeigen aber eine natürliche Tendenz von Menschen und Mitarbeitern, in vertrauten sozialen Konstellationen bleiben zu wollen. Für Arbeitgeber bedeutet dies, dass es häufig recht einfach ist, neben einem herausragenden Mitarbeiter gleich ein gesamtes Team oder zumindest etliche Kollegen des neuen Mitarbeiters mit zu gewinnen. Diese Chance kann theoretisch genutzt werden, indem man einen einzelnen Mitarbeiter, den man für das Unternehmen gewinnt, aktiv ermuntert, weitere Kollegen zu nennen, um diese ebenfalls einzustellen oder zumindest in Betracht zu ziehen. Der Professor für Personalmanagement an der Harvard-Universität Boris Groysberg empfiehlt eine solche Strategie sogar angesichts seiner umfangreichen Forschungen, die er im Zusammenhang mit der Einstellung von »Stars« unternommen hat (Groysberg, 2010; Groysberg, Nanda & Nohira, 2004). Deutlich zeigten er und seine Kollegen, dass leistungsstarke Mitarbeiter bei einem neuen Arbeitgeber und in einem neuen Umfeld in ihrer Leistung häufig zusammenbrechen und nicht mehr die Ergebnisse bringen, zu denen sie zuvor im Stande

Gewinnung ganzer Teams

waren. Groysberg erklärt dies insbesondere durch die Veränderung des sozialen, professionellen Umfelds eines betroffenen Mitarbeiters. Dies führt ihn zu der Schlussfolgerung, man solle sich als Arbeitgeber darum bemühen, nicht nur einzelne Talente zu gewinnen, sondern ganze funktionierende Teams. Es bedarf keiner besonderen Erwähnung, dass man sich als Unternehmen mit der Strategie, ganze Teams zu gewinnen, nicht unbedingt Freunde in der Personaler-Community macht. Ich kenne auch kein Unternehmen, das von sich behauptet, diese Strategie aktiv zu verfolgen. Aber zumindest sollte man diesen Ansatz kennen und sich dessen bewusst sein, dass in der Zukunft vermutlich immer mehr Unternehmen dazu übergehen werden, auch auf dieses Instrument zurückzugreifen.

Noch aggressiver ist die Strategie, systematisch **Recruiter vom Wettbewerber abzuwerben**. Wer einen Recruiter vom Wettbewerber einstellt, gewinnt nicht nur eine Person mit entsprechenden Kompetenzen und Erfahrungen. Vor allem bringt dieser Recruiter Netzwerke und Einblicke in die Praktiken des Wettbewerbs mit. Ich meine damit nicht, dass eine solche Person während der letzten Arbeitstage beim bisherigen Arbeitgeber die Daten der dortigen Bewerberdatenbanken und Talente-Pools auf ihre externe Festplatte saugt. Ich denke vielmehr an Legales und Unvermeidliches. Auch ein Recruiter, der das Unternehmen wechselt, wird sein Gedächtnis weder formatieren können noch wollen. Ob Unternehmen diese Strategie der Abwerbung von Recruitern aktiv verfolgen, vermag ich nicht zu beurteilen. Objektiv ist natürlich zu beobachten, dass auch Recruiter ihre Arbeitgeber wechseln und dies nicht selten innerhalb ihrer Branchen.

6.8   Fazit und abschließende Empfehlungen

Einige der in diesem Kapitel beschriebenen Ansätze werden etlichen Lesern vom Grundsatz her nicht neu sein. Immer mehr Unternehmen nutzen Xing zur Identifikation von Kandidaten oder führen Mitarbeiterempfehlungsprogramme durch. Auch Maßnahmen im Kontext Hochschulmarketing sind einem Großteil der Arbeitgeber geläufig. Trotzdem wage ich die Hypothese, dass die umfassenden Gestaltungsmöglichkeiten, die hier beschrieben wurden, deutlich weiter gehen, als man im Alltag vieler Personalabteilungen wiederfindet. Ein Großteil der Aktivitäten in den meisten Unternehmen sind dazu geeignet, aktiv suchende Bewerber zu gewinnen, versagen aber bei der Rekrutierung passiver Kandidaten. Und Letztere wird es aufgrund des zunehmenden Fachkräftemangels immer mehr geben.

In den vielen Seminaren und Vorträgen, in denen ich auf die hier behandelte Thematik eingehe, erlebe ich größtenteils Zuspruch von Personalern, aber auch von Geschäftsführern. Es fehlt keineswegs an der Motivation, neue Ideen umzusetzen. Nur stellt sich aber den Meisten die Frage, wie man aktive Suchstrategien konkret angehen soll. Nicht zuletzt besteht auch auf Seiten der Personaler und Manager das Problem begrenzter zeitlicher und finanzieller Ressourcen. Deshalb soll hier abschließend eine Reihe von Empfehlungen kurz skizziert werden.

— Wie oben erläutert, können Suchstrategien entlang der Dimensionen Aggressivität und Einbindung der Fachbereiche kategorisiert werden. Für ein Unternehmen bilden diese beiden Dimensionen wichtige Leitplanken im Hinblick auf ihre eigene Strategie. Wie aggressiv wollen wir sein? Auf wieviel Engagement aus den Fachbereichen können wir setzen? Diese beiden Fragen liefern zunächst einen groben Orientierungsrahmen. Natürlich können einzelne Maßnahmen entsprechend abgemildert werden. So muss beispielsweise Guerilla Recruiting nicht immer aggressiv sein. Mir erscheint nur wichtig, dass man als Arbeitgeber seine Möglichkeiten klar absteckt und definiert, in welchem Bereich man sich bewegen kann und will. Hier kommt natürlich auch die Kultur des Unternehmens zum Tragen. Hierauf wird detaillierter in ▶ Kap. 9 eingegangen.

— Ein regelrechter Imperativ bei der Entwicklung eigener Suchstrategien ist die Einbindung der Zielgruppe und der betroffenen Fachbereiche. Wer etwa IT-Spezialisten zu seiner kritischen Zielgruppe rechnet, sollte mit Vertretern dieser Zielgruppe über mögliche Ansätze und deren praktische Ausgestaltung diskutieren. Im Zusammenhang mit der Entwicklung von Guerilla-Maßnahmen wurde hierauf bereits explizit Bezug genommen. Dies gilt aber genauso für die meisten anderen Ansätze wie Mitarbeiterempfehlungsprogramme oder Campus Recruiting (Wh). Je mehr Einbindung der Fachbereiche bei der Umsetzung von Ideen erforderlich ist, desto näher liegt es, die Fachbereiche bei der Konzeption von Suchstrategien abzuholen und deren Sichtweise zu integrieren.

— Wie bereits angedeutet, sind bereits viele Unternehmen bezüglich der hier dargestellten Ansätze irgendwie aktiv. Aber wie so oft geht es hier nicht nur darum, die richtigen Dinge zu tun, sondern die Dinge richtig zu tun. Diese Empfehlung ist zugegebenermaßen immer richtig. Aber aufgrund meiner eigenen jahrelangen Beobachtungen habe ich den Eindruck gewonnen, dass Vieles nicht mit der gebotenen Nachhaltigkeit und Verpflichtung getan wird. Man kann irgendwie auf Xing nach Kandidaten suchen und sie ansprechen oder aber auf professionelle Weise. Man kann mit Aushängen und sporadischen Vorträgen an Hochschulen präsent sein oder ein echtes Campus Recruiting realisieren, basierend auf einem funktionierenden Netzwerk und mit wirksameren Maßnahmen. Bei Mitarbeiterempfehlungsprogrammen gibt es sehr unterschiedliche Spielarten. Die einen Unternehmen praktizieren solche Programme irgendwie im Sinne eines »Das machen wir auch«. Andere Unternehmen betreiben eine Empfehlungsmaschinerie auf Hochtouren und ernten entsprechende Erfolge.

Natürlich sind Wahl und Ausgestaltung der geeigneten Suchstrategien von internen Rahmenbedingungen im Unternehmen abhängig. Die Unternehmenskultur oder die Bereitschaft der Fachbereiche sich zu engagieren wurden bereits genannt. In ► Kap. 9 wird auf dieses Thema tiefer eingegangen. Zuvor sollen aber weitere Aspekte eines TRM behandelt werden.

6

Kandidatenbindung

Kommen wir nun nach der Behandlung des Arbeitgeberversprechens und der aktiven Suchstrategien zum dritten Baustein eines TRM: der Kandidatenbindung. Die Idee ist im Kern denkbar einfach. Gute Leute trifft man häufig nur einmal im Leben. Als Arbeitgeber sollte man deshalb einiges tun, um dauerhaft an jenen vielversprechenden Kandidaten dran zu bleiben, die man – bei welcher Gelegenheit auch immer – kennengelernt und für das Unternehmen als grundsätzlich geeignet erachtet hat. Ein Beispiel mag diese Idee verdeutlichen. Ein junger Mensch hat im Unternehmen eine Ausbildung genossen und ist dabei als talentierte, motivierte und darüber hinaus sozial engagierte Person aufgefallen. Man hätte gerade diesen Absolventen nur zu gerne übernommen, aber weil er sich seines Potenzials bewusst ist, entschließt er sich, seine Ausbildung durch ein Studium zu erweitern. Man gönnt es dem ehemaligen Azubi und begrüßt diesen Schritt sogar. Kandidatenbindung in diesem Fall würde nun bedeuten, zu dieser Person aktiv Kontakt zu halten mit dem Ziel, sie nach dem Studium fürs Unternehmen gewinnen zu können. Dies ist aber nur ein Beispiel, das lediglich die Idee an sich verdeutlichen soll.

Im Folgenden geht es um die Frage, wie man solche Kandidaten auswählt, wo sie herkommen, wie man aktiv eine Beziehung pflegt und dabei den Überblick bewahrt. Wie schon bei den bisherigen Ansätzen klingt die Idee zunächst einfach. In der Umsetzung stellen sich aber vielfältige Fragen. Das folgende Kapitel soll hier zu mehr Klarheit, Inspiration und Orientierung beitragen.

7.1   Der Kandidatenbindungszyklus

Bewerberdatenbanken waren selten erfolgreich

In den 90er-Jahren oder spätestens zu Beginn des neuen Jahrhunderts gingen immer mehr Unternehmen dazu über, Bewerber, die für die Stelle, für die sie sich beworben haben, zwar als nicht geeignet eingestuft wurden, aber trotzdem irgendwie interessant erschienen, in einer Bewerberdatenbank »warmzuhalten«. Die Bewerber erhielten ein freundliches Schreiben mit dem Credo: »Tut uns leid, aber für *diese* Stelle entsprechen Sie nicht den notwendigen Anforderungen, aber mit Ihrer Zustimmung erlauben wir uns, Ihre Bewerbung weiterhin aufzubewahren. Sobald wir eine geeignete Stelle für Sie gefunden haben, werden wir Sie wieder kontaktieren«, oder so ähnlich. Man weiß, was dann passierte: wenig bis gar nichts. In einer eigenen Studie mit gefälschten aber dafür qualitativ hochwertigen Bewerbungen konnte ich dies im Jahr 2005 eindrücklich nachweisen (Trost, 2005). Die meisten Bewerberdatenbanken entwickelten sich zu Datenfriedhöfen, zu Vertröster-Pools, gefüllt mit einer unüberschaubaren Zahl von B-Kandidaten. Tatsächlich verlor man den Überblick und die Bewerber aus den Augen. Als Recruiter setzte man kein Vertrauen mehr in die vorliegenden Daten, denn außer den veralteten Bewerbungen hatte man über die Kandidaten nichts in der Hand. Dieser gescheiterte Ansatz war ein erster Schritt in Richtung Kandidatenbindung,

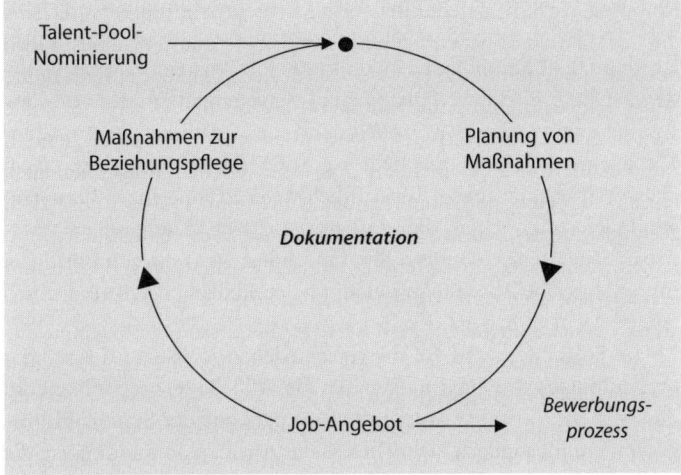

Abb. 7.1 Der Kandidatenbindungszyklus

ein Versuch, gute Bewerber nicht aus den Augen zu verlieren. Zumindest ging man dazu über, Personen, deren Bewerbungsunterlagen man nun hatte und deren Interesse am Unternehmen man gewiss war, nicht gänzlich über Bord zu kippen.

Was diesem Ansatz aber offensichtlich fehlte, waren das nötige Maß an Fokussierung auf die wirklich Guten und die notwendige Systematik sowie Nachhaltigkeit im Umgang mit diesen Bewerbern. Es gehört also weit mehr dazu, als man durch einen regelmäßigen Kandidatenbindungszyklus beschreiben kann (**◻** Abb. 7.1).

Der Talent-Pool ist zunächst nichts anderes als eine Liste oder Datenbank von Personen, zu denen man als Arbeitgeber Kontakt halten möchte. Nun werden auf individueller oder Gruppenbasis Maßnahmen zur Beziehungspflege ins Auge gefasst. In manchen Fällen bedeutet dies die Vermittlung eines konkreten Job-Angebots. Meist sind es aber zunächst andere Maßnahmen zur Beziehungspflege, die geplant und umgesetzt werden. Entlang dieses Zyklus ist es erforderlich, Informationen über die Kandidaten im Talent-Pool zu dokumentieren und zu aktualisieren.

Die Analogie zu einem klassischen Vertriebsprozess ist mehr als zufällig. Kandidatenbindung ist im weitesten Sinne eine Art Vertriebstätigkeit. In einem Vertriebsprozess insbesondere im Industriegüterbereich (»Business-to-Business« – B2B) unterscheidet man zwischen »Suspects«, »Prospects«, »Leads«, »Opportunities« und »Accounts«. »Suspects« sind nichts weiter als Kontakte, »Prospects« sind ernst zu nehmende Kontakte, bei »Leads« besteht bereits ein Interesse aufseiten des potenziellen Kunden. Von »Opportunities« spricht man dann, wenn ein Angebot auf dem Tisch liegt. »Accounts« sind schließlich Kunden, mit denen man Geschäfte macht. Im weitesten Sinne handelt es sich bei Kandidaten im Talent-Pool um qualifizierte Leads, also um Personen, die man bereits einigermaßen kennt und deren Eignung

TRM ist eine Art Vertriebsaufgabe

man positiv beurteilt. Darüber hinaus haben sie zumindest ein latentes Interesse an einer Beschäftigung artikuliert. Eine »Opportunity« ist, wenn dem Kandidaten ein konkretes Job-Angebot vorgelegt wurde. Der Begriff »Talent-Relationship-Management« macht auf diese Analogie zum Vertrieb, wo zunehmend von »Customer-Relationship-Management (CRM)« die Rede ist, aufmerksam. Ich glaube sogar, dass Vertriebsmitarbeiter hinsichtlich vieler Kompetenzen hervorragende Recruiter wären, da sie nicht nur die oben aufgezeigte Systematik beherrschen, sondern die notwendige Motivation mitbringen, um erfolgreiche Abschlüsse zu kämpfen, und dabei bereit sind, einen langen Atem zu haben.

Im Folgenden wird auf die verschiedenen Aspekte des Kandidatenbindungszyklus eingegangen. An dieser Stelle sei bereits bemerkt, dass sich eine etwaige Komplexität weniger aus der Systematik insgesamt ergibt, sondern vielmehr aus der Anzahl von Kandidaten, die im Rahmen eines solchen Zyklus in Betracht gezogen werden. Wer diese Kandidaten sein können und wo sie herkommen, behandelt der nächste Abschnitt.

7.2   Entwicklung eines Talent-Pools

Beim Aufbau eines Talent-Pools sind zwei Überlegungen relevant. Zum einen geht es um die Frage, woher die Kandidaten für einen Talent-Pool kommen. Andererseits sollte bei der Aufnahme von Kandidaten eine systematische Priorisierung vorgenommen werden. Kandidaten für einen Talent-Pool können aus sehr unterschiedlichen Quellen stammen. Folgende Quellen können hierbei in Betracht gezogen werden:

Es gibt zahlreiche Quellen für einen Talent-Pool

- Ehemalige **Praktikanten**, die sich während ihrer Praktikumsphase auf besondere Art und Weise hervorgetan haben. In den meisten Unternehmen schließt ein Praktikum mit einer dezidierten Beurteilung des Praktikanten durch seinen Betreuer ab. Hier können diese Betreuer angeben, ob es sich bei diesem Praktikanten um einen potenziellen Kandidaten für den Talent-Pool handelt. Üblicherweise findet dann ein weiteres Assessment statt, wo der Praktikant beispielsweise eine Präsentation vor einer Gruppe weiterer Führungskräfte oder Kollegen hält, die er bis zu diesem Zeitpunkt noch nicht kennengelernt hat. Bewährt sich der Praktikant in dieser Situation, wird er in den Talent-Pool aufgenommen. Häufig werden dieser Schritt und die weiteren Aktivitäten der Kandidatenbindung als Teil des Hochschulmarketings betrachtet (s. unten, Übersicht: »Das KIT-Programm von PwC«). In analoger Weise kann natürlich mit Studenten umgegangen werden, die im Unternehmen eine Bachelor- oder Masterarbeit geschrieben haben.
- Ehemalige **Auszubildende**, die zwar ein Übernahmeangebot in der Tasche haben, aber beschlossen haben, ihre Ausbildung durch ein Studium zu ergänzen. Hier gilt dieselbe Logik wie bei ehe-

maligen Praktikanten. Der Vorteil ist, dass man ziemlich klar absehen kann, wann die Kandidaten dem Arbeitsmarkt wieder zur Verfügung stehen werden und welchen Mehrwert sie durch ihre zusätzliche Ausbildung erzielen.

— Ehemalige **Mitarbeiter oder Alumni**. Man kann Mitarbeiter, die ein Unternehmen auf eigenen Wunsch verlassen, dauerhaft als Abtrünnige verdammen oder in ihnen eine Chance sehen. Viele ehemalige Mitarbeiter verlassen ihren Arbeitgeber mit guten Erinnerungen und können sich durchaus vorstellen, irgendwann zu ihrem ehemaligen Arbeitgeber zurückzukehren (Bumerang-Kandidaten). Die Erfahrungen, die Mitarbeiter dann woanders gewinnen, können für einen Arbeitgeber durchaus von erheblichem Nutzen sein. Insofern böte es sich an, im Rahmen des üblichen Abschlussgesprächs die Rückkehrmotivation eines Noch-Mitarbeiters zu erörtern oder zumindest ein entsprechendes Gespräch nach einem vereinbarten Zeitintervall zu vereinbaren (vgl. Sertoglu & Berkowitch, 2002).

— Mitarbeiter, die ein **Job-Angebot abgelehnt** haben. Es gibt Fälle, in denen ein Bewerber ein Job-Angebot abgelehnt hat, weil er aufgrund seiner individuellen Karriereplanung zunächst einen anderen Schritt bevorzugt, sich aber durchaus vorstellen kann, irgendwann doch ein Angebot anzunehmen. Meist liegen hierfür äußere, private Gründe vor, gepaart mit persönlichen, kurz- und mittelfristigen Karrierepräferenzen. Ein Kandidat möchte zunächst für ein paar Jahre ins Ausland oder die familiäre Situation lässt es zum jetzigen Zeitpunkt nicht zu, ein aktuelles Angebot anzunehmen. Vergleichbares gilt für Fälle, wo vielversprechende Bewerber im Laufe des Auswahlprozesses ihre Bewerbung aus eigenen Stücken zurückziehen.

— So genannte »**Second-Bests**«. Nicht selten lernt man im Rahmen eines Bewerbungsprozesses Kandidaten kennen, die zwar für die ausgeschriebene Stelle nicht geeignet sind bzw. für die ein besserer, anderer Kandidat zur Verfügung steht, die aber trotzdem fachlich und persönlich überzeugt haben.

Die oben aufgezählten und skizzierten Quellen gehören wohl zu den klassischen Quellen. Natürlich ist darüber hinaus noch eine Vielzahl anderer Herkünfte denkbar. Manche Unternehmen sind dazu übergegangen, ihre Ferienaushilfskräfte oder Werkstudenten systematisch zu bewerten. Über die im vorherigen Kapitel beschriebenen Suchstrategien kann man auf Kandidaten aufmerksam werden, von deren Eignung man überzeugt ist, wo ein wechselseitiges Interesse besteht, aber der aktuelle Zeitpunkt eben nicht der richtige ist, ein Beschäftigungsverhältnis zu beginnen.

Es wäre verfehlt, einen möglichst umfangreichen Talent-Pool anzustreben, auch wenn ein Unternehmen sich in der glücklichen Lage befände, viele der oben genannten Quellen erfolgreich nutzen zu können. Wie weiter unten noch deutlich wird, ist die langfristige Pflege von Beziehungen eine aufwendige Angelegenheit. Es fällt schwer, an

Talent-Pools erfordern eine Priorisierung von Kandidaten

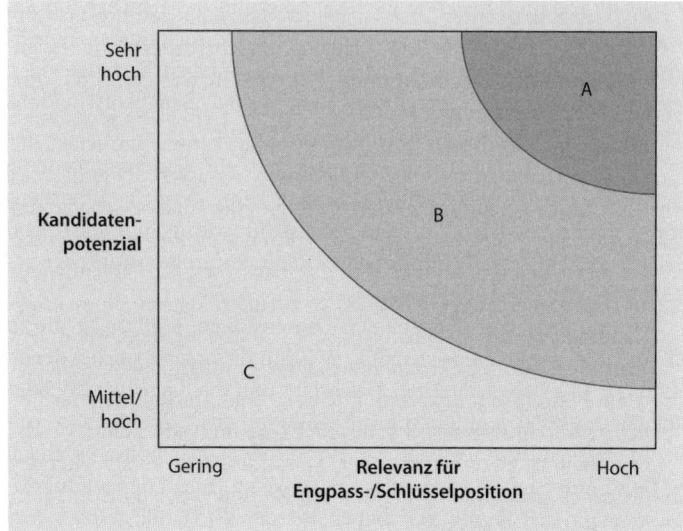

◘ Abb. 7.2 Priorisierung von Kandidaten für den Talent-Pool

dieser Stelle eine quantitative Orientierung zu geben, aber für ein Unternehmen mit 100 Mitarbeitern sehe ich einen Pool eher mit der Größe von zehn Kandidaten als einen mit 50. Für ein Unternehmen mit 1.000 Mitarbeitern könnte eine Pool-Größe von 30–50 realistisch sein. Aber dies sind nur intuitive Schätzungen. Am Ende wird die Pool-Größe unter anderem vom Leidensdruck und vom Personalbedarf abhängen. Die eigentliche Botschaft soll hier sein, dass eine Priorisierung von Kandidaten ein wichtiger Erfolgsfaktor für eine funktionierende Kandidatenbindung darstellt.

Für diese Priorisierung können unterschiedliche Kriterien herangezogen werden. Im Folgenden werden zwei Dimensionen nahegelegt. Einerseits sollte ein Kandidat, der in einen Talent-Pool aufgenommen wird, über ein hohes Leistungspotenzial verfügen. Andererseits sollten jene Kandidaten bevorzugt werden, die für die Besetzung von Schlüssel- oder Engpassfunktionen infrage kommen (◘ Abb. 7.2).

Die am nächsten liegende Dimension ist die des Kandidatenpotenzials. Natürlich macht es nur Sinn, zu solchen Personen dauerhaft Kontakt zu halten, von denen man annimmt, sie würden im Falle einer Einstellung unmittelbar oder nach einer Lernphase eine überdurchschnittliche Leistung erbringen. Hier stellt sich die Frage, wie man dieses Potenzial einschätzen kann. Ähnlich wie im Kontext Talent-Scouting diskutiert, ist Potenzial etwas Hypothetisches und nicht immer kennt man einen Kandidaten so gut, dass man über die Grundlage einer validen Einschätzung verfügt. Auch hier zählen die bisherigen Leistungen und insbesondere die Leistungsentwicklung eines Kandidaten. Darüber hinaus spielen die Einschätzung der Motivationslage sowie die Begeisterungsfähigkeit des Kandidaten eine Rolle. Es mag an dieser Stelle unbefriedigend anmuten, aber hier sind in der Praxis die subjektive Einschätzung und das Bauchgefühl gefragt. Auf mehr kann man eben meist nicht zurückgreifen. Tröstlicherweise haben neue psychologische Forschungen bestätigt, dass, wenn man über ausreichend Erfahrung verfügt, Bauchentscheidungen häufig die besseren sind (Gigerenzer, 2008).

Einfacher ist einzuschätzen, inwieweit ein Kandidat für eine Schlüssel- oder Engpassfunktion infrage käme. Manche Unternehmen sehen Kandidatenbindung sogar nur für solche Funktionen vor. Hier besteht der größte Leidensdruck oder das größte strategisch relevante Risiko einer Fehlbesetzung.

Kombiniert man diese beiden Dimensionen, ergibt sich die in ◻ Abb. 7.2 dargestellte Systematik. A-Kandidaten sind solche, denen man ein sehr hohes Potenzial zuschreibt und die für Schlüssel- oder Engpassfunktionen langfristig infrage kommen. C-Kandidaten weisen demgegenüber entweder nur ein mittleres oder hohes Potenzial auf und/oder sind nur begrenzt für Schlüssel- und Engpassfunktionen geeignet. B-Kandidaten haben dieser Systematik zufolge eine mittlere Priorität.

Das KIT-Programm von PwC

PricewaterhouseCoopers (PwC) gehört bekanntermaßen neben KPMG, Deloitte und Ernst & Young zu den »Big Four« im Bereich der Wirtschaftsprüfung. Alle kämpfen sie weltweit um die besten Absolventen, insbesondere im Bereich der Betriebswirtschaftslehre. Allein PwC hat einen jährlichen Bedarf von mehr als 1.000 Absolventen. Zur Deckung dieses Bedarfs hat PwC ein mustergültiges TRM auf die Beine gestellt. Dort hat dieses Programm den klingenden Namen KIT, was so viel heißt wie »Keep in Touch«. Es geht um die frühzeitige Identifikation und Bindung vielversprechender Praktikanten. Heute schafft es PwC, allein über dieses Programm 30% seines Bedarfs zu decken. Aufgrund des bisherigen Erfolgs wurden die Ziele für die Zukunft aber deutlich höher angesetzt.

PwC verfügt über einen Talent-Pool (dort heißt es »Talentpipeline«), der entsprechend dem aktuellen Status der Studenten und deren Leistung in vier Bereiche eingeteilt wird. Die Gruppe der »Joiner« umfasst alle aktuellen Praktikanten. Die wichtigsten Bereiche sind die Gruppen »Advanced« und »Community«. Ehemalige Praktikanten, die eine sehr gute Beurteilung erfahren haben, gehören zu dieser wichtigsten Gruppe. Ehemalige Praktikanten mit guter Leistung werden der Gruppe »Community« zugeordnet. Letztere ist mit 50% die größte Gruppe. Schließlich gibt es die »Contact«-Kategorie, mit der man in Kontakt bleiben möchte, die aber eine untergeordnete Priorität hat. Im Fokus stehen die Gruppen »Community« und »Advanced«. Entsprechend unterschiedlich sind am Ende die Maßnahmen, die man für die verschiedenen Gruppen umsetzt. So wurde beispielsweise mit ehemaligen Praktikanten der »Advanced«-Gruppe im Jahr 2010 ein zweitägiger Törn auf einem Segelschiff durchgeführt. Dabei kam neben inhaltlichen Themen und Einblicken in die Arbeitswelt der Faktor Spaß zweifelsohne nicht zu kurz.

Ein zentrales Kriterium wurde bislang nicht explizit erwähnt, sollte aber Voraussetzung für alle Kandidaten in einem Talent-Pool sein: Alle Kandidaten sollten explizit ein glaubhaftes, langfristiges Interesse an einem Job artikuliert haben. Zumindest sollten sie dies nicht ausschließen. Umgekehrt macht es keinen Sinn, zu Personen eine Beziehung zu pflegen, die von Anfang an signalisieren, niemals an einem Job interessiert zu sein oder eine Beschäftigung kategorisch für jetzt und in Zukunft ausschließen. Dies schließt aber nicht aus, dass man mit solchen Kandidaten weiterhin Kontakt pflegt, wenn sie bei der Vermittlung weiterer wertvoller Kontakte hilfreich sein können.

Kandidaten im Talent-Pool sollten wissen, dass man an ihnen interessiert ist

Dies führt uns zu einem ganz entscheidenden Punkt: Kandidaten sollten nicht nur wissen, dass sie für einen Talent-Pool ausgewählt sind, sondern auch, dass man an ihnen explizit interessiert ist. Zumindest sollte dies spätestens dann, wenn man als Arbeitgeber von der Qualität eines Kandidaten sicher überzeugt ist, angestrebt werden. Nominierte Kandidaten sollten wissen, dass alle Bindungsmaßnahmen dazu da sind, um sie früher oder später für das Unternehmen zu gewinnen. Es macht keinen Sinn, daraus ein Geheimnis zu machen. Und wenn ein Kandidat dies nicht oder nicht mehr will, sollte man ihn aus dem Pool nehmen. Kandidaten sind nicht dumm und können ohnehin einschätzen, warum sie beispielsweise zum Geburtstag eine Karte zugesandt bekommen oder zu einschlägigen Events eingeladen werden. Im Produktmarketing oder -vertrieb ist dies schließlich genauso. Abgesehen davon ist aus meiner Sicht die klare und überzeugende Botschaft »Wir hätten gerade Sie gerne als Mitarbeiter bei uns – früher oder später« mit das Beste, was man im Rahmen der Personalgewinnung auf individueller Basis tun kann.

7.3   Bindungsmaßnahmen

Ein zentraler Aspekt der Kandidatenbindung und des TRM überhaupt sind die Maßnahmen, die dazu dienen, eine langfristige Beziehung zu einem vielversprechenden Kandidaten im Talent-Pool aufzubauen und zu pflegen. Im obigen Kandidatenbindungszyklus (◘ Abb. 7.1) ist dies durch die Punkte Planung und Umsetzung der Maßnahmen angedeutet. Eine spezielle Maßnahme, die in diesem Zyklus ebenfalls angedeutet ist, besteht im Angebot konkreter Job-Möglichkeiten. Hierauf wird weiter unten detaillierter eingegangen.

In gewisser Weise haben Mitarbeiter in der Personalbeschaffung schon immer Kandidatenbindung betrieben, wenn auch auf eher kleiner Flamme. Ich kenne kaum einen Recruiter, der nicht irgendwo in einer speziellen Schublade die Bewerbungsmappen ausgewählter »Lieblinge« bunkert. Und von Zeit zu Zeit schaut man sich diese an und überlegt, ob es nicht einen Anlass gäbe, mal wieder den einen oder anderen Kandidaten anzurufen, eine Mail zu schreiben oder etwa ein persönliches Treffen zu avisieren. Das ist im Grunde bereits Kandidatenbindung. Aber es verdient die Bezeichnung Relationship-**Management** nicht. Management bedeutet zielgerichtete Systematik. Es geht nicht darum, irgendwann mit irgendwelchen Kandidaten irgendwas zu machen, wenn man mal etwas Zeit dafür findet. Kandidatenbindung sollte überlegt und gezielt erfolgen.

Dabei geht es aber auch nicht darum, Kandidaten mit teuren Maßnahmen zu penetrieren, um sie »über den Zaun zu locken«. Zwei Beispielmaßnahmen mögen verdeutlichen, wovon hier die Rede ist. Ein A-Kandidat äußerte im Rahmen eines Vorstellungsgesprächs seine große Begeisterung für eine bestimmte neue Technologie im Bereich elektronischer Nutzfahrzeuge. Nun wird einer der Vordenker dieser Technologie als »Keynote«-Sprecher auf einem Kongress in Deutschland angekündigt. Mit den Grüßen des Entwicklungsleiters sendet man diesem Kandidaten eine Einladung zu diesem Kongress und regt an, sich dort vor Ort eventuell zu treffen. Zweites Beispiel: In den Medien wird lobend über eine Neuentwicklung des Unternehmens berichtet. Den Kandidaten, die für die Forschung und Entwicklung infrage kämen, sendet man individuell, mit einem persönlichen Bezug eine Mail mit dem Artikel im Anhang und mit dem Hinweis: »Darauf sind wir besonders stolz. Das dürfte Sie interessieren.«

In regelmäßigen Abständen sollte man sich für die Kandidaten im Talent-Pool über mögliche Aktivitäten Gedanken machen. Ein extra dafür vorgesehenes, regelmäßiges Meeting, das beispielsweise einmal im Quartal stattfindet, wäre eine geeignete Vorgehensweise. Im Vertrieb sind Besprechungen dieser Art nicht wegzudenken. Auch dort spricht man in regelmäßigen Abständen, zum Teil wöchentlich, alle Prospects, Leads und Opportunities durch und entscheidet über die geeigneten nächsten Schritte. Um nichts anderes geht es hier im Rahmen der Planung von Bindungsmaßnahmen.

Nun ist nicht jede Maßnahme für jeden Kandidaten geeignet oder sinnvoll. Das Recruiting-Team sollte sich bei der Entscheidung über zukünftige Aktivitäten von wenigen wichtigen Regeln leiten lassen. So sollte die Maßnahme für den Kandidaten einen erkennbaren Wert haben. Eine Maßnahme muss die Präferenzen und Interessen eines Kandidaten treffen. Wenn dies nicht der Fall ist, läuft man Gefahr, den Kandidaten entweder zu belästigen oder Maßnahmen umzusetzen, die am Ende ins Leere laufen. Jede Bindungsmaßnahme sollte aus Sicht des Unternehmens mit der Überzeugung erfolgen, dem Kandidaten langfristig etwas Gutes zu tun.

Weiterhin sollte sich die Art der Maßnahme an der Priorität des Kandidaten orientieren. Je höher die Priorität eines Kandidaten (A, B oder C), desto mehr sollte man in die Beziehungspflege investieren. Dies bedeutet in erster Linie, dass bei umso höherer Priorität per-

Es geht nicht darum, Kandidaten »über den Zaun zu ziehen«

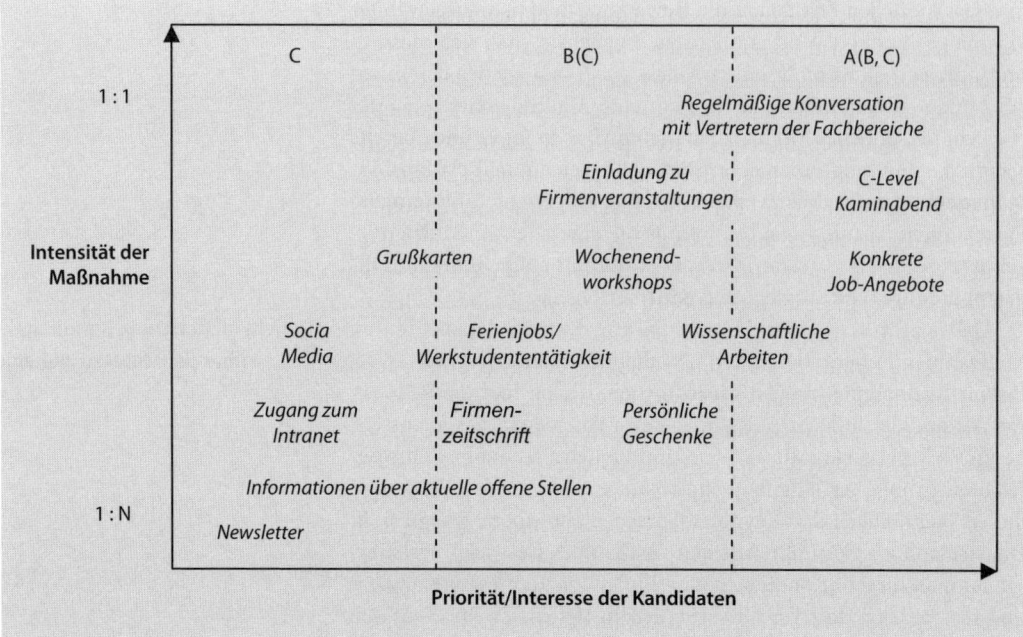

◻ **Abb. 7.3** Maßnahmen der Kandidatenbindung

sönlicher agiert werden sollte. Man spricht bei solchen Maßnahmen auch von 1:1-Maßnahmen, weil hier ein Bezug zwischen zwei Personen, dem Kandidaten einerseits und einem Unternehmensvertreter andererseits, hergestellt und gepflegt wird. Ich glaube grundsätzlich, dass im Rahmen der Kandidatenbindung nichts eine höhere Wirkung erzielt als persönlich vermittelte Wertschätzung und ein ehrliches Interesse an einem Menschen.

Je wichtiger ein Kandidat ist, desto intensiver sollte die Bindungsmaßnahme sein

Auch dann, wenn das Interesse eines Kandidaten an einem Job konkrete Formen angenommen hat, sollte man persönlicher und intensiver agieren. So wird man sich auch um einen C- oder B-Kandidaten intensiver kümmern, wenn die Wahrscheinlichkeit akut hoch ist, ihn nun für das Unternehmen gewinnen zu können. Um ein weiteres Mal die Analogie zum Vertrieb zu bemühen: Dort verhält es sich ebenso. Man wird dann, wenn ein Angebot auf dem Tisch (»Opportunity«) liegt und sich der potenzielle Kunde in einer akuten Entscheidungsphase befindet, einen größeren Vertriebsaufwand betreiben, als wenn es sich bei einem noch so attraktiven, qualifizierten Kunden bestenfalls um einen »Suspect«, einen ersten Kontakt, handelt.

In ◻ Abb. 7.3 sind unterschiedliche Bindungsmaßnahmen aufgezeigt und entsprechend den oben genannten Kriterien sortiert. Auf die verschiedenen Maßnahmen wird nachfolgend im Einzelnen eingegangen.

Newsletter

Natürlich sind **Newsletters** die naheliegende Maßnahme. Wann immer ich in Workshops die Frage stelle, was denn geeignete Aktivitäten sein könnten, wird fast immer der Newsletter als Erstes genannt.

Sie haben eine hohe Reichweite, weil man viele ohne größeren Aufwand in einem Schritt versenden kann. Mit modernen Mailing-Systemen kann man Mailing-Aktionen segmentiert nach unterschiedlichen Zielgruppen vornehmen, sodass beispielsweise Absolventen andere Mails bekommen als etwa ehemalige Praktikanten oder Berufserfahrene. Man kann verfolgen, wie viele Adressaten auf bestimmte Mail-Topics geklickt haben. Die Möglichkeiten sind unerschöpflich. Newsletter können aber auch schnell als lästige Spam empfunden werden. Nur ein geringer Anteil der Adressaten liest diese Mails wirklich. Gerade die jüngeren Generationen nutzen Mails immer seltener. Sie bevorzugen vielmehr Posts auf einer Facebook-Fanpage.

Man kann Kandidaten im Talent-Pool über aktuelle **offene Jobs** informieren. Hier ist allerdings Vorsicht geboten. Wenn man beispielsweise von einem Kandidaten weiß, dass für ihn in der nahen Zukunft eine Beschäftigung im jeweiligen Unternehmen nicht infrage kommt, dies klar artikuliert wurde und man sich darauf geeinigt hat, die nächsten Jahre in Kontakt zu bleiben, wären Informationen über aktuelle Vakanzen geradezu ignorant. Man würde damit signalisieren, dass man den aktuellen Status des Kandidaten nicht ernst nimmt. **Aktuelle Job-Angebote** sollten demgegenüber nur dann unterbreitet werden, wenn der Adressat zumindest ein latentes Interesse daran geäußert hat. Analog zum Vertrieb im Investitionsgüterbereich ist die beste Alternative die, Job-Angebote zum richtigen Zeitpunkt ganz gezielt zu unterbreiten. Diese sollten dann aber auch zu den Präferenzen des Kandidaten passen.

Job-Angebote

Eine einfache Möglichkeit der Kandidatenbindung ist der **Zugriff auf das Intranet** des Unternehmens. Meist handelt es sich hierbei nicht um das vollständige Intranet, sondern um eine gespiegelte Variante ausgewählter Seiten. Ähnlich wie im Falle von Newsletters ist hier fraglich, wie viele Kandidaten wirklich von diesem Angebot Gebrauch machen. Die Vorteile liegen aber darin, dass es sich hier um eine Pull-Variante handelt, bei der ein Kandidat selbst entscheiden kann, wie viel davon ihm nützt. Er wird nicht durch Newsletters (Push-Variante) oder dergleichen belästigt. Dieser Ansatz vermittelt dem Kandidaten zumindest ein Vertrauensverhältnis. Er erlebt eine gewisse Exklusivität, weil er Zugriff auf Informationen bekommt, auf die sonst nur Mitarbeiter des Unternehmens Zugriff haben.

Zugriff auf das Intranet

Die meisten Unternehmen haben eine eigene **Firmenzeitschrift** im Print-Format oder vergleichbare Medien, wie etwa Zeitschriften, die für Kunden und Partner gedacht sind. Eine einfache Möglichkeit, bei Kandidaten im Talent-Pool auf dem Radar zu bleiben, besteht nun darin, diesen die Firmenzeitschrift regelmäßig zukommen zu lassen. Auch wenn der Aufwand für Druck und Versand überschaubar ist, erleben Kandidaten dies doch als höherwertiges Signal. Dies gilt vor allem dann, wenn die Zeitschrift haptisch, inhaltlich und bezüglich des Designs gut aufgemacht ist. Der Nachteil von Firmenzeitschriften ist, dass man keinerlei Rückmeldung vonseiten der Kandidaten erfährt. Weder »Klicks« noch »Likes« können verfolgt werden. So

Firmenzeitschriften

besteht die Gefahr, dass Zeitschriften kaum zur Kenntnis genommen werden, ohne dass dies bemerkt wird.

Persönliche Geschenke

Persönliche Geschenke sind ein besonders wirksames Mittel, um Kandidaten ein hohes Maß an Wertschätzung zu vermitteln. Dies gilt nur oder vor allem dann, wenn es sich hierbei wirklich um persönliche Geschenke handelt. Es geht hier also nicht um die klassische Flasche Wein oder um das Lieblingsbuch des Geschäftsführers. Vielmehr sollte das Geschenk einen direkten Bezug zu den Interessen des Kandidaten haben. Wenn das Geschenk darüber hinaus die Interessen des Lebenspartners trifft, dann kann dieses sogar eine doppelte, relevante Wirkung erzielen. Akzentuiert wird die Wirkung darüber hinaus, wenn der Geschäftsführer oder sonst eine bedeutende Person aus dem Unternehmen eine persönliche Widmung (mit Füller geschrieben) hinterlässt. Im besten Fall unterschreibt das gesamte Team. Hier verhält es sich wie im normalen Leben, wenn es um die Auswahl von Geschenken geht und man dem Adressaten von Herzen eine Freude machen möchte.

Social Media

Social Media bieten seit einiger Zeit gute Möglichkeiten, um mit Kandidaten in Kontakt zu bleiben. Die wichtigsten Plattformen hierfür sind Facebook, Twitter und Google+. Facebook setzt voraus, dass Mitarbeiter, die mit einem Kandidaten in Verbindung bleiben wollen, »Freunde« werden, was wiederum erforderlich macht, dass der Kandidat dies will. In diesem Fall kann man durch sogenannte »Posts«, »Likes« oder »Chats« Kontakt halten. Zumindest schafft man es dadurch, mit minimalem Aufwand in wechselseitiger Erinnerung zu bleiben, was eine Beziehung in gewisser Weise »warmhalten« kann. Ähnliches gilt für Twitter oder Google+. Auf Twitter kann man Kandidaten »folgen« und durch »Retweets« auf sich aufmerksam machen. Eine Besonderheit dieser Maßnahme sei hier genannt, wird aber weiter unten noch vertieft. Und zwar bieten Social Media neben der Pflege von 1:1- oder 1:N-Beziehungen die Entwicklung so genannter Talent Communities, wo Kandidaten in N:N-Beziehungen miteinander kollektiv in Verbindung bleiben.

Ferienjobs oder Werkstudententätigkeiten

Für Studenten sind Möglichkeiten für **Ferienjobs oder Werkstudententätigkeiten** besonders attraktiv. Sollte es sich um ehemalige Azubis oder Praktikanten handeln, erspart man sich je nach Tätigkeit die Einarbeitungszeit, und den Studenten erschließen sich neue Lernchancen.

Abschlussarbeiten

Gerade im Kontext des Hochschulmarketings ist das persönliche und gezielte Angebot von **wissenschaftlichen Abschlussarbeiten** an Kandidaten im Talent-Pool eine höchst wirksame Maßnahme. Diese Maßnahme hat zwei entscheidende Vorteile. Zum einen erlebt man den Kandidaten im natürlichen Arbeitsumfeld, und der Kandidat erlebt das Unternehmen. Zum anderen begleitet man den Kandidaten in der kritischen Phase kurz vor dem Abschluss seines Studiums, in der sich dieser üblicherweise nach einem Job nach dem Studium umsieht. Entsprechend groß ist die Chance, den Studenten nach Abschluss seiner Arbeit zu übernehmen. Die besondere Herausforderung dieser Bindungsmaßnahme besteht in erster Linie darin, dem Studenten zum richtigen Zeitpunkt das richtige Thema schmackhaft zu machen. Man sollte von daher über die Präferenzen und den Status der Studenten im Talent-Pool zu jedem Zeitpunkt Bescheid wissen.

Eine klassische Bindungsmaßnahme sind **Grußkarten**, etwa zu Geburtstagen oder an Weihnachten. Im Grunde handelt es sich hierbei um eine Aktivität, die man auf jeden Fall tun sollte. Je nach Zielgruppe kann es sich hier um eine handgeschriebene Karte handeln oder um einen entsprechenden Post auf der Facebook-Seite des Kandidaten.

Grußkarten

Eine gute Maßnahme gerade zur Bindung von Studenten sind **Wochenend-Workshops**. Auch wenn es diese Bezeichnung nahelegt, müssen diese nicht notwendigerweise an einem Wochenende stattfinden. Hierzu werden Studenten (meist A- oder B-Kandidaten) für ein bis drei Tage zu einer Veranstaltung an einem attraktiven Ort eingeladen, wo sie gemeinsam mit Experten aus dem Unternehmen aktuelle, reale Herausforderungen bearbeiten und diskutieren. Workshops dieser Art haben zum einen den Vorteil, dass die Kandidaten mit potenziellen Kollegen in aktiven Kontakt kommen und dabei Fragestellungen des Unternehmens direkt kennenlernen. Zum anderen bildet sich dadurch ein soziales Netzwerk unter den Studenten. Man fühlt sich bereits gemeinsam zum Unternehmen zugehörig, weil das Unternehmen als Gastgeber und Initiator das verbindende Element ist. Wie bereits im Zusammenhang mit Firmenevents erläutert, kommt hier die bindende Wirkung zwischenmenschlicher Beziehungen zum Tragen. Ist der Workshop gelungen, werden die Studenten über ihre sozialen Netzwerke ihre positiven Eindrücke, etwa auf Facebook, »teilen«, wodurch Workshops dieser Art eine Image bildende Wirkung als Nebeneffekt haben können. Ergänzend sei darauf hingewiesen, dass es sich bei solchen Veranstaltungen explizit nicht um verkappte Assessment-Center handelt. Dies sollte den Kandidaten auch deutlich gemacht werden. Die Botschaft an die Studenten muss sein, dass man von deren Qualität schon im Vorfeld 100%ig überzeugt ist und es einzig und allein darum geht, ihnen Einblicke und eine besondere Lernchance zu bieten.

Wochenend-Workshops

Unternehmen veranstalten nicht selten **Firmenevents**, etwa zu Weihnachten oder Neujahr. Manche Unternehmen organisieren eigene Vertriebsveranstaltungen, wo Kunden und Partner geladen sind. Darüber hinaus finden informelle Events zu unterschiedlichsten Anlässen statt (z. B. Zu Geburtstagen, Jubiläumsveranstaltungen etc.). Solche Ereignisse bieten eine einmalige Chance im Rahmen der Kandidatenbindung, denn kaum etwas hat eine höhere Bindungswirkung als soziale Netzwerke. Dies gilt im Übrigen auch für die Mitarbeiterbindung. Mitarbeiter verlassen problemlos ihr Unternehmen und laut Studien am liebsten ihren Chef. Der wichtigste Grund aber, im Unternehmen zu bleiben, sind nicht selten die Kollegen, von denen etliche sogar Freunde wurden. Hat ein Kandidat die Chance, potenzielle Kollegen kennenzulernen, hat dies mit die nachhaltigste Wirkung auf die

Firmenevents

7

Kaminabende

Regelmäßige Konversation mit Vertretern der Fachbereiche

Einstellung eines Kandidaten zum Unternehmen. Trotz dieses Vorteils sollte mit dieser Maßnahme sensibel umgegangen werden. Der Kandidat, der zu einem solchen Firmenevent eingeladen wird, sollte einen unverfänglichen Anlass haben, warum er dort aufkreuzt. Denn nichts ist peinlicher, als wenn dieser auf einer solchen Veranstaltung aktuelle Kollegen oder gar seinen Chef trifft. Dies könnte den Kandidaten in Erklärungsnot bringen. Absolut unverfänglich ist es demgegenüber, ehemalige Praktikanten oder Alumni einzuladen oder Kandidaten, zu denen auch über das Interesse eines beiderseitigen Beschäftigungsverhältnisses hinaus geschäftliche Kontakte bestehen.

Eine intensive, persönliche Maßnahme sind so genannte **Kaminabende** mit einem Executive, also einem Geschäftsführer oder Vorstandsmitglied. Man nennt solche Veranstaltungen Kaminabend nicht etwa, weil sie an einem Kamin stattfinden, sondern weil man den informellen Charakter eines solchen Treffens unterstreichen möchte. Es gibt weder eine offizielle Agenda noch Krawattenpflicht. Solche Veranstaltungen sind in erster Linie für ehemalige Mitarbeiter oder Praktikanten geeignet. Ansonsten bedarf es hier derselben Sensibilität wie bei Firmenevents. Es braucht hierfür einen unverfänglichen Anlass. Hilfreich ist es, diese Treffen unter ein Motto zu stellen, ein vordefiniertes Gesprächsthema, das man mit einem kurzen Impulsvortrag einläutet.

Schließlich gibt es eine mächtige und sehr persönliche Maßnahme, die in ◘ Abb. 7.3 einfach mit »**Regelmäßige Konversation mit Vertretern der Fachbereiche**« angedeutet ist. Kandidaten haben meist über eine oder wenige Person(en) einen direkten Bezug zum Unternehmen. Dies kann der ehemalige Chef sein, der Ausbildungsleiter oder die Person, zu der der Kandidat in einem Auswahlverfahren den direktesten Bezug entwickelt hat. Die Umsetzung dieser Maßnahme ist denkbar unspektakulär. Man telefoniert von Zeit zu Zeit oder vereinbart persönliche Treffen im Rahmen von Fachkongressen oder anderer Gelegenheiten. Diese Idee kann man nur mit wenigen ausgewählten A-Kandidaten realisieren und dies auch nur dann, wenn beide Seiten dies wollen. Ansonsten funktioniert diese Maßnahme wie im wirklichen Leben, wenn man sich darum bemüht, zu bestimmten Personen, wie etwa zu Freunden, regelmäßigen Kontakt zu halten. Umgekehrt ist es in der Praxis kaum durchzuhalten, einem Kollegen oder einer Führungskraft ein irgendwie geartetes Kontakthalten zu verordnen. Der Kandidat sollte sich über einen Anruf oder den Vorschlag eines persönlichen Treffens freuen.

Bei diesen bislang skizzierten Maßnahmen handelt es sich lediglich um eine Ansammlung verbreiteter Ansätze. Sie sind in keiner Weise erschöpfend. Hier sollte in erster Linie verdeutlicht werden, dass sich Maßnahmen in ihrer Intensität unterscheiden und man diese je nach Priorität und akutem Interesse der Kandidaten gezielt einsetzen sollte. Hat man einerseits einen Überblick über die Anzahl der Kandidaten im Talent-Pool und deren Priorität und andererseits eine Schätzung des Aufwands, bezogen auf die verschiedenen Bindungs-

aktivitäten, erleichtert dies auch die Budgetierung der Bindungsmaßnahmen insgesamt.

In Anbetracht der Fülle von Möglichkeiten stellt sich für ein
Unternehmen die Frage, was davon die richtigen Ansätze sind, die
man am Ende auch mit der nötigen Stringenz, Professionalität und
Nachhaltigkeit umsetzen soll. Hierfür gibt es keine allgemeingültige
Empfehlung. Wie immer müssen die Maßnahmen zum Unternehmen
und zu den Zielgruppen passen. Intern müssen die entsprechende
Bereitschaft und die Ressourcen zur Verfügung stehen oder bereit-
gestellt werden. Grundsätzlich gilt aber auch hier, ähnlich wie bei
der Frage, welche Suchstrategien die richtigen sind, die klare Empfehlung, die Zielgruppen einzubinden. Spielt man beispielsweise mit
Gedanken, ehemalige Praktikanten zu binden, dann sollte man mit
aktuellen Praktikanten gemeinsam über mögliche Maßnahmen nachdenken. Erfahrungsgemäß sollte man dies in Form eines Innovationsworkshops machen, in dem die Vertreter der Zielgruppe aufgefordert
werden, über den viel zitierten Tellerrand hinaus zu denken. Denn
auch für vielversprechende Talente ist das Thema Kandidatenbindung
meist fremd. Insofern sollte man sicherstellen, dass mehr als die nahe-
liegenden Ideen (z. B. Newsletter) zutage gefördert werden.

> Man lernt von der Zielgruppe, was geeignete Maßnahmen sind

7.4 Dokumentation

Wenn ich in meinen Seminaren mit Personalleitern oder Recruiting-
Verantwortlichen das Thema TRM im weitesten Sinn und Kandidatenbindung im engeren Sinne diskutiere, wird mir immer wieder
deutlich, dass die eigentliche Idee, mit vielversprechenden Kandidaten
in Kontakt zu bleiben, für die meisten nichts Neues ist. Viele tun dies
schon immer. Worauf es hier aber ankommt, ist die Systematik, mit
der man diese Aktivität betreibt. Talent-Relationship-**Management**
heißt, Kandidatenbindung gezielt und gesteuert umzusetzen. Wie der
Kandidatenbindungszyklus andeutet, bedarf es einer gezielten Planung von Maßnahmen und deren Umsetzung. Ein wesentlicher Bestandteil einer professionellen Kandidatenbindung besteht darüber
hinaus in der Dokumentation relevanter Informationen. Im CRM
(Customer-Relationship-Management) ist dies schon längst bekannt.
So geht es im CRM ganz wesentlich darum, eine Vielzahl von Informationen, etwa über Kundenpräferenzen, bisherige und zukünftige
Maßnahmen oder mögliche Kundenbedarfe systematisch zu dokumentieren und bei der Gestaltung der Kundenbeziehung gezielt zu
nutzen. Bei meiner Diskussion mit vielen Personalern stelle ich gerade hier Aufholbedarf fest.

Wann immer die Überlegung in Richtung Dokumentation gelenkt wird, droht die Gefahr lähmender und unliebsamer Bürokratie.
Die Grenze zwischen sinnvoller Dokumentation und Bürokratie sehe
ich in erster Linie in der Frage, ob bei einer Dokumentation rele-

> Was ist relevant und was nur interessant?

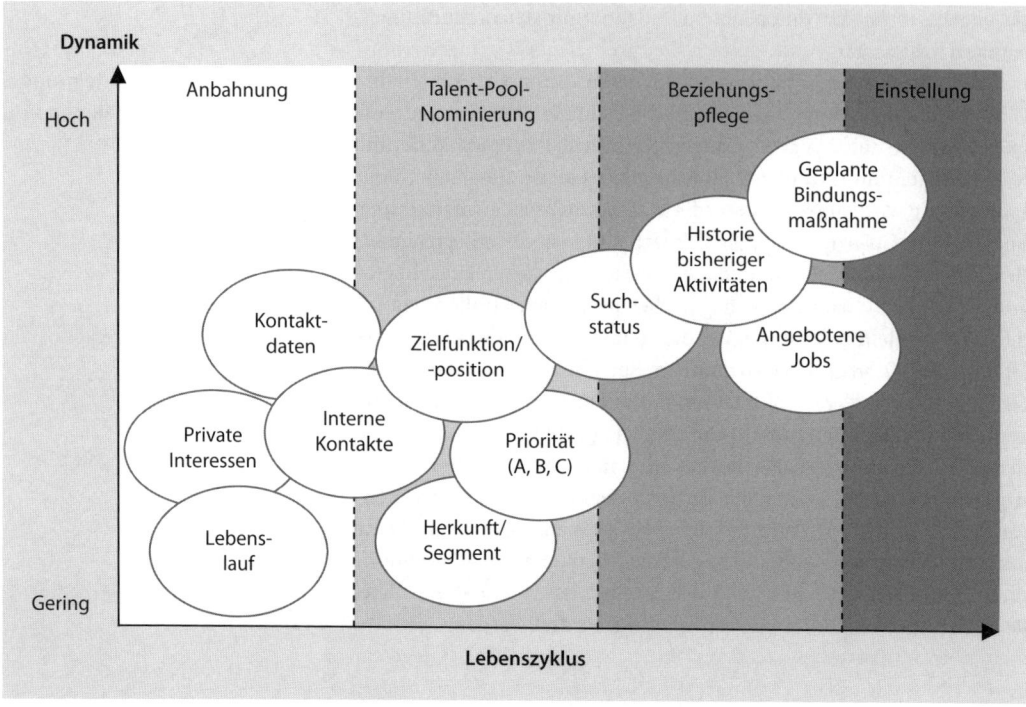

Abb. 7.4 Relevante Informationen im Rahmen der Kandidatenbindung

vante – nicht nur interessante – Informationen festgehalten werden. Informationen, für die es keinen Nutznießer oder Kunden gibt, bzw. Informationen, die nicht handlungsleitend sind, tragen zur Bürokratie bei. Es stellt sich also zunächst die Frage, welche Informationen im Rahmen der Kandidatenbindung wirklich relevant sind. Bevor auf diese Frage detaillierter eingegangen wird, ist weiterhin zu sehen, dass viele Informationen zum Zeitpunkt der Kandidatenbindung ohnehin schon vorliegen. Dies gilt meist für den Lebenslauf oder die Kontaktdaten der Kandidaten. Weiterhin unterliegen viele Informationen nur bedingt einer Dynamik, ändern sich also kaum. Diese beiden Feststellungen entschärfen die Sache erheblich. So kennt man den Namen des Kandidaten üblicherweise vom ersten Kontakt her. Dieser ändert sich auch nicht zu häufig. Komplett anders verhält sich dies mit den bisherigen Bindungsmaßnahmen. Diese ändern sich im Laufe der Zeit, und sie liegen zu Beginn der Kandidatenbindung auch nicht vor. Bei Letzterem ergibt sich von daher ein höherer Dokumentationsaufwand. In ◘ Abb. 7.4 sind nun die gängigen Informationen schematisch aufgeführt. Darüber hinaus wurden sie nach den Dimensionen Dynamik und Lebenszyklus sortiert. Hohe Dynamik bedeutet hier, dass sich die Information im Laufe der Zeit ändert. Mit Lebenszyklus ist hier die Entwicklung eines Kandidaten gemeint, von der ersten Anbahnung des Kontakts über die Talent-Pool-Nominierung und Kandidatenbindung bis hin zur hoffentlich erfolgreichen Einstellung. Die

Sortierung in ◘ Abb. 7.4 basiert nicht auf empirischen Ergebnissen, sondern wurde aufgrund eigener Plausibilitätsüberlegungen vorgenommen. Je nach Fall wird sich die Konstellation anders darstellen.

◘ Abb. 7.4 verdeutlicht, dass die meisten Informationen kaum einer Dynamik unterliegen, sich also im Laufe der Zeit nicht oder nur in geringem Maße verändern. Auch liegen die meisten Informationen spätestens nach der Nominierung eines Kandidaten in den Talent-Pool vor. Alle hier angedeuteten Informationen weisen im Kontext der Kandidatenbindung eine mehr oder weniger hohe Relevanz auf. Die folgenden detaillierten Betrachtungen sollen dies verdeutlichen.

Selbstverständlich sollte man nach Möglichkeit Zugriff auf den **Lebenslauf** des Kandidaten haben. Dieser liegt in den meisten Fällen ohnehin vor, wenn es sich um eine Person handelt, die sich irgendwann beworben hat. Nicht selten ist man gerade aufgrund des Lebenslaufs zu dem Schluss gekommen, dass es sich bei einer Person um einen vielversprechenden Kandidaten handelt. Dieser Lebenslauf muss nicht immer in expliziter Form vorliegen. Manchmal steht auch nur das Xing-Profil zur Verfügung. Lebenslaufdaten sind nicht nur relevant für die Beurteilung eines Kandidaten, die meist schon erfolgt ist, damit dieser in den Talent-Pool aufgenommen wurde. Lebenslaufdaten sind vor allem relevant, um bei der Beziehungspflege gegebenenfalls auf bisherige Stationen der Karriere Bezug nehmen zu können.

Wenn möglich, sollte man die **privaten Interessen** des Kandidaten in Erfahrung bringen. Hierzu gehören beispielsweise präferierte Reiseziele, Hobbys, sportliche Aktivitäten, Interesse an bestimmten Sportvereinen (z. B. in der Bundesliga). Auf den ersten Blick gehen diese Informationen einen potenziellen Arbeitgeber nichts an, da sie grundsätzlich das Privatleben des Kandidaten betreffen. Für die Auswahl an Bindungsmaßnahmen sind sie aber in besonderer Weise relevant, weil man hier aufgrund des Wissens über private Interessen besser in der Lage ist, etwa durch persönliche Geschenke, dem Kandidaten eine Freude zu machen.

Die am nächsten liegende Art von Informationen über einen Kandidaten sind seine **Kontaktdaten**. Sie sind zur Pflege einer Beziehung selbstverständlich unerlässlich. Kontaktdaten unterliegen einer gewissen Dynamik. Denn meist lernt man Kandidaten dann kennen, wenn sich – auch aufgrund von Veränderungen in der Karriere – deren Wohnort ändert. So ändern sich meist die Kontaktdaten eines ehemaligen Azubis, wenn er zu studieren beginnt.

Interne Kontakte sind eine weitere relevante Information. Damit sind Kollegen im Unternehmen gemeint, die einen Draht zum jeweiligen Kandidaten haben. Wann immer man eine Maßnahme zur Kandidatenbindung plant, sollte man berücksichtigen, über welchen Kollegen diese Maßnahme am besten erfolgen soll. Relevant sind hierbei die Namen der Kollegen und die Art der Beziehung, die die jeweiligen Kollegen zum entsprechenden Kandidaten haben.

Lebenslauf

Private Interessen

Kontaktdaten

Interne Kontakte

Herkunft des Kandidaten

Die Art der Bindungsmaßnahme sollte weiterhin von der **Herkunft** des Kandidaten abhängig gemacht werden. Damit ist nicht die geografische Herkunft gemeint, sondern ob es sich bei einem Kandidaten beispielsweise um einen ehemaligen Praktikanten oder Azubi handelt oder etwa um einen berufserfahrenen Kandidaten, der über ein Mitarbeiterempfehlungsprogramm ins Spiel gekommen ist. Die Herkunft entscheidet oftmals über die Art der Bindungsmaßnahme. So wird man beispielsweise bei Veranstaltungen, die sich an ehemalige Praktikanten wenden, eben nur jene Kandidaten einbeziehen, die in der Vergangenheit auch Praktikant waren.

Priorität und Suchstatus des Kandidaten

Von zentraler Bedeutung ist die **Priorität** des Kandidaten. Hierauf wurde im Zusammenhang mit der Entwicklung des Talent-Pools eingegangen. Bei der obigen Darstellung der Bindungsmaßnahmen wurde argumentiert, dass sich die Art der Beziehungsmaßnahmen, also wie viel in die Beziehungspflege investiert werden soll, an der Priorität des Kandidaten orientieren sollte. Neben der Priorität wurde weiterhin argumentiert, dass der **Suchstatus** des Kandidaten relevant für die Bestimmung der Bindungsmaßnahme ist. Hierbei geht es einerseits um die entscheidende Fragen, ob ein Kandidat zum aktuellen Zeitpunkt an einer neuen Karriereoption interessiert ist, ob dieser aktiv oder passiv auf der Suche ist. Andererseits sollte dieses Kriterium aussagen, wie weit man mit einem Kandidaten bei der Vermittlung eines konkreten Jobs vorangeschritten ist.

Zielfunktion oder -position

Ein Kriterium bei der Priorisierung von Kandidaten im Talent-Pool ist, wie bereits erläutert, die Relevanz eines Kandidaten für eine Schlüssel- oder Engpassfunktion. Insofern liegt es nahe, pro Kandidat zu dokumentieren, für welche **Zielfunktion oder -position** dieser infrage kommt. Diese Information ist spätestens dann von hoher Relevanz, wenn man Kandidaten konkrete Job-Angebote unterbreiten oder sie auf einschlägige Fachkongresse einladen möchte. Etliche Unternehmen nutzen diese Information auch im Rahmen ihrer Personalplanung. Verfügt man über eine langfristige Schätzung des zukünftigen Personalbedarfs in bestimmten Funktionen, stellt sich die Frage, wie viele Kandidaten man von außen sozusagen in der Pipeline hat. Dies liefert insofern einen Anhaltspunkt, wie gut man für die zukünftige Besetzung gerade von Schlüssel- und Engpassfunktionen aufgestellt ist.

Historie

Weiterhin sollte man im Rahmen der Kandidatenbindung dokumentieren, welche bisherigen Maßnahmen durchgeführt wurden. Dies ist mit der »**Historie bisheriger Aktivitäten**« gemeint. Hierbei handelt es sich im Wesentlichen um ein Art Logbuch darüber, was wann von wem wie unternommen wurde, ob ein Kandidat beispielsweise zu einem Firmenevent eingeladen wurde, ob er erschienen ist und welche Implikationen sich daraus ergeben haben. Eine besondere Form von Aktivitäten sind **angebotene Jobs**. Auch darüber sollte man jederzeit einen Überblick bewahren. Diese Informationen sind vergangenheitsbezogen. Für die zukünftige Planung ist es wichtig, die nächsten Schritte oder die nächste **geplante Maßnahme** zu dokumentieren. Hier wird festgehalten, wann durch wen welche Aktivität wie erfolgen soll. Im weitesten Sinne ist dies die To-do-Liste im Rahmen der Kandidatenbindung.

Die bisherigen Überlegungen zur Dokumentation zeigen, dass es in einem systematischen TRM auf die gezielte Berücksichtigung vieler Informationen ankommt. Dies mag auf den ersten Blick erschlagend wirken. Letztendlich muss aber jedes Unternehmen für sich überlegen, welche Informationen wirklich relevant sind, um am Ende erfolgreich zu sein. Hier sollte lediglich ein möglichst vollständiger Überblick gegeben werden. Ich kenne Unternehmen, bei denen sich die Dokumentation bei der Kandidatenbindung, abgesehen von den Informationen, die ohnehin vorliegen (die linke Seite in ◘ Abb. 7.4), auf ein einfaches Excel-Sheet reduziert, ergänzt durch eine Art Logbuch bisheriger Aktivitäten in einer Word-Datei. An dieser Stelle sei auch nochmals explizit darauf hingewiesen, dass man den Aufwand der Kandidatenbindung und die entsprechende Dokumentation nur auf eine kleine Gruppe ausgewählter Kandidaten anwenden soll. Es wurde bereits eingangs darauf aufmerksam gemacht, dass Kandidatenbindung eine aufwendige Angelegenheit ist, will man sie richtig betreiben. Nach der Darstellung der bisherigen Überlegungen sollte deutlich geworden sein, warum diese Fokussierung so wichtig ist.

7.5 Talent Communities

Nach meiner Einschätzung hat das Thema Kandidatenbindung seine Wurzeln in Talent-Datenbanken. Wie bereits angedeutet, pflegen Recruiter schon von je her die Praxis, die Bewerbungsunterlagen ausgewählter Kandidaten in einer speziellen Schublade aufzubewahren, um bei Gelegenheit darauf zurückzugreifen. Diese Praxis erfolgt, nach dem was mir viele Personaler berichten, aber eher sporadisch und unsystematisch. Einen Aufschwung hat diese Idee aber mit dem Aufkommen von elektronischen Bewerberverwaltungssystemen oder e-Recruiting erfahren. Diese Systeme erlaubten eine einfache Speicherung von Bewerberdaten. Vielfach ergaben sich daraus »Vertröster-Pools« von Bewerbern, denen man zum Zeitpunkt ihrer Bewerbung keine Zusage erteilen konnte. In der Zwischenzeit hat man gelernt, dass man Pools von Kandidaten auf bestimmte und zielgerichtete Weise »bewirtschaften« muss und dass die Pflege von Beziehungen im Sinne der oben beschriebenen Kandidatenbindung einer Systematik bedarf. Aus dieser Idee heraus entstanden Talent-Pools, wie sie oben beschrieben wurden. Hierbei wurde implizit von der Annahme ausgegangen, Beziehungen seien 1:1- oder 1:N-Beziehungen. Zumindest nimmt man an, Kontakte zwischen Arbeitgeber und Kandidaten gingen von einer oder wenigen Personen im Unternehmen aus. Dieser Ansatz wird viele Unternehmen in der Zukunft beschäftigen. Er ist vielversprechend, birgt aber für den Großteil personalsuchender Arbeitgeber nach wie vor Aufholbedarf.

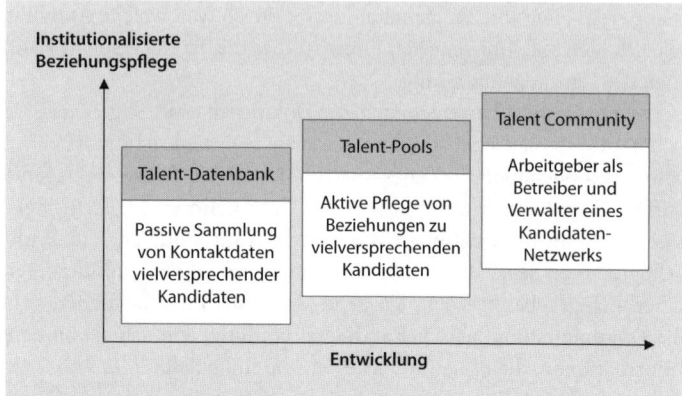

Abb. 7.5 Von der Talent-Datenbank zur Talent Community

In Talent Communities kommunizieren Kandidaten miteinander

In der Zukunft wird man jenseits von Talent-Pools über einen weitergehenden Ansatz nachdenken. Die Rede ist von so genannten »Talent Communities«. Das Besondere an Talent Communities ist die Zielsetzung, Kandidaten durch N:N-Beziehungen zu binden. Man versucht also, Kandidaten untereinander zusammenzubringen, um dadurch – gefördert durch Maßnahmen des Arbeitgebers – eine Identifikation mit dem Unternehmen herbeizuführen (Abb. 7.5).

Talent Communities basieren auf der einfachen Annahme, dass eine Bindung auf der Basis multipler zwischenmenschlicher Beziehungen erfolgen kann. Man kennt diese Idee beispielsweise aus der Hochschulwelt, wo ehemalige Studenten (Alumni) den Bezug zu ihrer Hochschule aufrechterhalten, weil sie *untereinander* langfristig im Austausch bleiben. Die Hochschule ist dabei das verbindende Element.

Manche Unternehmen entwickeln Talent Communities nur für ihre ehemaligen ausgewählten Praktikanten, bringen diese auf attraktiven Veranstaltungen zusammen oder bieten eine Plattform im Netz, die im Sinne von Social Media den Austausch erlaubt und fördert. So betreibt der Münchner Autohersteller BMW seit 2010 eine eigene Internetplattform mit dem Namen »Fastlane«, auf der Studenten technischer Diplom- und Masterstudien einen gemeinsamen Platz zum Austausch untereinander und mit BMW nutzen. Für Bachelorstudenten steht eine eigene Plattform »SpeedUp« zur Verfügung. Die Frauenhofer-Gesellschaft betreibt ein ähnliches Portal mit dem Namen »myTalent«. Dort treffen sich Schüler mit Interesse Mathematik, Informatik, Naturwissenschaften und Technik (MINT). Seit dem Launch dieser Seite zählt das Portal bereits deutlich über 1.000 aktive junge Nutzer.

Talent Communities dieser Art müssen den Teilnehmern einen exklusiven Mehrwert bieten. Schließlich konkurrieren Plattformen, wie die oben skizzierten, mit etlichen anderen Plattformen wie Facebook oder Xing. Dabei ist die Bereitschaft von Menschen, sich auf

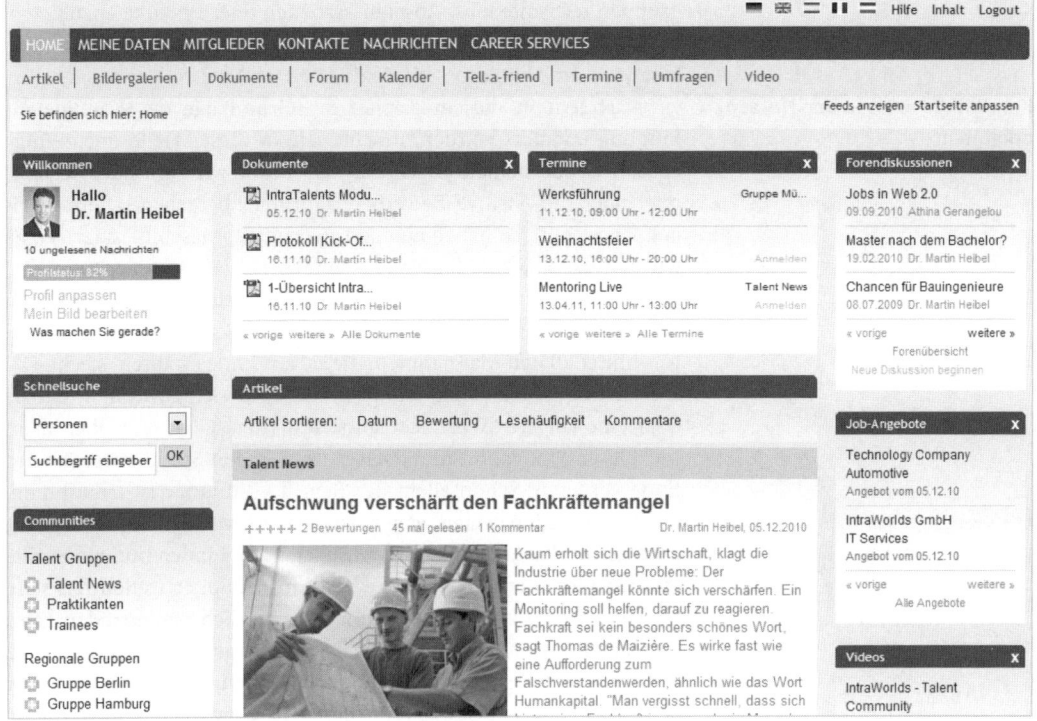

Abb. 7.6 Beispiel-Screenshot einer Talent Community. (Quelle: Intraworlds)

einer weiteren Seite aktiv zu beteiligen, natürlich begrenzt. Wie auf allen Social-Media-Plattformen steigt der Mehrwert derselben mit der Anzahl und Qualität anderer Teilnehmer. Deshalb gilt es hier, die kritische Masse zu erzielen oder den so genannten »Tipping Point«, um es in der Sprache sozialer Netzwerke auszudrücken (vgl. Gladwell, 2001). Dies erreicht man nur dann, wenn das Netzwerk für die Zielgruppe attraktiv erscheint und die Teilnehmer definitiv an einer dauerhaften Beziehung zu dem plattformbetreibenden Unternehmen interessiert sind. Deshalb tun sich Arbeitgeber wie BMW aufgrund ihrer außerordentlichen Beliebtheit beim Aufbau solcher Communities natürlich leichter. In **◻** Abb. 7.6 ist ein Beispiel-Screenshot einer Talent Community wiedergegeben.

Üblicherweise können Teilnehmer auf internetbasierten Talent Communities ein persönliches Profil anlegen und Kontakte zu anderen Teilnehmern herstellen. Dies ermöglicht auch eine direkte Kommunikation. Darüber hinaus können sich die User in themenspezifischen Gruppen organisieren, innerhalb derer meist ein fachlicher Austausch stattfindet. Moderiert und angetrieben werden solche Gruppen von Vertretern des jeweiligen Unternehmens, das die Plattform betreibt. Als Arbeitgeber bieten solche Plattformen auch die Möglichkeit, auf zielgruppenspezifische Veranstaltungen aufmerksam zu machen oder etwa ausgewählte und für die jeweiligen Ziel-

Kandidaten müssen den Nutzen erkennen

gruppen relevante Jobs, Abschlussarbeiten oder Praktika anzubieten. Im Wesentlichen übernehmen Arbeitgeber hier aber vor allem eine katalysierende Funktion, die Aktivitäten im Netzwerk anregen soll.

Nachdem in diesem Kapitel die Grundzüge der Kandidatenbindung erläutert wurden, möchte ich an dieser Stelle noch einige abschließende Bemerkungen machen, bevor wir zum nächsten Kapitel über die positive Bewerbererfahrung übergehen. Die bisherigen Überlegungen haben eine Art Recruiting-Maschine skizziert. Es wurde deutlich, dass hinter der einfachen Idee der Pflege von Beziehungen mehr steckt, als man zunächst vermuten mag. Ähnlich könnte es Bewerbern und Kandidaten ergehen, wenn sie wüssten, was hinter all den Maßnahmen, die sie am Ende erfahren, steckt. Die Zielsetzung ist klar: Man will gute Leute für sich gewinnen und sie über eine längere Wegstrecke an sich binden. Geht man aber allein mit dieser Motivation und Zielsetzung an den Start, wird man am Ende verlieren. Schon allein der Begriff »Bindung« ist irreführend. Ich verwende ihn, weil er gängig ist, genauso wie der Begriff der **Mitarbeiterbindung**. Man kann Menschen nicht binden und man sollte es auch nicht versuchen. Menschen sind frei oder wollen frei sein. Genauso wenig kann man Kandidaten wirklich binden. Man kann sie irgendwann für sich gewinnen, was aber nur dann funktioniert, wenn das Ergebnis, nämlich das Beschäftigungsverhältnis, auch für den Kandidaten ein Gewinn ist. Diese Überzeugung muss am Anfang aller Bemühungen stehen. Kandidatenbindung funktioniert deshalb nur dann, wenn man gegenüber den betroffenen Kandidaten von der festen Überzeugung ausgehen kann, ein Job im eigenen Unternehmen sei mit das Beste, was diesen Menschen passieren kann. Die bisherigen Ideen in diesem Buch sollen nicht dazu führen, Menschen in irgendeiner Weise »über den Zaun zu ziehen«. So möchte ich die hier beschriebenen Ansätze nicht missverstanden wissen. Ich kenne viele Unternehmen, die sich bei der Gewinnung talentierter Mitarbeiter äußerst schwer tun. Zugleich weiß ich, dass die meisten Unternehmen – und hier denke ich in erster Linie an die vielen kleinen und mittelständischen Arbeitgeber – hervorragende Jobs zu bieten haben, was aber im Arbeitsmarkt von vielen nicht gesehen wird. Kandidatenbindung stellt hier einen guten Weg dar, mit dem Selbstbewusstsein, das vielen Unternehmen zu Recht eigen ist, an zukünftige, potenzielle Kollegen heranzutreten.

Die positive Bewerbererfahrung

Unser Umgang mit Bewerbern und Kandidaten wurde in einer Zeit geprägt, als es noch mehr Bewerber gab als Jobs. Unser Denken und Handeln ist in dieser Wahrnehmung der Situation mehr verwurzelt, als man es auf den ersten Blick zugeben mag. Wir sprechen von Arbeit**nehmern**, die etwas »nehmen« und Arbeit**gebern**, die »geben«. Der eine will was, der andere bekommt was. Schon der Begriff »Bewerber« sagt aus, dass der potenzielle Mitarbeiter sich um einen Job bemühen muss. Dabei sind wir, gerade was Schlüssel- und Engpassfunktionen betrifft, längst in einer anderen Zeit angelangt, wo in erster Linie der Arbeitgeber etwas vom Kandidaten möchte und sich um ihn bemühen sollte.

TRM bedeutet eine neue Denkhaltung gegenüber Bewerbern

Dieses Kapitel handelt von einer anderen Denkhaltung, die essenziell ist, will man im Wettbewerb um Talente bestehen. Seitdem ich mich mit dem Thema Personalmarketing und Recruiting beschäftige, lag mein Fokus immer auf den bisher beschriebenen Themen wie »Employer Branding«, Suchstrategien oder Kandidatenbindung. Meine Erfahrung hat mich aber gelehrt, dass der Umgang mit Menschen, die an einem Job interessiert sind, ein erhebliches Potenzial an Differenzierungsmöglichkeiten gerade für kleine und mittelständische Unternehmen bietet. Mir wurde klar, dass es im Recruiting-Prozess auf genau drei Kriterien ankommt. Um talentierte Kandidaten für sich zu gewinnen, muss man erstens schnell sein – zumindest schneller als der Wettbewerb. Zweitens muss man transparent sein. Der Kandidat sollte zu jedem Zeitpunkt wissen, woran er ist, in welchem Status man sich befindet, wie die nächsten Schritte aussehen oder warum gerade dieser oder jener Test durchgeführt wird. Schließlich müssen Arbeitgeber den Kandidaten eine persönliche Wertschätzung vermitteln. Letzteres ist wohl das wichtigste Kriterium.

Diese Aspekte werden seit einiger Zeit unter dem Begriff Bewerbererleben oder Bewerbererfahrung behandelt. Im Englischen hat sich hier die Bezeichnung »Candidate Experience« durchgesetzt. Die Verwandtschaft zur Terminologie innerhalb des Marketings und des Konsumentenverhaltens ist nicht zu übersehen. Hier ist die Rede von »Consumer Experience« oder Kundenerleben.

8.1   Geschwindigkeit, Transparenz und Wertschätzung

Gerade Vertreter jüngerer Generationen sind durch Social Media Geschwindigkeit gewohnt. Man erwartet beispielsweise auf eine SMS implizit eine Reaktion innerhalb weniger Minuten. Posts auf Facebook sind innerhalb weniger Stunden veraltet. Wenn man sich vor Augen führt, wie postalische Kommunikation noch vor 20 Jahren stattfand, wird klar, was für einen enormen Geschwindigkeitszuwachs wir in diesen Jahren bei der Kommunikation erleben. Nun ist eine Bewerbung oder eine einfache Kontaktaufnahme eines Kandidaten nicht gleichzusetzen mit einer SMS oder einem Post auf Facebook.

Natürlich weiß der Absender, dass Entscheidungen etwas länger dauern. Wenn hier eine professionelle Antwort in kurzer Zeit erfolgt, bedeutet dies meist einen erheblichen Wettbewerbsvorteil. Die Reaktionsgeschwindigkeit auf Bewerbungen ist aber nur ein Beispiel, wo Unternehmen schnell sein können.

Unternehmen sollten beim Umgang mit Bewerbern – wo es geht – mit offenen Karten spielen. Es klingt anders, wenn ein Unternehmen schreibt »Wir melden uns am kommenden Donnerstag« als wenn der Bewerber erfährt, man würde sich »so bald wie möglich wieder melden«. Bewerbungsprozesse sind für Bewerber einerseits Erfahrungen, die von einem hohen Maß an Unsicherheit geprägt sind. Dies liegt in gewisser Weise in der Natur der Sache. Andererseits kann man als Arbeitgeber an vielen Stellen Sicherheit ins Spiel bringen, die vom Kandidaten honoriert wird.

Als ich vor etlichen Wochen wieder mal ein Seminar zum Thema Personalgewinnung gehalten habe, äußerte ein Personalleiter im Zusammenhang mit Kandidatenbindung die Bedenken, man begäbe sich damit in eine schlechte Position. Sein Argument: Wenn Bewerber wissen, dass man sie haben möchte, fordern sie ein höheres Gehalt. Ich finde, es gibt im Rahmen der Personalgewinnung kaum etwas Wirkungsvolleres, als dem vielversprechenden Kandidaten in jeder Faser der Kommunikation zu vermitteln, dass man ihn haben möchte. Etwas anderes kann man sich in Zeiten des Fachkräftemangels schlichtweg nicht mehr leisten. Persönliche Wertschätzung bedeutet, dem Kandidaten dies zu vermitteln und ihm auf der viel zitierten »Augenhöhe« zu begegnen. Wo Kandidaten rar sind, fällt in erster Linie der Kandidat die Entscheidung für oder gegen einen Job. Wie man sich als Arbeitgeber entscheidet, ist zunehmend zweitrangig – eine Situation, an die sich nach meinem Eindruck viele Unternehmen heute noch nicht gewöhnen wollen.

Nun mag man als Arbeitgeber oder als Vertreter der Personalabteilung von sich in Anspruch nehmen, man sei bezüglich der drei oben genannten Kriterien bereits gut unterwegs. Ich habe mir angewöhnt, dies grundsätzlich zu bezweifeln, weil ich sehe, dass die meisten Unternehmen nach wie vor so denken, wie es noch vor 20 und mehr Jahren ganz normal war. Über die Zeit hinweg habe ich keinen besseren Weg gefunden, meine Sichtweise zu vermitteln, als mit einer Geschichte, der Geschichte von Thomas dem Ingenieur (Trost, 2009b).

Die Geschichte von Thomas dem Ingenieur
Thomas ist 31 Jahre alt. Er hat an der Technischen Universität Karlsruhe Elektrotechnik studiert und sein Diplom mit Auszeichnung bestanden. Bereits während seines Studiums konnte er in einem halbjährigen Praktikum in Schanghai Auslandserfahrungen sammeln. Nach seinem Abschluss stieg Thomas als Trainee bei einem Automobilzulieferer ein und entwickelte sich schnell zu einem gefragten Experten, insbesondere im Bereich der Steuerungs-

elektronik. Er lernte schnell, in internationalen Projekten nah am Kunden zu arbeiten und verbrachte bereits damals viel Zeit in den USA. Nach drei Jahren wechselte er im Alter von 28 Jahren als Projektleiter in die Forschungs- und Entwicklungsabteilung eines amerikanischen Autoherstellers nach Detroit, USA. Seine Karriere verlief sehr erfolgreich, und es war klar, dass Thomas eine verheißungsvolle Zukunft vor sich haben würde. Nach weiteren drei Jahren kehrte Thomas zusammen mit seinen zwei Kindern und seiner amerikanischen Frau nach Deutschland zurück.

Neben seinen herausragenden Zeugnissen, seiner umfangreichen Erfahrung und seinen Kenntnissen ist Thomas ein Mensch, mit dem andere sehr gerne zusammenarbeiten. Die Arbeit mit ihm ist immer konstruktiv, fordernd, aber auch humorvoll. In seiner jungen Karriere konnte Thomas ein starkes internationales Netzwerk aufbauen. Neben der Arbeit ist Thomas leidenschaftlicher Freiwandkletterer und spielt Saxofon in der von ihm kürzlich gegründeten Band »Soulengine«.

Thomas hat eine eigene Website. Auf dieser tauscht er sich mit Kollegen und Freunden aus, führt seinen eigenen Blog und bewirbt unter anderem seine Band. Hier steht auch sein Lebenslauf mit der Anmerkung: »Ich suche eine neue Herausforderung in Deutschland.« Ferner: »Unternehmen bewerben sich hier.« Wenn man auf »hier« klickt, gelangt man zu einem Bewerbungsformular für Arbeitgeber. Bewerbungen per E-Mail sind bei Thomas unerwünscht und werden mit der Bitte erwidert, man möge sich doch der Einfachheit halber online bewerben.

Nachdem Thomas dieses Formular samt Aufruf zur Bewerbung eingerichtet hatte, fuhr er für zwei Wochen in Urlaub. Es war ihm wichtig, diese Bewerbungsmöglichkeit noch vor seinem Urlaub zu erstellen, weil er ja während seines Urlaubs nicht erreichbar sein würde.

Das Bewerbungsformular an sich ist recht umfangreich. Das muss es auch sein, damit sich Thomas ein umfassendes Urteil über einen Arbeitgeber bilden kann. Es beinhaltet Fragen zum Unternehmen und zu dessen Geschäftserfolgen. Ferner besteht die Möglichkeit, Geschäftsberichte der vergangenen fünf Jahre hochzuladen. Arbeitgeber werden über Pflichtfelder aufgefordert, Ansprechpartner im Unternehmen zu nennen, an die sich Thomas wenden kann, um Referenzen einzuholen. Nicht fehlen dürfen Felder, in denen explizit nach den besonderen Stärken und Schwächen des Unternehmens als Arbeitgeber gefragt wird. Natürlich können die interessierten Arbeitgeber Informationen zu Stellenangeboten abgeben und entsprechende Stellenbeschreibungen in dafür vorgesehene Textfelder übertragen, ergänzt durch möglichst konkrete Gehaltsinformationen, Ansprechpartner und so weiter. Wenn sich ein Unternehmen bei Thomas bewirbt, dauert dies circa zwei bis drei Stunden. Das scheint auf den ersten Blick sehr aufwändig. Doch es ist von Thomas gewollt, weil er auf diesem Weg bereits im ersten Schritt prüfen kann, ob es ein Unternehmen mit seiner Bewerbung tatsächlich ernst meint.

Nach zwei Wochen Urlaub kommt Thomas zurück und prüft den Bewerbungseingang. Es sieht gut aus. 52 Unternehmen haben sich beworben. Eine automatische Eingangsbestätigung haben diese Unternehmen bereits erhalten. Jetzt prüft er deren Attraktivität als Arbeitgeber. Er merkt schnell, dass er die meisten Informationen eigentlich nicht benötigt und entscheidet bei den meisten relativ spontan, ob sie passen oder nicht. Es dauert etliche Wochen, bis er an jedes der abgelehnten Unternehmen eine Absage schreibt. Gründe nennt er nicht, um nicht angreifbar zu werden. Er hat nicht die Zeit, auf jede Bewerbung einzeln einzugehen. Aber er bemüht sich um Freundlichkeit und Distanz. Das ist auch richtig, weil er sich ja für die Zukunft keine Chancen verbauen möchte. Am Ende entscheidet er sich der Einfachheit halber für einen Serienbrief.

Drei Unternehmen will er näher kennenlernen und verfasst ein individuelles Schreiben für jedes der vorselektieren Unternehmen: Daimler, Porsche und BMW. Er sucht sich zwei Tage aus, die ihm passen: der 23. und 24. März. Er schreibt beispielsweise an BMW: »Sehr geehrte Damen und Herren, es freut mich, Ihnen mitteilen zu dürfen, dass Sie in die engere Auswahl gekommen sind. Für ein Gespräch zum näheren Kennenlernen treffen wir uns am 23. März um 09:00 Uhr in der Albert-Einstein-Straße 17 in Stuttgart« und so weiter. Eine Anfahrtsbeschreibung liegt anbei.

Herr Kanter von BMW nimmt den Termin war und erscheint am 23. März pünktlich um 09:00 in der Albert-Einstein-Straße 17, dem Wohnort von Thomas. Thomas ist nicht allein. Seine Frau ist mit dabei, ein guter Freund und seine Mutter. Das macht auch Sinn, weil Thomas nicht alleine entscheiden möchte, sondern auch auf die Meinung seiner engsten Vertrauten zählt. Gerade seine Mutter war immer eine gute Beraterin in wichtigen Lebensfragen. Thomas hat die Bewerbungsunterlagen von BMW mehrfach kopiert, und jeder der Beteiligten hat einen kompletten Satz vor sich auf dem Tisch liegen.

»Haben Sie gut hergefunden?« Beim Händeschütteln versucht Herr Kanter, sich die Namen der Anwesenden einzuprägen. Das hatte er sich vorgenommen, nachdem er in einem Buch der Autoren Schröder und Hase gelesen hatte, dass dies in einer solchen Situation vorteilhaft sei. Es fällt ihm trotzdem schwer.

Es geht direkt zur Sache, und Herr Kanter wird ziemlich in die Mangel genommen. »Erzählen Sie mal etwas über BMW und wie es da so ist zu arbeiten? Warum ist BMW davon überzeugt, für mich (Thomas) ein guter Arbeitgeber zu sein? Was sind die größten Schwächen von BMW als Arbeitgeber?« Herr Kanter hat sich gut vorbereitet und weiß, dass er die Frage nach der Bevorzugung katholischer Mitarbeiter bei BMW nicht ehrlich beantworten muss. Der Test, der ihm ausgehändigt wird, verunsichert ihn

8

jedoch etwas. Da ist beispielsweise die Frage: »Welche Farbe spiegelt die Führungskultur Ihres Unternehmens am ehesten wieder? Gelb, Blau, Grün oder Violett?« Aber Herr Kanter gibt sein Bestes. Er entscheidet sich für Blau – hat am ehesten was mit Bayern zu tun.

Nach zwei Stunden ist der Termin zu Ende und Herr Kanter wird freundlich verabschiedet. Ihn beschleicht nach wie vor ein Gefühl der Unsicherheit. Thomas hatte ihm zu keinem Moment ein Anzeichen gegeben, ob das Gespräch gut oder schlecht verlief. Ihm fiel nur auf, dass die Ehefrau von Thomas irgendwann im Gespräch ihren Bleistift quer auf den Tisch legte, worauf alle anderen urplötzlich weniger interessiert schienen. Trotzdem waren alle Beteiligten bis zum Ende sehr freundlich. Thomas lässt Herrn Kanter wissen, dass er sich irgendwann demnächst melden würde. Herr Kanter weiß, dass ihm Thomas keinen genauen Termin für eine Rückmeldung geben konnte. Er muss davon ausgehen, dass sich auch andere Unternehmen bei Thomas beworben haben. Dafür braucht man ja auch Zeit. Die Frage mit der Reisekostenerstattung getraut sich Herr Kanter dann doch nicht zu stellen, was kein Problem ist – das kann man ja auch zu einem späteren Zeitpunkt klären.

Nach drei Wochen ist noch immer keine Antwort da. Das schien bis dato kein Problem. Dann aber, nach sechs Wochen, kommt die ersehnte Nachricht per E-Mail.

Am Ende entscheidet sich Thomas für das Unternehmen Porsche. Herr Kanter von BMW und die freundliche Dame von Daimler erhalten eine Absage. Irgendwie tun Thomas die Absagen auch leid, und er schreibt in einer E-Mail, dass er durchaus von der Attraktivität von BMW und Daimler überzeugt sei, aber er hätte sich eben entscheiden müssen. Er bietet an, in Kontakt zu bleiben. Eine Kontaktanfrage über Xing an Herrn Kanter und an die Kollegin bei Daimler sollte die Ernsthaftigkeit dieses Ansinnens unterstreichen. Schließlich haben sich beide Unternehmen sichtlich um ihn bemüht.

Am 30. April schickt Thomas an die Firma Porsche eine freundliche Mail: »Es freut mich, Ihnen mitteilen zu dürfen, dass wir zusammenarbeiten werden. Im Anhang finden Sie einen Vertragsentwurf mit der Bitte um Unterzeichnung bis zum 14. Mai.«

Die Geschichte von Thomas dem Ingenieur nimmt einen Perspektivenwechsel vor. Unternehmen bewerben sich bei einem Traumkandidaten. Viele Situationen in dieser Geschichte muten skurril an. Zuweilen empfindet man das Verhalten von Thomas sogar arrogant. Aber genauso wie Thomas verhalten sich heute noch viele Unternehmen im Rahmen ihrer Recruiting-Aktivitäten. Arbeitgeber geben sich der Illusion hin, sie seien es, die die Entscheidungen fällen, die Regeln und die Taktung vorgeben.

Ich empfehle daher jedem Arbeitgeber, der um talentierte Kandidaten ringt, seinen Recruiting-Prozess zu überdenken und dabei die Perspektive eines Kandidaten einzunehmen, angefangen von der Ausschreibung bis hin zu den ersten Arbeitstagen im Unternehmen. Dies kann in einem dezidierten Workshop erfolgen, am besten mit Beteiligung einiger ausgewählter neuer Mitarbeiter. Mir ist bisher kein Unternehmen begegnet, das bei dieser Übung nicht auf eine Vielzahl oftmals kleiner aber wirkungsvoller Maßnahmen gestoßen wäre. Konkrete Anregungen werden im folgenden Abschnitt gegeben.

Die Perspektive des Kandidaten einnehmen

8.2   Der Recruiting-Prozess

Im Folgenden werden alle Schritte, die üblicherweise im Rahmen eines Recruiting-Prozesses durchlaufen werden, systematisch beleuchtet (vgl. Fernández-Aráoz, Groysberg & Nohria, 2009). Dabei wird es in jeder Phase um die Frage gehen: Wie kann ich als Arbeitgeber mehr Geschwindigkeit, Transparenz und Wertschätzung erzielen? Wir beginnen mit der Stellenanforderung.

Schaut man sich typische, zufällig ausgewählte Stellenausschreibungen, etwa bei Online-Stellenbörsen wie Monster oder Anzeigen in Printmedien an, so fällt hier eine klassische Gewichtung unterschiedlicher Themen auf. Neben der Bezeichnung der Stelle findet man einen standardmäßig anmutenden Text zum Unternehmen. Die wesentlichen Teile befassen sich aber mit den Aufgaben und den Anforderungen. Schon allein diese Gewichtung impliziert eine klare Botschaft: »Das ist es, was wir von Dir wollen. Das musst Du für das Unternehmen leisten und das musst Du unter Beweis stellen, damit wir Dich berücksichtigen.« Es ist natürlich absolut in Ordnung, an dieser Stelle die Aufgaben und Anforderungen darzulegen. Aber in den meisten Fällen fehlen überzeugende Aussagen darüber, was der jeweilige Job zu bieten hat. Stellen wir uns nur für einen Moment eine Initiativbewerbung vor, in der ein Bewerber im Wesentlichen darüber informieren würde, was er vom Arbeitgeber erwartet, aber kaum ein Wort darüber verliert, was er zu bieten hat. Man würde diesen Bewerber zu Recht als arrogant abtun. Deshalb sollte bereits bei der Stellenanforderung – anders als dieser klassische Begriff der Personalwirtschaft suggeriert – darüber nachgedacht werden, was der Job an attraktiven Besonderheiten zu bieten hat. Die Ergebnisse sollten sich dann in prominenter Weise in der Ausschreibung wiederfinden. Dies wäre bereits ein erster Schritt in Richtung Wertschätzung: »Wir fordern nicht nur, sondern bieten auch was.«

Was macht die Stelle attraktiv?

In den vergangenen Jahren implementierten immer mehr Unternehmen so genannte e-Recruiting-Systeme. Solche Systeme erlauben es den Bewerbern, sich online zu bewerben (vgl. Weitzel, König, Laumer, von Stetten & Eckhart, 2009). Damit ist die Anwendung meist standardisierter Online-Formulare gemeint. Bewerbungen per E-Mail

Flexible Bewerbungsmodalitäten

fallen nicht in diese Kategorie. Seitdem findet in der Personalerszene eine ungelöste Debatte zur Frage statt, ob man eine Online-Bewerbung gegenüber Bewerbern zur Pflicht machen darf und ob andere Formate, wie die klassische Papierbewerbung oder Bewerbungen per Mail überhaupt noch zugelassen werden dürfen. Ich will diese Diskussion an dieser Stelle nicht insgesamt aufgreifen. In Bezug auf die Besetzung von Schlüssel- und Engpassfunktionen habe ich aber eine klare Meinung. Hier sollten Arbeitgeber dem Interessenten kein Format vorschreiben, sondern um jede Art der Bewerbung froh sein. In manchen Fällen wird es sogar nicht einmal eine Bewerbung geben, weil man den Kandidaten ohnehin kennt und von seiner Eignung überzeugt ist. Wertschätzung bedeutet an dieser Stelle, den Bewerber willkommen zu heißen, die Tür ganz weit zu öffnen und sich weniger an den Formaten festzubeißen.

Einfache Bewerbungsmöglichkeiten mit Fokus auf Relevantem

Wenn man aber eine Bewerbung online ermöglicht und dies dem Kandidaten als einfachen Zugang anbietet, sollte dies so simpel wie möglich gestaltet sein. Meine Studenten beklagen sich regelmäßig bei mir über die hohe Komplexität von Bewerbungsformularen. Nicht selten braucht es eine oder mehrere Stunden, um allein die Lebenslaufdaten in ein Formular zu übertragen. Das wirkt abschreckend und der Bewerber fragt sich zu Recht, welche Relevanz all die geforderten Informationen in so einer frühen Phase der Bewerbung haben. Reicht es nicht, wenn man als Bewerber seinen Lebenslauf als PDF hochlädt oder direkt auf sein Xing-Profil verlinkt? In der klassischen Personalbeschaffung ist man es gewohnt, in einem ersten Schritt, nach Eingang der Bewerbung deren Vollständigkeit zu prüfen. Erst wenn diese administrative Hürde genommen worden war, konnte es weitergehen. Dieser Ansatz stammt aus einer Zeit, als man in der Tat Bewerbungsmappen aus Papier hin und her schob. Im Internet geht dies viel einfacher, und man kann eine schrittweise Annäherung ermöglichen, wo zu Beginn erst einmal wenige Informationen genügen, um dann über den nächsten Schritt nachzudenken. Ich empfehle deshalb, gerade für Schlüssel- und Engpassfunktionen das Bewerbungsformular konsequent auf jene Informationen zu begrenzen, die für eine Vorauswahl wirklich relevant – und nicht nur interessant – sind.

Schnelle Reaktion

Wenn man nun eine Bewerbung für eine Schlüssel- oder Engpassfunktion erhält und man basierend auf dem ersten Eindruck zu dem Schluss kommt, es könnte sich bei dem Bewerber um einen potenziell geeigneten Bewerber handeln, sollten im Unternehmen sinngemäß die Alarmglocken läuten. Der einstellende Manager oder Geschäftsführer greift auf ein Signal hin zum Hörer, ruft den Kandidaten an und lädt zum Gespräch ein. Dies ist zugegebenermaßen ein extremes Szenario, aber es lohnt, zumindest darüber nachzudenken.

Schnelle Rückmeldung aus den Fachbereichen

Diese Überlegung führt uns zu einem noch wichtigeren Aspekt, der in erster Linie mit Geschwindigkeit zu tun hat. Wer kennt als Personaler nicht den Fall, dass eine Stellenausschreibung noch am

Freitagnachmittag abgesegnet werden muss, weil der einstellende Manager danach für längere Zeit im Urlaub weilen wird? Das kann nicht gut gehen. Der wesentliche Faktor in vielen Unternehmen für die Gesamtdauer einer Einstellung (»time-to-fill«) ist der Reaktion der Fachbereiche auf eingehende Bewerbungen geschuldet. Wer eine Ausschreibung schaltet, sollte damit rechnen, dass sich Menschen darauf bewerben. Deshalb ist es eine gute Idee, spätestens zum Zeitpunkt der Ausschreibung bereits Termine für etwaige Interviews zu reservieren. HR-Business-Partner tun gut daran, hier frühzeitig eine entsprechende Vereinbarung (»Service Level Agreement«) mit dem jeweiligen Manager zu treffen. Die Sichtung eingehender Bewerbungen ist für Manager meist zweite Priorität hinter den geschäftlichen, fachlichen Interessen. Man lässt sich die Bewerbungen ausdrucken und schaut sie im Flugzeug dann durch, wenn man nichts Besseres zu tun hat. Hier sollte grundsätzlich über Lösungen nachgedacht werden, weil dieses Problem eine zentrale Relevanz für die Geschwindigkeit hat. Man kann die Reaktionszeiten der Manager kontinuierlich messen und schwarze Schafe an die Geschäftsleitung melden. Das wäre die härtere Variante. Ein mir bekannter Automobilzulieferer aus Franken verfährt seit Jahren erfolgreich mit dieser Methode. Oder man macht es den Managern einfach, indem sie ausgewählte Bewerbungen auf ihren Tablet-PC gespielt bekommen, wo sie mit wenigen Touchs Entscheidungen fällen können. Das wäre die Zukunftsvariante. Neben Interviewterminen können auch bereits frühzeitig zeitlich überschaubare Termine zur Bewerbersichtung reserviert werden, die dann gemeinsam mit HR durchgeführt werden.

    Niemals sollte man einem Kandidaten für eine Schlüssel- oder Engpassfunktion einen fixen Termin und Ort für das Interview unterbreiten. Beides sollte gemeinsam vereinbart werden. Was den Termin betrifft, scheint dies bereits gängige Praxis zu sein. Aber auch hinsichtlich des Ortes kann man sich als Arbeitgeber flexibel zeigen. Schließlich wäre es eine anerkennende Geste zu sagen: »Wir kommen auch zu Ihnen oder treffen uns in der Mitte, wenn Sie dies wünschen.« Am Ende werden die meisten Kandidaten den Ort des Unternehmens vorziehen, weil sie die zukünftige potenzielle Wirkungsstätte von innen sehen wollen. Aber allein das Signal hat eine besondere Wirkung. Absolut unprofessionell sind aus meiner Sicht unangekündigte Telefoninterviews. Der Bewerber befindet sich gerade an der Fleischtheke des Supermarkts und wird von einem Interview überrascht. Er zeigt den Respekt oder die Wertschätzung, sein Gegenüber in diesem Moment nicht zu vertrösten und flüchtet in die etwas ruhigere Gemüseecke, um über so etwas Wichtiges wie die Zukunft der eigenen Karriere zu sprechen.

    Man kann an sehr unterschiedlichen Stellen mit besonderen Maßnahmen beim Bewerber punkten. Ich habe kürzlich ein Unternehmen besucht, das personalisierte digitale Schilder auf seinem Besucherparkplatz hat. Als ich dort ankam, stand am Kopfende des für mich reservierten Parkplatzes ein Schild mit meinem Namen. Ich fühlte

Gemeinsame Vereinbarung von Ort und Zeit

mich sofort willkommen und musste meiner Begeisterung zu Beginn des Meetings Luft machen. Man klärte mich auf, dies würde man bei vielversprechenden Bewerbern genauso handhaben. Früher hätte man im Eingangsbereich ein Flipchart aufgestellt, auf dem der Bewerber namentlich willkommen geheißen wurde – nur mit Nachnamen allerdings, aufgrund datenschutzrechtlicher Gründe.

Die Teilnehmer beim Interview im Vorfeld bekannt machen

Nun kommt der Bewerber zum Vorstellungsgespräch und trifft auf eine Gruppe von Personen aus dem jeweiligen Unternehmen. Alle haben sie die Bewerbungsunterlagen kopiert vor sich liegen und konnten sich (hoffentlich bereits im Vorfeld) ein Bild vom Bewerber machen. Der Bewerber seinerseits erfährt oftmals erst zu diesem Zeitpunkt, wer noch alles am Gespräch teilnehmen wird. Aus einschlägigen Ratgebern weiß er, dass nun die wichtige Übung folgt, sich die Namen und Funktionen der Beteiligten unmittelbar einzuprägen. Akademisch gesprochen handelt es sich hier um eine Art Informationsasymmetrie. Die Beteiligten im Interview wissen deutlich mehr über den Bewerber als umgekehrt. Sollte der Arbeitgeber in der Einladung bereits die Namen der Anwesenden aufgeführt haben, kann man davon ausgehen, dass der Bewerber diese Personen im Vorfeld googelt. Man kann dem Kandidaten aber auch auf wertschätzendere Art und Weise entgegenkommen und der Einladung jeweils ein Profil der Anwesenden zukommen lassen: eine Seite mit Bild und kurzem Lebenslauf. Die Botschaft: »Wir wissen nun etliches über Sie. Sie sollten auch etwas über uns wissen.« Alternativ kann man die Einladung zum Interview auch einfach mit Links zu den Xing-Profilen der Beteiligten ergänzen, so sie vorhanden sind.

»Dos und Don'ts« im Interview

Es gibt auf dem Markt unzählige Ratgeber für Bewerber, in denen erläutert wird, wie man sich am besten in einem Vorstellungsgespräch verhält. Wie schüttelt man die Hand? Wann nimmt man wo Platz? Welche Kleidung ist angemessen? Ich kenne aber kaum gute Ratgeber, die behandeln, wie man sich als Interviewer richtig verhält, abgesehen von den eher eignungsdiagnostischen Abhandlungen über die Validität unterschiedlicher Interviewformen und -fragen. Solche Ratgeber scheinen mir aber in der heutigen Zeit mindestens so wichtig, denn hier gibt es wiederkehrende, klassische Fehler, die begangen werden. Der einstellende Manager nimmt sich einen unangemessen hohen Redeanteil und berichtet endlos und begeistert von neuen Technologien, Märkten etc. Dem Bewerber bleibt nichts anderes übrig, als brav und freundlich zuzuhören. Dies wird ihm dann entweder positiv ausgelegt: »Er hat immer zustimmend genickt.« Oder sein Verhalten wird negativ interpretiert: »Er hat gar nichts gesagt.« Die Liste typischer Fehler ist lang. Von einem Bewerber wird erwartet, dass er sich im Vorfeld mit dem Unternehmen auseinandergesetzt hat. Was ist vor diesem Hintergrund von einem Manager zu halten, der sich vor dem Interview ganz offenkundig nicht mit dem Bewerber beschäftigt hat und die Bewerbungsunterlagen in der Interviewsituation zum ersten Mal studiert? Jedem Bewerber wird tunlichst empfohlen, während des Interviews sein Handy auszuschalten. Aber wie oft haben Bewerber

▣ Abb. 8.1 Wer ist hier der Interviewer und wer der Bewerber?[1]

einzelne Interviewpartner erlebt, die sich während des Interviews lieber mit ihrem Blackberry beschäftigen?

▣ Abb. 8.1 zeigt einen Ausschnitt aus einem Video auf YouTube mit dem Titel »Interview Dos and Don'ts«. Hierbei handelt es sich um ein typisches »Tutorial« für Bewerber, in dem klassische Situationen eines Interviews thematisiert werden und dies mit durchaus professionellem Anspruch. Wer auf diesem Bild ist wohl der Interviewer, und wer ist der Bewerber?

Instinktiv wird man den jungen Mann als Interviewer erkennen, weil dieser bequem hinter einem Schreibtisch sitzt und es sich erlauben kann, sein Jackett auszuziehen, während die junge Dame mit einem schäbigen Stuhl vorlieb nehmen muss und eine ordentlich aufrechte Sitzhaltung einnimmt. Hier geht es um Ratschläge für Bewerber, und die Figur, die in diesem Video den Interviewer darstellt, macht fast alles falsch. Die meisten, die dieses Video betrachten, werden dies nicht einmal merken. Ich fände es interessant oder zumindest nachdenkenswert, wenn das Rollenverhältnis genau umgekehrt wäre. In einem Interview sollte die Gesamtsituation so gestaltet sein, dass sich Interviewer und Bewerber auf Augenhöhe begegnen. Das beginnt bereits mit den Äußerlichkeiten der Interviewsituation.

Wichtiger sind aber die Interviewinhalte. Nicht nur der Arbeitgeber hat Fragen. Auch der Bewerber bringt Fragen mit:
— Passt das Unternehmen zu mir?
— Was bietet mir das Unternehmen, was andere Arbeitgeber nicht bieten?
— Warum ist das Unternehmen gerade an mir interessiert?

Insofern wäre es nur professionell, die Agenda des Interviews zu Beginn mit dem Kandidaten abzustimmen und zu klären, ob seine Themen hinreichend abgedeckt sind.

Interviews auf Augenhöhe

---

1 http://www.youtube.com/watch?v=S1ucmfPOBV8

Assessment-Center, die dem Kandidaten nützen

Bisher war ausschließlich von Interviews die Rede. Wie aber verhält es sich mit Assessment-Center (AC)? Ich begegne immer mehr Personalleitern, die beim Gedanken an AC ein ungutes Gefühl haben. Zu Recht. Bekanntermaßen gehören AC zwar zu den Auswahlverfahren mit der höchsten prognostischen Validität. Dies gilt insbesondere für AC, bei denen es um die Einschätzung des Potenzials der Kandidaten geht, etwa bei der Auswahl von Trainees. Hier kommt es auf generische Kompetenzen an, wie beispielsweise Kommunikation, analytisches Denkvermögen oder Führungskompetenz. Andererseits sind viele AC so aufgebaut, dass Kandidaten regelrecht »durch die Mühle gedreht« werden. Der alleinige oder zentrale Zweck des AC besteht hierbei darin, dem Unternehmen eine Einschätzung über die Tauglichkeit der Kandidaten zu liefern. In Zeiten von Fachkräftemangel ist dieser Fokus aber kaum mehr opportun. Schließlich sollte es nicht nur um die Frage gehen, ob der Kandidat für das Unternehmen geeignet ist. Vielmehr sollte auch der Kandidat einen Nutzen aus so einer Veranstaltung ziehen, indem er die Chance bekommt, etwas über sich und das Unternehmen zu lernen: Sind die Aufgaben in diesem Unternehmen für mich geeignet? Passt das Unternehmen zu mir? Wo liegen meine Stärken, Potenziale und Schwächen? Ich denke, AC werden in Zukunft viel mehr Gewicht auf den Nutzen für die Kandidaten legen müssen, damit die Methode von den Betroffenen nicht nur akzeptiert, sondern als gewinnbringend für alle Beteiligten eingeschätzt wird. Vielleicht wird es ja irgendwann so sein, dass Studenten AC für Unternehmen organisieren, wo sich Manager, die Jobs anzubieten haben, in unterschiedlichen Übungen unter Beweis stellen müssen.

Der Sinn der diagnostischen Methode ist erkennbar

Viele Aspekte, die hier zur Sprache kommen, wurden bereits vor 30 Jahren von Schuler und Stehle (1983) thematisiert und unter dem Begriff der »sozialen Validität« zusammengefasst. Unter sozialer Validität verstehen die beiden Vordenker alle Maßnahmen und Kriterien, die dazu beitragen, eine Auswahlsituation für Bewerber akzeptabel zu machen. Ein Kriterium, das hier besonders hervorgehoben werden soll, ist das der Transparenz. Bewerber sollten verstehen, welchen Zweck beispielsweise unterschiedliche Übungen und Tests im Rahmen eines AC haben. Idealerweise können Kandidaten den angewandten Auswahlverfahren eine augenscheinliche Validität zuschreiben. Es gibt Verfahren, die zwar aus wissenschaftlicher Sicht eine gewisse prognostische Validität aufweisen, deren Relevanz aber für Kandidaten nur schwer nachvollziehbar erscheinen mag. Dies gilt etwa für grafologische Verfahren, wo zwar in wissenschaftlichen Validierungsstudien Zusammenhänge zwischen ausgewählten Eigenschaften und der Handschrift durchaus nachgewiesen werden konnten, für den Bewerber es aber fraglich erscheint, inwieweit seine Handschrift wirklich Rückschlüsse auf seine zukünftige Leistungsfähigkeit zulässt. Letzteres leisten grafologische Verfahren nachweislich auch nicht (vgl. Domsch & Ladwig, 1996). Es mag statistisch entwickelte Verfahren geben, die zu so genannten heuristischen Regeln führen und etwa besagen, dass aus rein statistischer Sicht Menschen,

die regelmäßig Rotwein trinken und Zeitung lesen, beruflich erfolgreicher sind. Trotzdem würde man Kandidaten nicht fragen, ob sie
Rotwein trinken und Zeitung lesen. Fraglich sind weiterhin projektive
Verfahren wie der Rorschachtest oder Persönlichkeitstests mit merk-
würdig anmutenden Fragen.

Im Zusammenhang mit AC machte Bungard (1992) auf Reaktivi-
tätseffekte aufmerksam. Demnach bilden Kandidaten in einem AC
Hypothesen darüber, was die Beobachter wohl bei einer Übung sehen
wollen. Basierend auf ihrer Hypothese werden sie ihr Verhalten entsprechend ausrichten. Wie falsch Kandidaten dabei liegen können,
wurde mir in einer Übung bewusst, die ich vor vielen Jahren mit
Teilnehmern eines AC einer großen deutschen Bank durchgeführt
habe. Dabei fragte ich 30 Personen, die an einem AC teilgenommen
haben, was sie glauben, worauf es in den jeweiligen Übungen aus
ihrer Sicht angekommen sei. Die Einschätzungen der Teilnehmer
und die inhaltliche Architektur des AC lagen sichtlich auseinander.
Es spricht daher kaum etwas dagegen, Kandidaten im Vorfeld einer
Übung darüber aufzuklären, worauf es in der jeweiligen Übung ankommt. Wenn Kandidaten in der jeweiligen Situation in der Lage
sind, das gewünschte Verhalten zu zeigen, spricht dies für die Kandidaten. Man sollte schließlich davon ausgehen, dass Mitarbeiter auf
lange Sicht auch wissen, worauf es in verschiedenen Situationen des
Arbeitslebens ankommt.

Ein weiterer Aspekt der Transparenz bezieht sich auf den Recruiting-Prozess an sich. Es ist professionell, dem Kandidaten zu sagen,
was die nächsten Schritte sind und wann diese stattfinden. Der Kandidat sollte eine verlässliche Auskunft erhalten, bis wann er mit einer
Entscheidung bzw. Rückmeldung rechnen kann. Falsche Versprechungen sind genau das falsche Mittel. Wenn es aus irgendwelchen
Gründen länger dauert, kann man dies dem Kandidaten so mitteilen.
Das sollte für ihn in Ordnung sein. Hauptsache ist, er kann sich auf
eine Aussage verlassen. Auch insgesamt ist es professionell, Auskunft
über den Recruiting-Prozess zu erteilen, wo dies eben möglich ist. So
informiert beispielsweise PwC sehr klar auf seiner Website, was auf
einen Bewerber in welcher Reihenfolge zukommt, wenn er sich entschließt, sich dort zu bewerben (PwC, 2011).

Klare Schritte beim Recruiting-Prozess

Ich kenne Unternehmen, bei denen die Interviewer die Vereinbarung getroffen haben, sich im Rahmen des Vorstellungsgesprächs
ein Signal zu geben, ob man den Kandidaten direkt im Anschluss
durch das Unternehmen führen möchte. Unternehmensführungen
sind grundsätzlich eine gute Idee, um den Kandidaten frühzeitig zu
binden. Dies gilt vor allem dann, wenn dieser dabei die Chance bekommt, mit potenziellen zukünftigen Kollegen in Kontakt zu kommen. Man wird dies aber nicht mit jedem Kandidaten tun, sondern
nur mit jenen, die bereits im Vorstellungsgespräch einen positiven
Eindruck hinterlassen haben.

Der Personalleiter eines wunderbaren Unternehmens mitten im
rauen Schwarzwald erzählte mir kürzlich folgende Geschichte: Als

Den Lebenspartner einladen

das Unternehmen im Gespräch mit einem Traumkandidaten für eine schwierig zu besetzende Stelle (Produktionsleiter) war, wurde der Lebenspartner des Kandidaten zu einem zweiten Gespräch mit eingeladen. Es wurde hierfür das schönste Hotelzimmer am Ort gebucht. Dort befand sich ein netter Obstkorb mit einer handschriftlichen Karte des Geschäftsführers. Man ging nach einem eher offiziellen Termin schön essen, und weil das Paar aus Paderborn kam, stieß im Laufe des Abends ein anderes Ehepaar hinzu, das ursprünglich ebenfalls aus Paderborn in den Schwarzwald zog und begeistert von den tollen Bedingungen dieser Gegend, insbesondere für die Kinder, berichtete. Die Sache endete erfolgreich – für alle Beteiligten. Dies ist ein schönes Beispiel, wie im Zuge des Auswahlprozesses der Lebenspartner mit einbezogen werden kann. In der Tat sehe ich immer mehr Unternehmen, die dazu übergehen, die Lebenspartner zumindest zum zweiten Gespräch mit einzuladen. Schließlich entscheidet der Kandidat selten alleine. Bei der Gewinnung von Schülern für Ausbildungsstellen ist es für die vielen Unternehmen schon immer üblich, die Eltern mit einzubeziehen. Dahinter steht dieselbe Überlegung, eben jene Personen teilhaben zu lassen, die am Ende maßgeblich zur Entscheidung für oder gegen einen Arbeitgeber beitragen.

Der Manager macht die Zusage

Entscheidet man sich schlussendlich für einen Kandidaten, stellt sich die Frage, wie man ihm dies am besten mitteilt. Meine Empfehlung an dieser Stelle ist eindeutig: Erstens sollte dies der einstellende Manager machen und zweitens per Telefon. Hier genügt der Hinweis, dass man gerne mit dem jeweiligen Kandidaten in Zukunft zusammenarbeiten möchte und dass man das bisherige Kennenlernen als sehr positiv und für alle Seiten vielversprechend erlebt hat. Man würde sich auf eine Zusammenarbeit freuen. Für alle organisatorischen Details meldet sich ein Kollege aus der Personalabteilung bis zu einem definierten Zeitpunkt, am besten noch am selben Tag oder zu einem Zeitpunkt, wo es dem Kandidaten recht ist. Die persönliche Zusage durch den einstellenden Manager kostet wenig Zeit und Aufwand, vermittelt aber persönliche Wertschätzung. Je nach Priorität des Kandidaten kann man auch darüber nachdenken, dass ein höher gestellter Manager diesen Anruf tätigt.

Partnerschaftliche Vertragsverhandlung

Nun folgt eine Phase, die sich nicht selten als schwierig erweist, nämlich die der Vertragsverhandlung. Hier sollte man mit offenen Karten spielen und dies auch vom Kandidaten einfordern. Wenn man sich bis zu diesem Zeitpunkt gegenüber dem Bewerber respektvoll und professionell verhalten hat, kann man dies zu Recht auch in dieser Phase vom Kandidaten erwarten. Konkret heißt dies, bei Interesse an einem Kandidaten mit ihm darüber zu sprechen, ob die vertraglichen Punkte für ihn in Ordnung sind. Dabei ist es wichtig herauszufinden, an welchen Stellen er Bedenken hat: »Gibt es zum jetzigen Zeitpunkt Aspekte, die Sie noch davon abhalten, den Vertrag zu unterzeichnen? Wenn ja, sollten wir jetzt offen darüber sprechen.«

Nicht selten erlebt man, dass sich der Kandidat – meist aufgrund der Tatsache, dass er »mehrere Eisen im Feuer hat« – mit der Unterschrift zurückhält. Auch hier kann man von einem Kandidaten erwarten, dass er sich an eine **gemeinsam** gesetzte Deadline hält. Vielleicht benötigt es an dieser Stelle ein stärkeres Signal des Arbeitgebers, das besagt, dass man 100%ig vom jeweiligen Kandidaten überzeugt ist. Von Microsoft wird berichtet, dass in Fällen, wo es sich um einen besonders begehrten Kandidaten handelte, Bill Gates persönlich ein Signal bekam, der daraufhin den Kandidaten anrief: »Hi John, this is Bill Gates speaking. We definitely want you to work for Microsoft! Is there anything I can do for you (Bartlett, 2001)?«

Selbst in der Phase zwischen der Vertragsunterzeichnung und dem ersten Arbeitstag kann noch vieles passieren. Der erfahrene Personaler wird bestätigen, dass man bei einem Kandidaten, der zugesagt hat, noch nicht 100%ig sicher sein kann, dass er am ersten Tag dann auch erscheinen wird. Mit zunehmendem Wettbewerb um Talente wird sich die Erfahrung häufen, dass sicher geglaubte Kandidaten von ihrem Arbeitsvertrag zurücktreten. Diese Erfahrungen sind äußerst schmerzlich. Deshalb tut ein Arbeitgeber gut daran, sich in der Phase zwischen Vertragsunterzeichnung und erstem Arbeitstag unterschiedlicher Maßnahmen der Kandidatenbindung, wie sie in ▶ Kap. 7 beschrieben wurden, zu bedienen. Neben den dort beschriebenen Maßnahmen, wie Zugang zum Intranet, Versand der Firmenzeitschrift oder die Einladung zu einem anstehenden Firmenevent, gibt es in dieser Phase besondere Maßnahmen, die nur zu diesem Zeitpunkt sinnvoll sind:

> **»Onboarding« beginnt spätestens beim Vertragsabschluss**

- Die zukünftigen Kollegen werden aufgefordert, über Social Media, wie Xing, Facebook oder Twitter Kontakt mit ihrem neuen Kollegen aufzunehmen.
- Der zukünftige neue Mitarbeiter bekommt frühzeitig einen Plan über die Aktivitäten innerhalb der ersten Woche.
- Der einstellende Manager ruft wenige Wochen vor dem ersten Tag den neuen Kollegen an: »Wir freuen uns auf Sie!«
- Der neue Mitarbeiter bekommt sein Firmen-Handy bereits Wochen vor dem ersten Arbeitstag mit dem Hinweis, er könne jederzeit Kontakt aufnehmen, wenn er Fragen hat.

Schließlich sind die ersten Tage im Unternehmen eine kritische Phase für den neuen Mitarbeiter. Er sollte am ersten Tag so willkommen geheißen werden, wie er es verdient. Natürlich bedarf es für die ersten Tage und Wochen eines Einarbeitungskonzepts. Der einstellende Manager muss an diesem Tag gleich zu Beginn ausreichend Zeit für den neuen Kollegen einplanen. All dies sollte selbstverständlich sein, aber ich erwähne es trotzdem, weil gerade, was die ersten Tage betrifft, zu viele Horrorgeschichten berichtet werden. Die Klassiker sind, dass für den neuen Mitarbeiter kein Arbeitsplatz eingerichtet wurde oder das Team von der Ankunft des neuen Kollegen nichts weiß: »Guten Tag! Und wer sind Sie bitteschön?«

Wie eingangs erwähnt, empfehle ich jedem Unternehmen, seinen Recruiting-Prozess im Hinblick auf Geschwindigkeit, Transparenz

8

und Wertschätzung zu durchleuchten und dabei die Perspektive eines Kandidaten einzunehmen. Die vielen Ideen, die oben beschrieben wurden, entbehren den Anspruch auf Vollständigkeit. Die genannten Beispiele stammen aus meiner eigenen praktischen Erfahrung und aus vielen Gesprächen mit Personalern. Mir wurde deutlich, dass hier für die meisten Arbeitgeber ein erhebliches Potenzial an Verbesserung besteht. Und wie die meisten Beispiele zeigen, sind es oft die kleinen, kaum aufwendigen Dinge, die am Ende einen Unterschied ausmachen können. Ich habe erlebt, dass gerade kleine und mittelständische Unternehmen hier die Wendigkeit haben, Maßnahmen erfolgreich von einem Tag zum anderen umzusetzen.

An mancher Stelle mag der Eindruck entstanden sein, man solle laut meiner Empfehlungen und Beispiele den Kandidaten »auf einen Thron setzen« und ihn ganzheitlich verwöhnen. Darum geht es mir nicht. Ich glaube, dass in vielen Unternehmen, was die Recruiting-Praxis betrifft, ein Gefälle besteht zwischen dem Anspruch an den Bewerber und dem Anspruch, den man an sich selbst im Umgang mit dem Bewerber stellt. Alle Empfehlungen und Beispiele sollen dazu dienen, sich auf der viel zitierten Augenhöhe zu begegnen und im Ringen um Talente besser, schneller zu sein als der Wettbewerber. Nicht mehr und nicht weniger.

8.3   Durchgängigkeit

Bislang wurde in diesem Kapitel der Fokus auf die Kriterien Transparenz, Geschwindigkeit und Wertschätzung gelegt. Dies sind auch die wichtigsten Aspekte hinsichtlich eines positiven Bewerbererlebens. An dieser Stelle sollen diese Kriterien aber durch ein übergeordnetes Kriterium ergänzt werden, nämlich dem der Durchgängigkeit. Dieser Aspekt nimmt eine Sonderstellung ein, weil hier eine Betrachtung auf Metaebene vorgenommen wird, denn es geht hier weniger um einzelne, singuläre Maßnahmen, sondern um den Bewerbungsprozess insgesamt. Der Schwerpunkt der Betrachtung liegt hier zunächst auf der Karrierewebsite eines Arbeitgebers und allem, was danach im weiteren Verlauf des Recruiting-Prozesses folgt. Wie noch deutlich wird, steht hier die technische Gestaltung des Bewerberprozesses im Vordergrund.

Die Karrierewebseite ist der Zugang für Bewerber

Die Karrierewebsite ist nach wie vor der wohl wichtigste Recruiting-Kanal für die meisten Bewerber. Unabhängig davon, ob Kandidaten aktiv nach Stellen suchen oder ob sie eher passiv über ein Campus Recruiting oder Mitarbeiterempfehlungsprogramm auf einen Arbeitgeber aufmerksam wurden, früher oder später werden sich diese über die Karrierewebsite darüber kundig machen, was es mit dem jeweiligen Arbeitgeber auf sich hat und welche Jobs dieser anbietet. Die Karrierewebsite ist somit ein wichtiges Tor in die Arbeitswelt eines Unternehmens.

Früher waren Karrierewebseiten in erster Linie Seiten, die über vakante Positionen informiert haben. Dies ist bei vielen Unternehmen heute noch so, wenngleich diese Seiten mit ergänzenden Hinweisen und Bildern angereichert wurden. Unternehmen, die es mit Recruiting wirklich ernst meinen, sehen in der Karrierewebseite aber deutlich mehr. Diese Seite informiert nicht nur über offene Stellen. Sie ist ein wichtiges Instrument des »Employer Branding«, wo Arbeitgeber in authentischer, attraktiver und besonderer Weise ihr Arbeitgeberversprechen gegenüber gut segmentierten Zielgruppen vermitteln. Weiterhin bieten moderne Karrierewebseiten dem Bewerber komfortable Möglichkeiten, sich online zu bewerben. Ab diesem Moment kommt das so genannte »Backend« zum Zug. Bewerbungen werden im Unternehmen professionell aufgenommen, weitergeleitet, bewertet, und es folgt eine Interaktion mit dem Bewerber, die im guten Fall deutlich über die bloße Eingangsbestätigung hinausgeht.

Der gesamte Prozess, vom Arbeitgeberversprechen über die Stellensuche, die Bewerbung, die Interaktion mit dem Bewerber bis hin zur Auswahl und Einstellung eines Kandidaten, sollte nicht nur schnell, für den Bewerber transparent und persönlich wertschätzend sein, sondern auch im Bewerbererleben durchgängig sein. Hier kann vieles passieren, was im ungünstigen Fall dazu führen kann, dass sich ein Bewerber für einen anderen Arbeitgeber entscheidet. Gerade in Bezug auf die Durchgängigkeit haben aber heutzutage viele Unternehmen noch signifikanten Aufholbedarf. Die folgenden Konstellationen sollen dies verdeutlichen.

Etliche Unternehmen verfügen bereits über einen hervorragenden Internetauftritt, wenn es um die Vermittlung einer Arbeitgebermarke geht. Hier findet sich nicht nur ein klar artikuliertes Arbeitgeberversprechen, auch die Bild- und Textsprache passt und vermittelt so ein einheitliches, überzeugendes Bild. Es gibt »Testimonials«, nette Videos, und auch eine Verbindung zur Facebook-Präsenz darf nicht fehlen. Soweit ist alles in Ordnung, aber dann, wenn sich der Interessent auf die Jobsuche macht oder den Entschluss fasst, sich online zu bewerben, vermittelt sich dem Bewerber der Eindruck, sich nun in einer anderen Welt zu befinden. Was vorher »fancy«, lebendig und attraktiv anmutete, weicht nun einer nüchternen, technisch anmutenden Prozedur, wo es scheinbar nur noch darum geht, die gefragten Informationen abzuliefern. Verschwunden sind die schönen Bilder. Häufig erinnert schon allein farblich nichts mehr an den initialen Aufschlag. Diese Erfahrung lässt keine Zweifel mehr daran, dass man sich nun in einer technischen Lösung befindet. Ein gut gemachtes Beispiel hierfür liefert etwa die Wacker AG (◘ Abb. 8.2).

Als Kandidat wurde man beispielsweise über ein »Campus Recruiting« oder über Xing auf einen Arbeitgeber aufmerksam gemacht. Man hat ihm klar vermittelt, an ihm interessiert zu sein. Meist fand bereits ein Austausch statt, und es liegen dem Arbeitgeber bereits Lebensläufe oder Zeugnisse vor. Jetzt aber, wo der Bewerber den »offiziellen« Weg der Online-Bewerbung einschlägt, scheint all dies

Wird das Versprechen auf der Karrierewebsite im weiteren Bewerbungsprozess eingehalten?

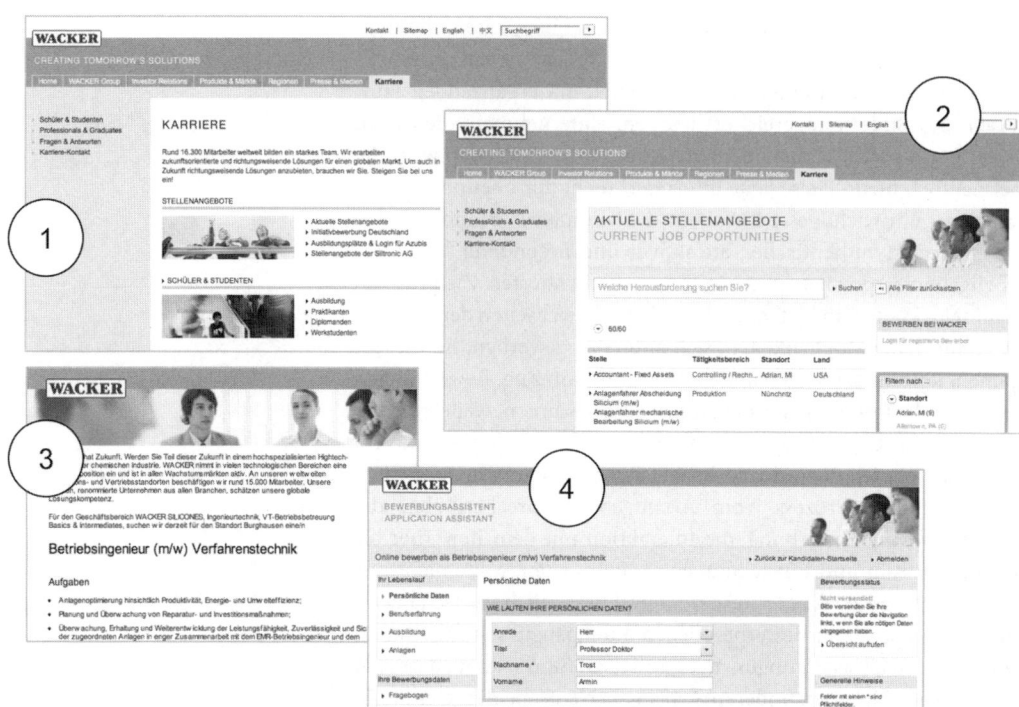

◻ Abb. 8.2 Der durchgängige Auftritt auf der Karrierewebsite der Wacker AG

Vergangenheit zu sein. Spätestens nun hat er das Gefühl, alles Bisherige sei in Vergessenheit geraten. Man ist wieder einer unter vielen. Alle Gespräche vorher waren persönlich und freundlich. Was nun folgt, sind Eingangsbestätigungen und Statusmails, in denen man im ungünstigsten Fall als »Sehr geehrte Dame/sehr geehrter Herr« angesprochen wird. Alles wirkt irgendwie technisch und verwalterisch.

Über persönliche Kontakte und über das »Employer Branding« vermittelte das Unternehmen ein lockeres, aufgeschlossenes Bild. Auf der Website wurde man noch geduzt, und die Menschen darauf wirkten irgendwie leger. Aber was erlebt der Bewerber, wenn er nun den Auswahlprozess durchläuft? Sind die Mails im Rahmen der Kandidateninteraktion immer noch so leger? Wie wird man im Vorstellungsgespräch aufgenommen und behandelt? Bestätigt das Bild, das ein Arbeitgeber auf der »Landing-Page« seiner Karrierewebsite vermittelt, die gefühlte Wirklichkeit im Unternehmen und wie stellt sich diese in den ersten Tagen im Unternehmen im Rahmen des »Onboarding« dar?

Arbeitgeber tun gut daran, die Durchgängigkeit ihres Recruiting-Prozesses sicherzustellen. Hierbei ist es unerlässlich, die Perspektive eines attraktiven Bewerbers einzunehmen und den Prozess aus dessen Sicht zu durchleuchten. Welche Botschaften im Sinne eines Arbeitgeberversprechens sollen am Ende vermittelt werden, und wie passen die verschiedenen Schritte dazu? In ◻ Abb. 8.3 sind die typischen

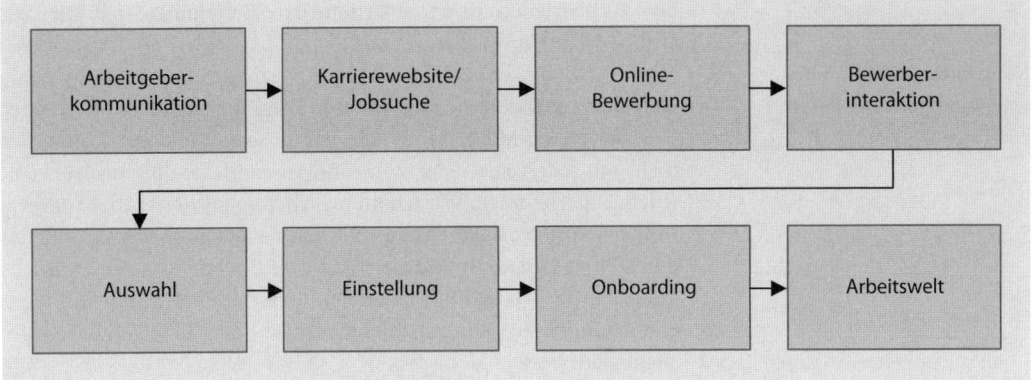

◻ **Abb. 8.3** Relevante Schritte in einem durchgängigen Recruiting-Prozess

Schritte eines Recruiting-Prozesses, angefangen von der Arbeitgeber-
kommunikation über die Bewerbung bis hin zu den ersten Erfahrungen in der realen Arbeitswelt des Unternehmens, dargestellt.

Die Schaffung einer Durchgängigkeit hat mehrere Dimensionen.
Einerseits geht es um die gesamte Art und die Inhalte der Kommu-
nikation mit den Bewerbern. Wie spreche ich Bewerber an? Welche
Sprache und welchen Stil pflege ich dabei? Welches Bild will man als
Arbeitgeber vermitteln? Andererseits geht es um das Design und die
Anmutung insgesamt. Hier spielt die Farbsprache eine wichtige Rolle
oder die wiederkehrende Nutzung einer einheitlichen Bildsprache auf
der Website, in den Stellenanzeigen oder innerhalb der Korrespon-
denz. Schließlich gibt es eine technische Dimension. Viele technische
Lösungen im Bereich e-Recruiting haben standardmäßig ihre eigene
äußere Anmutung. Der Standard entspricht aber so gut wie nie dem
Design, den ein durchgängiger Prozess erfordert. Hier empfiehlt es
sich, auf entsprechende Add-ons zuzugreifen oder die vorhandenen
Möglichkeiten einer notwendigen Anpassung zu nutzen.

8.4   Erfolgsmessung durch Bewerberbefragung

Wenn man sich als Arbeitgeber im Kontext der positiven Bewerbererfahrung Ziele setzt, sollten diese auch messbar sein. Tatsächlich
helfen ausgewählte Kennzahlen, in diesem Bereich besser zu werden
und zu erkennen, an welchen Stellen Verbesserungspotenziale bestehen. Grundsätzlich gibt es eine Vielzahl möglicher Kennzahlen,
wie etwa die »time-to-fill«, die anzeigt, wie schnell im Durchschnitt
die Besetzung einer Stelle erfolgt. Man kann die Fluktuation während
des Recruiting-Prozesses messen oder verfolgen, wie viele Zusagen
durch Bewerber am Ende angenommen werden. Da es hier aber in
erster Linie darum geht, den Recruiting-Prozess aus Sicht des Bewer-

Neue Mitarbeiter können wertvolle Hinweise liefern

bers zu beurteilen, ist deren strukturierte Befragung der Königsweg (vgl. Trost & Hörtensteiner, 2006).

Als ich 2001 bei der SAP AG die Verantwortung für das globale Recruiting übernommen habe, waren Befragungen neuer Mitarbeiter eine der ersten Maßnahmen, die ich umsetzte, und ich würde dies nicht nur jederzeit wieder tun, sondern empfehle dies ausdrücklich jedem Unternehmen. Wir nannten die Befragung »New Hire Survey«. Immer am siebten Arbeitstag erhielten neue Mitarbeiter überall auf der Welt automatisch und per Mail eine Einladung zu einer Befragung. Ein in der Mail eingebetteter, personalisierter Link führte zu einem Online-Fragebogen. Dieser enthielt Items zu folgenden Fragestellungen:

- Wie sind Sie auf SAP als Arbeitgeber aufmerksam geworden?
- Wie haben Sie sich bei der SAP beworben?
- Warum haben Sie sich für die SAP als Arbeitgeber entschieden?
- Wenn Sie nicht zur SAP gekommen wären, was hätten Sie dann gemacht bzw. zu welchem Arbeitgeber wären Sie dann gegangen?
- Wie haben Sie den Bewerbungsprozess im Hinblick auf Transparenz, Geschwindigkeit und Wertschätzung erlebt?
- Wie wurden Sie an den ersten Tagen bei SAP aufgenommen?
- Inwieweit entsprechen Ihre ersten Eindrücke dem, was Sie sich bei der SAP vorgestellt haben?

Die oben aufgelisteten Fragestellungen wurden nicht in der genannten Form erfragt. Sie spiegeln lediglich die Inhalte der Befragung wider. Die Rückläufe variierten über die Zeit hinweg, betrugen aber immer mehr als 80%. Offensichtlich sind neue Mitarbeiter international gerne bereit, über ihre Sichtweise, ihr Erleben und ihre Eindrücke während des Recruiting-Prozesses zu berichten.

Am Ende lieferte uns der »New Hire Survey« kontinuierlich äußerst wertvolle Erkenntnisse, die nicht nur interessant, sondern relevant für die Arbeitgebermarke, den Recruiting-Prozess und die erste Einarbeitung der Mitarbeiter waren. Die Ergebnisse wurden global und bezogen auf die verschiedenen Länderorganisationen analysiert, sodass alle Recruiting-Organisationen über ein spezielles Portal jederzeit und in Realtime Zugriff auf die aktuellen Ergebnisse hatten. Dies wurde von allen Beteiligten überaus positiv aufgenommen und als wertvolles Feedback-Instrument genutzt. Besonders charmant an einem Ansatz wie diesem ist, dass sobald man die Infrastruktur für solch eine Befragung aufgestellt und die Befragung angestoßen hat, man ohne weiteres Zutun kontinuierlich Daten erhält. Es mutet an wie ein Perpetuum mobile, das, einmal angestoßen, nicht mehr aufhört zu arbeiten.

Weil der »New Hire Survey« so erfolgreich lief, bauten wir die Sache aus und ergänzten ihn durch einen so genannten »Hiring Manager Survey«. Immer dann, wenn ein Vertrag mit einem neuen zukünftigen Kollegen unterzeichnet wurde und dieses Ereignis im

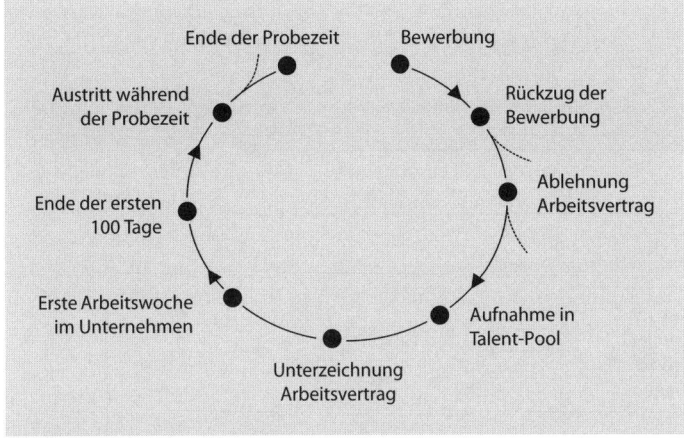

Ende der Probezeit   Bewerbung

Austritt während
der Probezeit   Rückzug der
Bewerbung

Ablehnung
Arbeitsvertrag

Ende der ersten
100 Tage

Erste Arbeitswoche
im Unternehmen   Aufnahme in
Talent-Pool

Unterzeichnung
Arbeitsvertrag

◘ **Abb. 8.4** Anlässe zur Bewerberbefragung

Organisationsmanagement gepflegt wurde, erhielten die einstellenden Manager eine Einladung zu einer Befragung. Damit diese die
Befragung nicht als zu lästig empfanden, begrenzten wir uns auf jede
zehnte Einstellung. Mit dieser Befragung wurde erfasst, wie zufrieden
die Manager mit der Zusammenarbeit mit HR waren, wohl wissend,
dass der Erfolg einer neuen Einstellung immer ein gemeinsames Vorhaben darstellt.

Damit nicht genug, ergänzten wir diese beiden Befragungen
schließlich durch zwei weitere. So wurden zufällig ausgewählte Bewerber befragt, nachdem ihre Bewerbung eingegangen war. Hier sollte vor allem gemessen werden, wie Bewerber auf SAP aufmerksam
wurden und wie sie die Bewerbungsmodalitäten beurteilten. Immer
dann, wenn ein Bewerber seine Bewerbung zurückzog oder einen
Arbeitsvertrag ablehnte, löste dies ebenfalls eine spezielle Befragung
aus. An dieser Stelle sei erwähnt, dass spätestens bei solchen Befragungen die Kooperation mit einer neutralen dritten Instanz erforderlich ist.

Grundsätzlich können sehr unterschiedliche Ereignisse im Lebenszyklus eines Bewerbers zum Anlass genommen werden, Bewerber, neue Mitarbeiter oder beteiligte Manager zu befragen. In
◘ Abb. 8.4 sind unterschiedliche Stationen eines solchen Zyklus dargestellt. Jeder Punkt in dieser Abbildung kann potenziell als Anlass
gesehen werden.

Wie bei allen Kennzahlen, die im Rahmen eines Personalcontrol-
lings generiert werden, müssen diese eine Relevanz für bestimmte Instanzen im Unternehmen haben. Nur dann, wenn Kennzahlen einen
klaren Bezug zu gesteckten Zielen haben, werden sie bedeutsam.
Insofern sollten die obigen Überlegungen als Anregung verstanden
werden. Schließlich kann man vieles machen, aber nur Relevantes ist
hier wirklich zielführend.

**Es gibt unterschiedliche Anlässe,
um wichtige Fragen zu stellen**

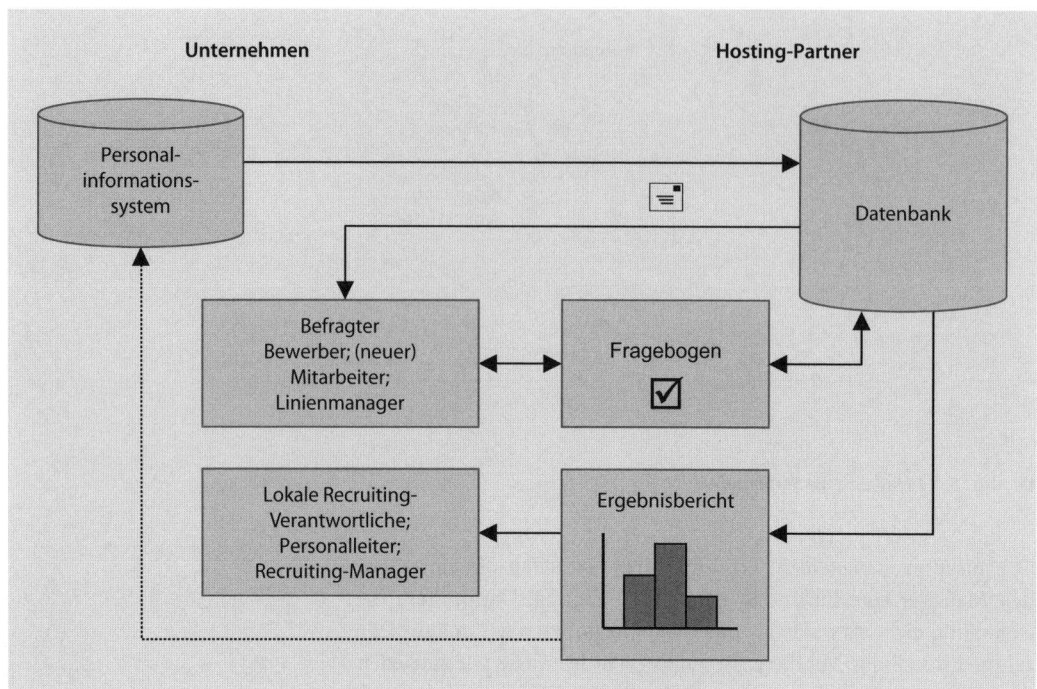

Abb. 8.5 Zusammenspiel von Systemen, Arbeitgeber und Hosting-Partner bei Bewerberbefragungen

Für die Durchführung solcher Befragungen benötigt man gerade in großen Unternehmen ein umfassendes Personalinformationssystem und insbesondere ein Organisationsmanagement, in dem die oben skizzierten Anlässe oder Ereignisse, wie beispielsweise die Einstellung neuer Mitarbeiter oder deren erste Arbeitstage, gepflegt werden. Kleine und mittelständische Unternehmen kommen hier meist mit weniger aus, da die Befragungsteilnehmer mengenmäßig überschaubar sind. Der Informationsfluss, die beteiligten Systeme und das Zusammenspiel mit einem externen Hosting-Partner sind in ◘ Abb. 8.5 grafisch veranschaulicht.

Im Personalinformationssystem wird ein Ereignis gepflegt, beispielsweise die Einstellung eines neuen Mitarbeiters. Diese Information wird an den Partner übermittelt, der sie in einer Datenbank speichert. Von dort aus wird eine Einladung an den neuen Mitarbeiter zu einer Befragung gesandt. Der Fragebogen an sich wird wiederum vom externen Partner »gehostet«. Dieser erfasst dann wiederum die Antworten der Befragten. Die Analyseergebnisse werden sodann vom Partner zur Verfügung gestellt und können beispielsweise von Recruiting-Verantwortlichen eingesehen werden.

Wie gesagt, die geschilderte Vorgehensweise stellt eine ideale Sicht dar. Sie entspricht der beschriebenen Praxis von SAP. Aber gerade für kleine und mittelständische Unternehmen sind weitaus einfachere Herangehensweisen denkbar.

Rahmenbedingungen

In diesem Kapitel geht es um Rahmenbedingungen für die erfolgreiche Umsetzung von TRM. Bislang wurden inhaltliche Konzepte und Ansätze vorgestellt. Deren Realisierung erfolgt aber nicht isoliert, sondern immer in einem Kontext, der in unterschiedlichem Maß förderlich sein kann. Im Einzelnen wird hier auf fünf Aspekte Bezug genommen. Wir beginnen mit der Verpflichtung der Geschäftsführung. TRM setzt voraus, dass die Geschäftsführung hinter den damit verbundenen Maßnahmen steht und diese aktiv unterstützt. Wie bereits im Zusammenhang mit Kandidatenbindung beschrieben, erfordert TRM eine besondere Organisation gerade in der Personalabteilung. Hier gibt es bestimmte Rollen und Abhängigkeiten bei der Zusammenarbeit. Darüber hinaus erfordert TRM spezifische und meist ungewohnte Kompetenzen auf Seiten der Akteure. Weiterhin kann eine technische Infrastruktur bei der Umsetzung von TRM helfen. Hier kommen in erster Linie Informationstechnologien zur Sprache. TRM erfolgt zunehmend in einem internationalen Kontext. Dabei stellt sich insbesondere die Frage, wie zentral oder dezentral agiert werden sollte. Abschließend geht es um den monetären Nutzen von TRM. Maßnahmen rund um TRM werden nur dann Zuspruch gerade auf Seiten der Geschäftsführung erfahren, wenn man sich davon einen Nutzen verspricht und dieser in der Sprache des Finanzchefs artikuliert wird.

9.1   Verpflichtung der Geschäftsführung

Ich habe in meiner Karriere die Chance gehabt, viele Unternehmen und deren Aktivitäten der Personalgewinnung kennenzulernen. Dabei habe ich etliche Arbeitgeber getroffen, die im Wettbewerb um Talente sehr erfolgreich sind. Aber noch mehr Unternehmen tun sich mit der Besetzung von Schlüssel- und Engpassfunktionen außerordentlich schwer. Mir liegen keine empirischen Daten vor, aber aus meiner Erfahrung kann ich sagen, dass es einen entscheidenden Unterschied zwischen der ersten Gruppe von Arbeitgebern und der zweiten Gruppe gibt. In jenen Unternehmen, bei denen Personalgewinnung von Erfolg gekrönt ist, gehört Personalgewinnung zu den strategischen Themen höchster Priorität. Die dortigen Personaler haben das große Glück, mit Geschäftsführungen zu arbeiten, die sich dieses Thema voll und ganz zu eigen gemacht haben. Zugleich habe ich in den letzten Jahren mit vielen Personalern gesprochen, die von den in diesem Buch beschriebenen Ansätzen absolut überzeugt sind, aber regelmäßig einräumen, man könne diese in ihrem Unternehmen nicht oder nur begrenzt umsetzen, weil sie von der Geschäftsführung nicht unterstützt würden. Dieser Abschnitt richtet sich deshalb explizit an diese Personaler. Sie müssen sich mit ihrem Schicksal nicht abfinden. Vielmehr sehe ich es auch in der Verantwortung der Personalabteilung, auf die Notwendigkeit eines TRM überzeugend aufmerksam zu machen und für gute Ideen zu kämpfen. Andere Funktionen wie Marketing, Vertrieb, Logistik oder Produktion tun dies ebenso, wenn sie auf lange Sicht erfolgreich sein wollen. Im Folgenden werden hierzu einige Hilfestellungen gegeben.

Professor John Kotter von der Harvard Business School hat im Laufe der vergangenen Jahre im Zusammenhang mit umfassenden Veränderungen in Organisationen wiederholt auf die Notwendigkeit eines »Sense of Urgency« aufmerksam gemacht (Kotter, 1996). In seinem 8-Punkte-Ansatz macht er deutlich, dass mangelnder Leidensdruck zu den Hauptursachen erfolgloser Transformationen gehört. Man kann diese Überlegung unmittelbar auf das hier behandelte Problem übertragen. Geschäftsführer unterschätzen zuweilen die Bedeutung umfassender Bemühungen bei der Personalgewinnung, weil sie diesen »Sense of Urgency« vermissen lassen. Unternehmenslenker leben oft in ihrer eigenen Welt, wo sie Probleme aus operativen Bereichen nicht erreichen. Gerade Firmengründer sind von Natur aus zutiefst überzeugt von ihrem Unternehmen als Arbeitgeber und wundern sich, warum nicht jeder bei ihnen arbeiten möchte – ihr Unternehmen als Mittelpunkt des Universums. Man erkennt zwar demografische Entwicklungen und ist vertraut mit den sich ändernden Alterspyramiden, die langfristig eher die Form von »Demografiedönern« annehmen werden. Sie haben diese Darstellungen oft gesehen. Ich befürchte aber, dass die Dramatik demografischer Entwicklungen und die Folgen für den Arbeitsmarkt ihre Herzen noch nicht erreicht haben.

Kotter weist darauf hin, dass schon allein die räumliche Umgebung von Vorständen und Geschäftsführern mit all den teuren Bildern, Teppichen und dem aufwendigen Interieur ihnen Glauben macht, die Welt sei in Ordnung. Nun weiß man auch, dass gute Nachrichten eine bessere Chance haben, zu den Geschäftsführern durchzudringen als schlechte. Dies liegt nicht etwa daran, dass Geschäftsführer ignorant wären, sondern dass Mitarbeiter und Führungskräfte meist zögern, schlechte Nachrichten nach oben zu vermitteln. Instinktiv kennt man das »Kill-the-Messenger-of-bad-News«-Phänomen.

Aus der Sozialpsychologie und insbesondere aus der Gruppendynamik kennt man das Phänomen »Groupthink« (vgl. Janis, 1972). Diese Form des Gruppendenkens beschreibt eine unangemessen ausgeprägte Tendenz von Gruppen, Konsens zu suchen und sich dabei von Informationen aus der Umwelt systematisch abzuschotten. Dieses Phänomen tritt insbesondere dann auf, wenn eine Gruppe, wie etwa die Geschäftsführung oder der Vorstand, von einem charismatischen, dominierenden Vorsitzenden gelenkt wird. Die Geschichte hat gezeigt, dass dieses Phänomen zu katastrophalen Fehleinschätzungen und Entscheidungen führen kann.

Die besondere Problematik im Rahmen der Personalgewinnung besteht nun darin, dass die wenigsten Unternehmen diesbezüglich echte Krisen erlebt haben. Der Fachkräftemangel macht sich nur schleichend bemerkbar. Eine wach rüttelnde Katastrophe erleben nur die wenigsten. Dies wurde in der Vergangenheit auch dadurch unterstützt, dass die Besetzung schwieriger Stellen reflexartig an Personal-

Wie hoch ist der Leidensdruck in der Unternehmensleitung?

Der Fachkräftemangel kommt schleichend

beratungen ausgelagert wurde, womit man das Problem nach außen abgegeben hat und man sich nicht mehr gezwungen fühlte, an den eigenen Strukturen und Methoden zu arbeiten.

Schließlich wird bei der Personalgewinnung in vielen Unternehmen eher kurzfristig gedacht, sozusagen von Vakanz zu Vakanz. Diese vakanzfokussierte Denkweise, wie sie bereits in Kap. 3 beschrieben wurde, führt nicht selten dazu, die strukturellen Mängel insgesamt zu übersehen. Die einzelne Vakanz wird als das Problem gesehen und nicht die grundsätzliche Herangehensweise bei der Besetzung von Vakanzen. So dringt zwar in wenigen Fällen das Problem in die Ebene der Geschäftsführung vor, dass eine Vakanz nun schon seit vielen Monaten nicht besetzt werden konnte, und man wundert sich. Am Ende wird man aber zunächst mit punktuellen Problemlösungen reagieren.

Die oben genannten Punkte nehmen eine umso dramatischere Gestalt an, wenn der Personalleiter nicht Mitglied der Geschäftsführung ist. Ist Personalgewinnung zudem Aufgabe eines dezidierten Recruiting- und Personalmarketingteams, mag die Geschäftsführung aus Sicht des Leiters dieses Teams geradezu als unerreichbar erscheinen.

Vor dem Hintergrund dieser Ausgangslage geht es nun im Folgenden darum, konkrete Ansätze aufzuzeigen, wie auf Seiten der Geschäftsführung ein Leidensdruck erzeugt werden kann. Grundsätzlich gilt die Regel, wonach man Geschäftsführern nie mit Problemen begegnen sollte, solange man nicht auch die Lösung in der Tasche hat. Die Lösung wurde in den ▶ Kap. 4–8 ausführlich beschrieben. Nun geht es um die Probleme.

Tut man sich vor dem Hintergrund des Fachkräftemangels mit der Besetzung von Schlüssel- und Engpassfunktionen schwer, kann man versuchen, dies mit Zahlen auszudrücken. Zahlen schreibt man eher eine Objektivität zu als verbal umschriebenen Sachlagen. Entsprechende Kennzahlen können in Orientierung an den vier oben beschriebenen Handlungsfeldern (▶ Kap. 5–8) kategorisiert werden.

Mit Kennzahlen überzeugen

Das Arbeitgeberversprechen bzw. die Arbeitgebermarken zielen darauf ab, als Arbeitgeber in überzeugender Weise ins Bewusstsein seiner Zielgruppe zu kommen. Eine einfache und naheliegende Kennzahl, die hier auf Probleme aufmerksam macht, sind die **Bewerbungseingänge**. Grundsätzlich gibt es eine unvalidierte Daumenregel, die besagt, ein Unternehmen sollte pro Jahr so viele Bewerbungen erhalten, wie es Mitarbeiter hat. Für Schlüssel- und insbesondere für Engpassfunktionen sind diese Werte anteilsmäßig geringer. Vielversprechender ist ein Vergleich der Bewerbungseingänge über die Zeit. Man vergleicht also den aktuellen Bewerbungseingang mit dem der Vergangenheit. Hier zeigen sich zuweilen dramatische Einbrüche. Noch dramatischer stellen sich die Werte dar, wann man nur die qualifizierten Bewerbungen berücksichtigt, also jene, die im Rahmen der Vorauswahl als potenziell passend erachtet wurden. So berichten mir unzählige Unternehmen signifikante Einbrüche bei qualifizierten Bewerbungen auf Ausbildungsstellen. Hier spielt offenbar nicht nur die

Quantität der Bewerbungen, sondern auch deren Qualität eine große Rolle.

Neben den Bewerbungseingängen bietet das Internet eine Vielzahl von **Zugriffsstatistiken**, von denen allerdings die meisten eher undifferenziert sind, Rückschlüsse auf Schlüssel- und Engpassfunktionen also kaum möglich sind. Der hausinterne Webmaster wird jederzeit Zahlen über die Zugriffe auf die Karrierewebseite und deren untergeordnete Seiten im zeitlichen Verlauf liefern können. Aufgrund der wachsenden Bedeutung des Internets bedeutet hier Stagnation Rückgang. Weitere Kennzahlen liefert beispielsweise Kununu (http://www.kununu.com). Hier werden die Aufrufe der jeweiligen Unternehmensseite sogar im zeitlichen Verlauf öffentlich angezeigt, sodass Vergleiche mit direkten Wettbewerbern unmittelbar möglich sind.

Die für große Unternehmen wohl prominenteste Methode, die Beliebtheit als Arbeitgeber zu beobachten, bietet das jährliche »**Trendence-Graduate-Barometer**« (http://www.trendemployer.de). In den Kategorien Business, Engineering und IT werden Arbeitgeber nach ihrer Beliebtheit in eine Rangreihe gebracht. Die empirische Grundlage hierfür sind 30.000 Absolventen an unterschiedlichen Hochschulen in Deutschland sowie Studenten, die sich bereit erklärt haben, an einem entsprechenden Panel teilzunehmen. Das Trendence-Institut stellt umfassende Berichte bezogen auf einzelne Arbeitgeber zur Verfügung. Die Arbeitgeberrankings von Trendence werden von den meisten Unternehmen sehr ernst genommen und genießen auch auf Geschäftsführerebene ein hohes Vertrauen. Wer hier auf die eigenen Probleme aufmerksam machen möchte, betrachtet vor allem die eigene Position im Vergleich zu den Erzrivalen des Unternehmens. Dies interessiert Geschäftsführer besonders. So dürfte es den Vorstand der Puma AG interessieren, dass Adidas im Ranking deutlich besser dasteht. Die Commerzbank ist es gewohnt, von jeher eine Position hinter der Deutschen Bank einzunehmen. Die Differenz und deren Entwicklung über die Zeit werden dort aber mit sportlichem Ehrgeiz wahrgenommen.

Hinsichtlich der **Suchstrategien** gibt es weitere Möglichkeiten, die aktuelle Sachlage mittels Zahlen darzustellen. Hier geht es vor allem darum, zu zeigen, dass herkömmliche Ansätze nicht bzw. nicht mehr zu dem gewünschten Erfolg führen. Auch hier kann man mit Bewerbungseingängen operieren, wenn man diese konkreten Ansätzen zuordnen kann. Beispielsweise kann man analysieren, wie viele Bewerbungen bestimmte Stellenanzeigen, z. B. Ausschreibungen im traditionellen Printformat, generiert haben. Weiterhin können Kennzahlen herangezogen werden, die sich auf die bisherigen Bemühungen rund um das existierende Hochschulmarketing, Mitarbeiterempfehlungsprogramm oder andere Ansätze beziehen. Auf diese wurde in den jeweiligen Abschnitten in ▶ Kap. 6 bereits detailliert eingegangen. Kennzahlen dieser Art haben den Zweck, auf das ungenützte Potenzial dieser Suchstrategien aufmerksam zu machen. Wenn bei der Einstellung von Professionals beispielsweise die Ausbeute über

9

Mitarbeiterempfehlungsprogramme geringer ist als 10%, dann zeigt dies erheblichen Aufholbedarf. Unternehmen, die auf Empfehlungsprogramme setzen, erzielen nicht selten Raten von 50% oder mehr. Ähnliches gilt bei der Gewinnung von Absolventen über aktuelle Maßnahmen des »Campus Recruiting«.

Im Hinblick auf **Kandidatenbindung** sollte analysiert werden, wie viele ehemalige Praktikanten, Azubis und Studenten, die Abschlussarbeiten geschrieben haben, am Ende übernommen wurden. Hier sollte die Rate mindestens im zweistelligen Bereich rangieren.

Bei der Betrachtung des **Bewerbererlebens** bietet es sich an, unter neuen Mitarbeitern eine Befragung durchzuführen, ähnlich wie in ▶ Kap. 8 beschrieben wurde. Hier genügt eine punktuelle Befragung beispielsweise jener Mitarbeiter, die in den vergangenen sechs Monaten eingestellt wurden. Alternativ oder ergänzend kann man mit so genannten »Mystery Applicants« arbeiten. Für wenige Hundert Euro sind studentische Unternehmensberatungen gerne bereit, gefälschte, aber zum Verwechseln echte Bewerbungen in den Bewerbungsprozess einzuschleusen. Besonders spannend wird die Sache dann, wenn sich diese Bewerbungen inhaltlich an Mitarbeiter anlehnen, die man in der Vergangenheit eingestellt hat. Dadurch stellt man sicher, dass es sich bei den »Bewerbern« um potenziell geeignete Kandidaten handelt. Beginnend mit dem Tag der »Bewerbung« wird dann überprüft, wie schnell das Unternehmen reagiert und wie es reagiert. Dieses Verfahren endet aber meist mit der Einladung zum Vorstellungsgespräch. Wenn ich Vorträge vor Geschäftsführern und Vorständen halte, geben ich diesen meist den Tipp, sie mögen sich doch bitte einmal unter einem anderen Namen und mit ihrem Traumprofil im eigenen Unternehmen bewerben. Meist sind es Personalvorstände im Publikum, deren Gesichtsfarbe sich in diesem Moment ändert.

Mit »Quick-Wins« schafft man Vertrauen

Eine einfache wie elegante Vorgehensweise, um die Wirkung ausgewählter Maßnahmen unter Beweis zu stellen, sind so genannte »Quick-Wins«. »Quick-Wins« sind Maßnahmen, die einerseits mit einem geringen Aufwand verbunden sind, andererseits aber trotzdem einen relativ hohen Nutzen generieren. Für diese bedarf es meist keiner Zustimmung durch die Geschäftsführung. So kann man etwa in einem Workshop darüber diskutieren, welche Maßnahmen insbesondere im Rahmen der Kandidatensuche, -bindung und für das positive Bewerbererleben grundsätzlich infrage kommen. Davon ausgehend können diese Maßnahmen oder zumindest Pilotversuche in einem Portfolio anhand der Dimensionen Nutzen und Aufwand sortiert werden (◘ Abb. 9.1).

Bezüglich des Arbeitgeberversprechens sehe ich kaum Quick-Wins. Anders verhält sich dies bei den anderen drei Handlungsfeldern. Im Folgenden werden einige Ideen hierzu skizziert:

— Für die Besetzung einzelner, ausgewählter Stellen werden aktiv Empfehlungen eingeholt und entsprechende Boni ausgelobt. In einem ersten Schritt würde man also kein flächendeckendes Pro-

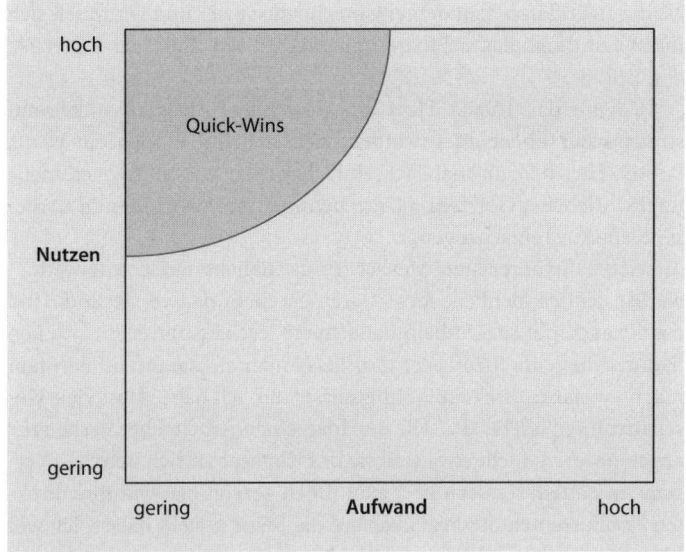

Abb. 9.1 Quick-Wins

gramm implementieren, sondern nur die Idee an sich in einem überschaubaren Rahmen ausprobieren.

— Für einen ausgewählten Bereich wird eine Zielhochschule identifiziert. Dort setzt man dann das komplette Instrumentarium eines professionellen Campus Recruiting um. Hierzu bedarf es der Einbindung von nur wenigen engagierten Fachbereichsvertretern.

— Für eine oder wenige Vakanz(en) wird Social Community Recruiting ausprobiert, etwa über Xing oder Twitter. Ich kenne Unternehmen, wo dies Praktikanten nach allen Regeln der Kunst ausprobiert haben.

— Man setzt eine einfache Idee im Guerilla Recruiting um. Um hier unnötige Irritationen zu vermeiden, kann sich die Idee auf eine eingrenzbare Zielgruppe, beispielsweise auf Studenten einer einzigen Hochschule beziehen.

— An einer kleinen, überschaubaren Gruppe von Traumkandidaten, beispielsweise an ehemaligen Praktikanten, wird eine breite Palette an Kandidatenbindungsmaßnahmen ausprobiert und dies im Hinblick auf eine bislang schwer zu besetzende Position.

Auf Ideen in Bezug auf das positive Bewerbererleben wird an dieser Stelle verzichtet. Die meisten Ideen in diesem Kontext sind mit geringem Aufwand verbunden und müssen eigentlich nur umgesetzt werden.

Gerade im Kontext Social Media habe ich viele Beispiele erlebt, wo junge, mutige Kollegen eine Idee einfach umgesetzt haben, ohne explizit um Erlaubnis zu fragen. Viele Geschäftsführer stehen Social Media äußerst kritisch gegenüber. Ihnen die Bedeutung von Social

Media zu erklären, fällt dementsprechend schwer und vermittelt sich meist erst durch das sichtbare Ergebnis und die damit einhergehenden Erfolge.

Um für das Thema TRM die notwendige Aufmerksamkeit auf strategischer Ebene zu gewinnen, hilft manchmal auch ein wenig Politik. Hier bedient man sich einfacher, aber wirkungsvoller, meist ungeschriebener Gesetze im Unternehmen. Auf zwei Ideen sei an dieser Stelle kurz eingegangen.

Vergleiche mit direkten Wettbewerbern

Geschäftsführer sind Menschen, die üblicherweise sehr wettbewerbsorientiert denken, sonst wären sie nicht da, wo sie sind. Und das ist auch gut so. Deshalb kann man Geschäftsführer nicht selten dadurch für eine Idee begeistern, dass man sie darauf aufmerksam macht, was ihre direkten Wettbewerber tun. Ich habe selbst viele Geschäftsführer erlebt, die von der Idee einer Arbeitgebermarke sehr angetan waren, nicht etwa weil sie das Konzept an sich komplett verstanden hätten, sondern weil man ihnen gezeigt hat, was ihre direkten Konkurrenten diesbezüglich auf die Beine gestellt haben. Ich will Manager auf diesen Ebenen nicht kleinreden. Im Gegenteil. Ich habe hohen Respekt vor deren Leistung und Verantwortung. Aber ab und an wird das Kind im Manne (meist sind es Männer) geweckt: »Dieses Spielzeug will ich auch haben.«

Informelle Meinungsführer einbinden

Bei der zweiten Idee geht es darum, informelle Meinungsführer im Unternehmen für das Thema TRM zu gewinnen. Es gibt in jedem Unternehmen Menschen, auf die die Geschäftsführung hört, nicht etwa wegen deren formeller Position innerhalb der Hierarchie, sondern weil sie über viele Jahre das Vertrauen der obersten Entscheider gewonnen haben. Man schätzt deren Ansichten. Sie fungieren nicht selten als informelle Berater. In Meetings haben sie die informelle Macht, Ideen entweder mit einem Satz zu kippen oder nach vorne zu treiben. Manche dieser informellen Meinungsführer haben eine natürliche Affinität zu Themen rund um HRM. Jeder Personalleiter wird hier unmittelbar bestimmte Personen in seinem Unternehmen vor Augen haben. Insofern lohnt es sich, diese Personen für TRM zu gewinnen und sie als Berater bei der Gestaltung von Ansätzen im Kontext TRM aktiv einzubeziehen. Schafft man es, dass informelle Meinungsführer ihre positive Haltung zu TRM aktiv und sichtbar vertreten, hat man nicht nur in Richtung der Geschäftsführung einen großen Schritt getan.

9.2   Organisationale Bedingungen

Neben der Überzeugung der Geschäftsführung gibt es organisationale Rahmenbedingungen, die für eine erfolgreiche Umsetzung von TRM relevant sind. Im vorherigen Abschnitt habe ich davon berichtet, dass viele Personaler zwar von den Ideen des TRM überzeugt sind, es aber zuweilen an der nötigen Unterstützung auf Seiten der Unternehmenslenker fehlt. Ich begegne aber mindestens ebenso häufig Geschäftsführern, die eine umgekehrte Sicht vertreten. Sie weisen darauf hin,

◘ Tab. 9.1 Kompetenzen von Recruiting-Verantwortlichen früher und heute

Relevante Fähigkeiten früher	Zusätzliche Fähigkeiten heute
Personalauswahl	Personalgewinnung
Vakanzfokussiertes Denken	Talentfokussiertes Denken
Verwalten aktiver Bewerber	Suche und Ansprache passiver Kandidaten
Menschenkenntnis	Kenntnis der Zielgruppe im Arbeitsmarkt
Umgang mit Recruiting-Technologie	Umgang mit Social Media
Administrative Zuverlässigkeit	Schnelligkeit und Wertschätzung
Interner Dienstleister	Interner Kooperationspartner
Freundlichkeit	Wettbewerbsorientierung

dass sie zwar hinter einer Modernisierung ihrer Personalmarketing- und Recruiting-Strukturen stehen, es aktuell aber an nötigen Voraussetzungen insbesondere in ihrer Personalorganisation fehle.

In der Tat benötigt TRM andere Kompetenzen, insbesondere auf Seiten jener Mitarbeiter, die sich für die Personalgewinnung verantwortlich zeigen. Ob nun diese Mitarbeiter in der Personalabteilung angesiedelt sind oder woanders, spielt an dieser Stelle zunächst keine Rolle. In ◘ Tab. 9.1 ist eine Gegenüberstellung bisheriger und zukünftiger Kompetenzen wiedergegeben. Diese Gegenüberstellung sollte nicht in der Weise missverstanden werden, dass das, was früher galt, heute nicht mehr gilt. Die meisten zukünftigen Kompetenzen sind vielmehr ergänzend zu den bisherigen zu sehen.

In der Vergangenheit ging es im Recruiting vor allem darum, die besten Bewerber durch Anwendung valider, professioneller Methoden auszuwählen. Die meiste Zeit verwendeten Recruiter bei der Sichtung von Bewerbungen, beim Durchführen von Interviews oder bei der Organisation von AC. Diese Aufgaben wird es auch in Zukunft geben, allerdings wird gerade in Schlüssel- und Engpassfunktionen der Fokus immer mehr auf der Personalgewinnung liegen. Es wird also weniger darum gehen, Bewerber auszuwählen, sondern Bewerbungen zu bekommen. Hierfür wird es notwendig sein, die Zielgruppe im Arbeitsmarkt zu kennen, sie zu verstehen und ihre Präferenzen adressieren zu können. Eine gänzlich neue und für viele Recruiter ungewohnte Aufgabe wird darin bestehen, auf Kandidaten zuzugehen, sie aktiv anzusprechen; ist man es doch gewohnt, auf interessierte Bewerber zu warten, anstatt passive Kandidaten zu finden, sie zu kontaktieren und die besten dauerhaft zu binden. Vor diesem Hintergrund bedarf es zukünftig der Fähigkeit, Beziehungen aufzubauen, im Umgang mit Kandidaten eine persönliche Wertschätzung zu vermitteln und bei all dem schnell zu sein. Netzwerkarbeit wird also in allen Teilen, bei der Vermittlung des Arbeitgeberversprechens, bei der

TRM erfordert neue Kompetenzen in der Personalorganisation

aktiven Kandidatensuche, aber auch bei der Kandidatenbindung eine große Rolle spielen. Damit geht die Anforderung an zukünftige Recruiting-Verantwortliche einher, auch mit Social Media umzugehen. Hierbei wird nicht nur darauf wert gelegt, dass Recruiting-Verantwortliche Social Media methodisch und strategisch sinnvoll einsetzen können, sondern dass sie auch selbst über Erfahrungen im Umgang mit Plattformen wie Twitter, Facebook und Xing verfügen.

»Polite«, »Police«, »Partner« und »Player«

Mein ehemaliger Chef und früherer Personalleiter der SAP Les Hayman vertritt eine relevante Klassifizierung von Personalern. Er unterscheidet zwischen den Ausprägungen »Polite«, »Police«, »Partner« und »Player« (Hayman, 2011). In seinem lesenswerten Blog beschreibt er Personaler als »die nettesten Leute in der Firma«. Sie kümmern sich täglich um anfallende Probleme, hören zu und beantworten ordentlich ihre Mails. Personaler auf diesem Level sind aus seiner Sicht »polite« (nett). »Police« beschreibt ein Niveau, wo Personaler sich um die Einhaltung interner Regelungen und Vereinbarungen kümmern. Als Partner arbeiten sie zusammen mit Managern und Mitarbeitern aus den Fachbereichen. Player sind jene, die aktiv gestalten, mit dem Ziel einer bestmöglichen Wettbewerbsfähigkeit des Unternehmens. Ich glaube, wir finden in vielen Recruiting-Abteilungen heute immer noch viele nette Kollegen, meist Kolleginnen. Abgesehen davon, dass Recruiter zukünftig ihre Arbeit strategisch an Schlüsselfunktionen ausrichten und dabei Gestalter geeigneter Maßnahmen und Strukturen sein müssen, wird von ihnen zukünftig mehr Wettbewerbsorientierung verlangt werden. Recruiter werden ihre Aufgabe wie Vertriebsmitarbeiter verstehen müssen. Dabei wird es auch oder gerade darum gehen, den Konkurrenten im Arbeitsmarkt wehzutun und freche Ideen umzusetzen, wie beispielsweise im Zusammenhang mit Guerilla Recruiting verdeutlicht wurde. Recruiting-Verantwortliche werden zukünftig Partner und Dirigenten umfassender Recruiting-Maßnahmen sein. Sie werden dabei die Zusammenarbeit von Managern, Mitarbeitern, insbesondere im Rahmen der Kandidatensuche und bindung, orchestrieren. Dies liegt vor allem darin, dass TRM ein hohes Maß an Einbindung der Fachbereiche voraussetzt. Die Zeiten, wo ein einstellender Manager sein Briefing abgibt und die Personalabteilung losmarschiert, um für ihn die Kandidaten zu liefern, von denen der Manager schlussendlich die besten auswählt, sind insbesondere bei der Besetzung von Schlüssel- und Engpassfunktionen endgültig vorbei.

TRM erfordert eine bestimmte Recruiting-Kultur

Einen weiteren Aspekt, den ich den organisationalen Rahmenbedingungen zurechnen möchte, betrifft die **Recruiting-Kultur** im Unternehmen. Hierbei geht es im Wesentlichen um zwei Fragen: Ist die Gewinnung neuer Mitarbeiter ein Thema, dass aus Sicht der Mitarbeiter – nicht nur der Personalabteilung – einen hohen Stellenwert einnimmt? Wird die Gewinnung neuer Mitarbeiter als Aufgabe aller Mitarbeiter angesehen? Man kann in Unternehmen immer wieder beobachten, dass Themen, die eigentlich eine Relevanz für alle Mitarbeiter haben, in bestimmten Abteilungen oder Gremien »geparkt«

werden. Im Rahmen des Total-Quality-Managements hat man insbesondere in den 90er-Jahren erkannt, dass Qualität nicht dadurch sichergestellt werden kann, indem man die Verantwortung für Qualität in eine Qualitätsabteilung verlagert. Vielmehr hat man erkannt, dass Qualität jeden Mitarbeiter etwas angeht. Es gibt heute in vielen Unternehmen Diversity-Abteilungen, Frauenbeauftragte, Abteilungen für Gesundheit und wie sie alle heißen. Nun spricht nichts dagegen, ähnlich wie im Falle einer Recruiting-Abteilung, dezidierte Teams für ein Thema aufzubauen. Der entscheidende Fehler ist aber, zu glauben, damit sei das Thema sozusagen in guten Händen und nicht mehr relevant für die betroffenen Mitarbeiter und Führungskräfte. Teams dieser Art haben eine koordinierende, führende oder befähigende Rolle und sind nicht dazu da, die Verantwortung für das jeweilige Thema aus der Organisation zu absorbieren. Für die Personalgewinnung der Zukunft gilt dies ebenso.

Für Vertriebsmitarbeiter ist jedes Gespräch, das sie, egal wo, führen, auf Konferenzen, Netzwerktreffen oder auch im Privaten, ein Vertriebsgespräch. Immer wittern sie eine »Opportunity«. Für Mitarbeiter in einem Unternehmen mit ausgeprägter Recruiting-Kultur ist jedes Gespräch ein Vorstellungsgespräch. Wann immer man jemanden trifft, wann immer man auf irgendeiner Veranstaltung ein Bier mit jemandem trinkt, stellt sich im Hinterkopf die Frage: Könnte diese Person ein geeigneter Mitarbeiter für unsere Firma sein?

Hier gilt es, von Seiten der Geschäftsführung und mit Unterstützung der Personalabteilung Überzeugungsarbeit zu leisten. Dies allein wird aber nicht helfen. Besonders förderlich sind die in ► Kap. 6 beschriebenen Mitarbeiterempfehlungsprogramme, gepaart mit internen kommunikativen Maßnahmen. Immer mehr Unternehmen vereinbaren mit ihren Managern Ziele in Bezug auf Personalgewinnung, und zwar nicht in Form von Einstellungszahlen, sondern in Form von Aktivitäten, etwa im Rahmen eines Campus Recruitings oder hinsichtlich der Kandidatenbindung, wo deren Engagement in besonderem Maße gefordert ist. Nun ist klar, dass strukturelle Maßnahmen, wie Mitarbeiterempfehlungsprogramme oder Zielvereinbarungen, die eine Sache sind. Recruiting-Kultur ist freilich eine andere. Aus der Psychologie wissen wir, dass die Einstellung von Menschen kaum einen Einfluss auf deren Verhalten hat. Umgekehrt wissen wir aber, dass Verhalten durchaus einen Einfluss auf die Einstellung jener hat, die ein bestimmtes einstellungskonformes Verhalten zeigen oder zu einem Verhalten veranlasst werden (vgl. Bierhoff, 2006).

Die Idee der dauerhaften aktiven Kandidatensuche oder der Pflege von Beziehungen zu vielversprechenden Kandidaten ist einfach und wird an sich von den meisten Geschäftsführern oder Personalern unmittelbar verstanden. Die bisherigen Überlegungen haben aber gezeigt, wie vielfältig und umfangreich sich TRM darstellen kann. Ein Aspekt, der zur Komplexität von TRM in der Praxis beitragen kann, ist die **Organisation** von TRM. Eine zentrale Frage, die sich stellt, ist: Wem gehört das Talent? Diese Frage geht mit vielen anderen Fragen

Wem gehört das Talent?

einher, die man beantworten muss, um insbesondere Kandidatenbindung erfolgreich umsetzen zu können: Wer ist für die Pflege der Beziehung verantwortlich? Welche Abteilung hat das »Vorkaufsrecht«, wenn einer der Hoffnungsträger im Talent-Pool an einem Job im Unternehmen interessiert ist? Ist es beispielsweise der Manager, der den betreffenden Kandidaten ins Spiel gebracht hat? Müssen nun alle Mitarbeiter aus der Recruiting-Abteilung Kandidatenbindung betreiben? Und wer hält am Ende die Fäden zusammen, wenn unterschiedliche Fachbereiche an einem Kandidaten »zerren«?

Audi ist in der deutschen Personaler-Szene seit Langem für sein durchdachtes TRM bekannt. Die Anforderungen sind immens. In den kommenden Jahren müssen die Ingolstädter eine erhebliche Anzahl an Ingenieuren im Bereich alternativer Antriebstechnologien einstellen – vermutlich mehr, als derzeit auf dem Arbeitsmarkt zu Verfügung stehen. Eine Herkulesaufgabe und vermutlich für die meisten Recruiter ein Albtraum. Audi setzt alles, was bisher beschrieben wurde, vom Arbeitgeberversprechen über die Anwendung aktiver Suchstrategien bis hin zur systematischen Kandidatenbindung erfolgreich um.

Talent-Relationship-Manager

In der dortigen HR-Organisation gibt es so genannte »Talent-Relationship-Manager«. Ein Talent-Relationship-Manager ist für die Besetzung von Schlüssel- und Engpassfunktionen verantwortlich. Für alle anderen Funktionen, also für die Mehrheit (Produktion, Verwaltung etc.) sind die angestammten Recruiting-Bereiche zuständig – so wie in der Vergangenheit auch. Audi folgt hierbei zu Recht einer wichtigen Überlegung, wonach ein Recruiter, der morgens eine (leicht zu besetzende) Stelle in der Produktion besetzt, sich nachmittags nicht um eine Schlüsselposition kümmern kann. Wie dieses Buch von der ersten Seite an zu vermitteln versucht, erfordert Letzteres komplett andere Strategien, aber auch eine andere Motivation, besondere Kompetenzen und eine andere Geisteshaltung. Und vor allem braucht es eine ganz andere, intensivere Nähe zu bestimmten Zielgruppen im Arbeitsmarkt. Eine TRM-Truppe kümmert sich um ganz bestimmte Funktionen. Sie ist eine Art zentrale GSG9 für bestimmte Zielgruppen. Wie das Zusammenspiel zwischen Talent-Relationship-Manager, den dezentralen HR-Bereichen und den Fachbereichen aussehen kann, ist in ◘ Abb. 9.2 schematisch dargestellt.

Um die Antwort auf die obige Frage, wem das Talent gehört, vorweg zu nehmen: Das Talent gehört dem Unternehmen, repräsentiert durch seine Talent-Relationship-Manager, und nicht den lokalen, dezentralen HR-Einheiten oder den Fachbereichen. Sie koordinieren die aktiven Suchstrategien, planen Bindungsmaßnahmen und setzen sie teilweise auch um. Die Talent-Relationship-Manager bewahren über alles, was mit den Talenten im Pool passiert, den Überblick. Hierbei handelt es sich also um eine zentrale Funktion, ähnlich wie es in vielen Unternehmen üblich ist, wenn es etwa um die Besetzung von Top-Management-Positionen geht oder um die Entwicklung von Top-Nachwuchstalenten. Natürlich pflegen die Talent-Relationship-Manager engen Schulterschluss mit den dezentralen Personalberei-

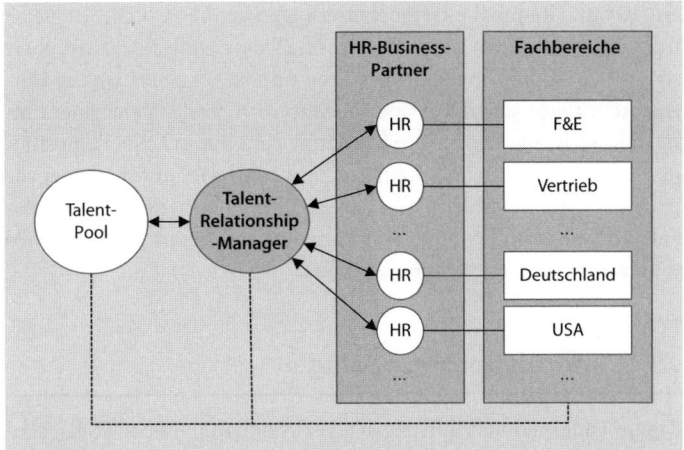

■ **Abb. 9.2** Zusammenspiel von Talent-Relationship-Manager, HR und den Fachbereichen

chen – den »HR-Business-Partnern«, wie sie heute ja heißen. Diese dezentralen HR-Bereiche sind im weitesten Sinne die Kunden der Talent-Relationship-Manager. Die HR-Business-Partner wiederum leisten ihre Dienste für die Fachbereiche oder lokalen Divisionen (z. B. F&E, Vertrieb oder die jeweiligen Länderorganisationen), für die sie verantwortlich sind. Im engeren Sinne sollten die Talent-Relationship-Manager und die dezentralen HR-Bereiche in enger Kooperation zueinander stehen. Die HR-Kollegen helfen bei der Nominierung von Kandidaten. Sie vermitteln ihre quantitativen und qualitativen Personalbedarfe innerhalb der Schlüssel- und Engpassfunktionen. Umgekehrt informieren die Talent-Relationship-Manager über den Status des Talent-Pools und insbesondere über die Verfügbarkeit nachgefragter Talente. Eine enge Kooperation muss natürlich stattfinden, wenn es darum geht, Kandidaten zum richtigen Zeitpunkt Jobs anzubieten. In ■ Abb. 9.2 ist auch eine Beziehung zwischen den Fachbereichen und den Talent-Relationship-Managern angedeutet. Die Fachbereiche helfen den Talent-Relationship-Managern bei der Suche nach Kandidaten, wie im Rahmen der aktiven Suchstrategien bereits erläutert wurde. Sie haben darüber hinaus eine aktive Rolle bei der Entwicklung und Umsetzung von Bindungsmaßnahmen.

Die Darstellung des Rollengefüges entspricht einer idealen Sicht. Mir ist bewusst, dass sich diese in der Praxis sehr unterschiedlich darstellen kann. Insbesondere in großen, globalen Organisationen kann die Einfachheit dieser Struktur nicht immer durchgehalten werden. Dort werden sich zentrale und dezentrale Ansätze mischen, und nicht immer läuft alles so koordiniert und aus einem Guss, wie hier dargestellt. So wird man möglicherweise einen globalen Ansatz haben, wenn es um globale Schlüsselfunktionen geht, während zugleich in einem Land dezentral und nahezu autark ein Praktikantenprogramm realisiert wird. Ich habe lange genug in einer globalen Funktion gearbeitet und kenne die Herausforderungen an dieser Stelle. Zugleich war und bin ich von der Überlegenheit dezentraler Ansätze überzeugt. Man sollte Dinge dort gestalten und entscheiden, wo die Herausforderungen sind. Dort sind Motivation und Intelligenz guter Entscheidungen angesiedelt. Die Besetzung gerade von Schlüsselpositionen ist aber naturgemäß häufig eine globale Herausforderung, die nach globalen, zentralen Lösungen sucht und deshalb auch eine globale Organisation benötigt. Auf diesen internationalen Aspekt wird weiter unten detaillierter eingegangen.

9.3   Informationstechnologie

Kleine Unternehmen, mit meist überschaubaren Talent-Pools, sind mit intelligent aufgebauten und gut strukturierten Excel-Sheets oder Access-Datenbanken technologisch gut bedient. Mit zunehmender Größe eines Unternehmens steigt aber die Komplexität eines TRM exponentiell. In ▶ Kap. 7 wurde in Zusammenhang mit der Kandidatenbindung bereits detailliert auf die Anforderungen einer Dokumentation eingegangen. Hierbei wurde deutlich, dass in einem professionellen TRM der Überblick über erhebliche Informationsmengen bewahrt werden muss. Dies gilt nicht nur für die Informationen, die sich auf die einzelnen Kandidaten beziehen, sondern auch auf die Aktionen, die man mit diesen etwa im Rahmen der Kandidatenbindung plant und umsetzt (s. unten, Übersicht). Informationstechnologie sollte also in einem TRM in erster Linie eine Verwaltung relevanter Kandidatendaten und das Planen und Steuern von Bindungsmaßnahmen erlauben. Dabei sollte die Technologie eine Segmentierung von Zielgruppen unterstützen, was letztendlich auch für die Durchführung und Förderung bestimmter Bindungsmaßnahmen ausschlaggebend ist. So erlauben moderne TRM-Lösungen zielgruppenspezifische Mailing-Aktionen oder die Gestaltung von Veranstaltungen, wie man es von einem modernen Eventmanagement her kennt.

Students@Bosch
Die Robert Bosch GmbH bietet ausgewählten Studenten, die sich etwa im Rahmen eines Praktikums oder einer Werkstudententätigkeit besonders hervorgetan haben, die Teilnahme an einem Studentenprogramm mit dem Namen Students@Bosch an. Wer diesem Talent-Pool angehört, genießt als Student zahlreiche Vorteile. Neben Einladungen zu karriererelevanten Veranstaltungen, Angeboten für Abschlussarbeiten, Praktika im Ausland kommen die Studenten auch in den Genuss einer persönlichen Betreuung durch Laufbahngespräche mit Experten oder erfahren ein Mentoring durch Ansprechpartner aus den Fachbereichen. Im Grunde handelt es sich hier um ein klassisches Kandidatenbindungsprogramm für Studenten.

> Was die Studenten aber nicht wissen, ist, dass sich hinter diesem Programm ein durchdachtes technisches System befindet, in dem lebenszyklusorientiert Informationen über den aktuellen und zukünftigen Status der Studenten verwaltet werden. Jeder Student hat in seinem Studentenleben spezifische Meilensteine wie Praktika, Abschlussarbeiten oder befindet sich in der Orientierungsphase. Weiß man von jedem Studenten, wo sich dieser aktuell befindet, können entsprechend zielgenau und zeitlich passend Angebote unterbreitet werden. Das System erinnert die Verantwortlichen an diese lebenszyklusbezogenen Meilensteine und unterstützt bei der Umsetzung passender Maßnahmen.

Die Überlegungen im vorausgegangenen Abschnitt zum Thema Organisation haben gezeigt, dass TRM die Koordination unterschiedlicher Akteure erfordert. Manager aus den Fachbereichen unterstützen bei der aktiven Kandidatensuche und bei bestimmten Maßnahmen der Kandidatenbindung. HR-Business-Partner artikulieren quantitative und qualitative Personalbedarfe und nutzen Kandidatenprofile aus dem Talent-Pool für die Besetzung akuter Vakanzen. Darüber hinaus vermitteln sie Kandidaten für die Aufnahme in einen Talent-Pool. All dies sind typische Beispiele dafür, wie in einem TRM Informationen zwischen unterschiedlichen Instanzen innerhalb einer Organisation ausgetauscht und geteilt werden. Eine moderne TRM-Lösung erlaubt daher rollenspezifische Sichten auf Informationen, die für die jeweilige Rolle relevant sind. Entsprechend der unterschiedlichen Rollen, die in einem solchen System abgebildet sind, verfügen die jeweiligen Akteure über spezifische Rechte, etwa zur Datenpflege.

Technologie unterstützt den komplexen Austausch relevanter Informationen

Meist handelt es sich bei TRM-Lösungen um so genannte Add-ons zu existierenden eRecruiting-Systemen. Dies macht insofern Sinn, als in gängigen eRecruiting-Lösungen die Abbildung von Bewerber- bzw. Kandidatenprofilen standardmäßig vorgesehen und relevante Prozessschritte, insbesondere bei der Kandidatenauswahl, abgebildet sind. Nun wurden eRecruiting-Lösungen in den vergangenen Jahren vorwiegend so entwickelt, dass sie eine Verwaltung online eingehender Bewerbungen in effizienter Weise ermöglichten (vgl. Weitzel, König, Laumer, von Stetten & Eckhart, 2009). Man kann sagen, dass es hierbei mehr um die Bewerbung als um den Bewerber ging, denn die meisten Systeme befassten sich mit dem Umgang mit der Bewerbung, also mit deren Empfang, Weiterleitung oder Bewertung. Die Nutzung eines eRecruiting-Systems mit dem Ziel bestmöglicher Effizienz ist aber nur eine so genannte Normstrategie. Unter einer Normstrategie versteht man ein Bündel von Handlungszielen bei der Umsetzung einer Maßnahme. Im Kern steckt dahinter die Frage, was man im hier betrachteten Falle mit der Einführung eines eRecruiting-Systems erreichen möchte. Eine im Kontext TRM wichtigere Normstrategie besteht nicht in bestmöglicher Effizienz, sondern darin, die besten Kandidaten zu gewinnen. Hierbei geht es vor allem um Qualität (vgl. Trost, Frickenschmidt & Keim, 2009). Bewirbt sich ein vielversprechender Kandidat online für eine Schlüssel- oder Engpassfunktion, sollte ein gänzlich anderer Prozess angestoßen werden als bei anderen Bewerbungen. Wie bereits in ▶ Kap. 8 geht es hier darum, durch Schnelligkeit, Transparenz und Wertschätzung ein möglichst positives Bewerbererleben zu vermitteln. Bewerben für solche kritischen Funktionen muss sehr einfach sein und nur wenig Zeit in Anspruch nehmen. Die Bearbeitung eingehender Bewerbungen erfolgt im Unternehmen durch HR und die Fachbereiche individuell und persönlich. Beim Einsatz einer eRecruiting-Lösung ist es also essenziell, dass die differenzierte Anwendung von Normstrategien möglich ist.

Neben dem klassischen Bewerbungseingang umfassen moderne TRM-Lösungen auch die Erfassung von Kandidateninformationen, die durch unterschiedliche Suchstrategien gewonnen werden, wie etwa durch ein Mitarbeiterempfehlungsprogramm oder mittels Social Community Recruiting. So ermöglicht diese Lösung eine direkte Übertragung von Informationen aus Xing oder LinkedIn in eine entsprechende Kandidatendatenbank. Otter und Holincheck (2008) machen im Zusammenhang mit der Erfassung von HRM-relevanten Daten darauf aufmerksam, dass der Umfang erfasster Daten in Zukunft exponentiell zunehmen wird. Dabei wird der Anteil an Informationen, die von Mitarbeitern oder Kandidaten selbst freiwillig gepflegt werden, gegenüber den von HR eingeforderten bzw. von HR gepflegten Informationen zunehmend überwiegen. Schon heute sind die Informationen, die Mitarbeiter etwa bei Xing eingeben, meist aktueller, umfassender und zuverlässiger als die Daten, die im HR-Informationssystem ihrer Unternehmen vorzufinden sind. Ein zukünftiger Trend wird insofern darin bestehen, Kandidaten jene Daten, die in einem TRM relevant sind, selbst eingeben zu lassen bzw. Schnittstellen zu solchen Systemen und Plattformen zu nutzen, wo Kandidaten dies ohnehin und auf natürliche Weise tun. In den in ▶ Kap. 7 beschriebenen Talent Communities wird dieser Gedanke bereits erfolgreich aufgegriffen und umgesetzt.

TRM wird mobil   Bereits in naher Zukunft ist davon auszugehen, dass etliche Teilsysteme oder Einzelanwendungen eines TRM-Systems über mobile Endgeräte den Zugang zu ihren jeweiligen Nutzern finden werden. Dabei werden je nach Rolle unterschiedliche Endgeräte mehr oder weniger relevant sein. Den Kandidaten wird man beispielsweise über Smartphone Apps erreichen, die Führungskraft eher über den Tablet-PC wie dem iPad. Die Integration unterschiedlicher Plattformen, kombiniert mit GPS und anderen technischen Möglichkeiten, werden in der Zukunft spannende Ansätze auch innerhalb des TRMs bieten. Es wird Anwendungen (Apps) für Mitarbeiterempfehlungsprogramme für Smartphones geben. Die Integration von Daten aus den Talent-Pools und die Verbindung mit Xing wird über GPS oder Anwendungen wie »FourSquare« dazu führen, dass ein Manager oder Mitarbeiter erkennt, dass sich ein vielversprechender Kandidat aktuell in derselben Stadt, in derselben Kneipe oder am selben Flughafen befindet. Die Nutzer, seien es Kandidaten, Personaler, Führungskräfte oder Talent-Relationship-Manager, werden auf Daten zugreifen, von denen sie nicht wissen, wo sie gespeichert sind. Man greift auf eine Infrastruktur zu, die nicht die Eigene ist. An dieser Stelle wird man Bedenken von Personalern, aber auch von Datenschützern und Betriebsräten ernst nehmen müssen, die hinter diesem so genannten »Cloud Computing« die Gefahr mangelnder Kontrolle über die Daten erkennen.

9.4   TRM im internationalen Kontext

Deutsche Unternehmen haben ihre historischen Wurzeln an irgendeinem Ort in diesem Land. Von dort aus entwickeln sie ihr Business, bis es irgendwann Aufträge aus dem Ausland erhält. Meist handelt es sich zunächst um Länder im deutschsprachigen Raum, wie der Schweiz oder Österreich. Handelt es sich irgendwann um große, globale Accounts, werden Kunden vom Unternehmen fordern, am selben Standort im Ausland präsent zu sein. Nicht selten beginnen Unternehmen auch in dieser frühen Phase Produktions-, Vertriebs- oder Entwicklungsstandorte aufzubauen, um die Nähe zum Kunden zu suchen oder um Kosten zu sparen. Das HRM wird zu diesem Zeitpunkt mit ersten internationalen Herausforderungen konfrontiert. Man sucht vom Heimatstandort aus einen Produktionsleiter im Ausland, oder man entsendet Mitarbeiter aus dem Stammhaus ins Ausland, um fachliches Wissen und kulturelle Werte in die neuen Standorte zu transferieren. HRM ist nach wie vor die Aufgabe des Heimatlands. Mit der zunehmenden internationalen Präsenz und wachsenden Länderorganisationen steigt der Bedarf lokaler HRM-Aktivitäten. Es entstehen dezentrale Personalabteilungen mit lokalen Personalleitern und entsprechenden Teams. In dieser Phase kann man meist beobachten, dass die dezentralen Einheiten im HRM relativ autark arbeiten. Sie haben ihre eigenen Recruiting-Strategien, -prozesse und -instrumente. Irgendwann wird man dann aber feststellen, dass es durchaus Sinn machen würde, bestimmte Prozesse im HRM zu synchronisieren, Aktivitäten zu bündeln und insgesamt einheitlicher zu agieren. Hier spielen in der Regel Kostengründe eine entscheidende Rolle. Spätestens ab diesem Moment erlebt ein Unternehmen hinsichtlich seines HRM das Dilemma zwischen Dezentralisierung und Zentralisierung. Am Ende wird man lernen, dass es darum geht, bestimmte Aktivitäten im HRM zu zentralisieren, wohingegen man bestimmte andere Verantwortlichkeiten den dezentralen Einheiten überlässt.

Bartlett und Ghoshal (1998) haben eine Klassifizierung unterschiedlicher Internationalisierungsstrategien aufgezeigt, die sehr gut die typische Entwicklung von Unternehmen beschreibt. Sie unterscheiden zunächst zwischen internationalen, multinationalen und globalen Strategien. Als Antwort auf die besonderen Probleme jeder einzelnen Strategie bieten sie die transnationale Internationalisierungsstrategie als vierte und von den Autoren bevorzugte Lösung an. Im Folgenden werden diese vier Ansätze in Bezug auf HRM und insbesondere hinsichtlich TRM beschrieben und interpretiert.

Internationale Strategie

Unternehmen mit einer **internationalen** Strategie agieren vom Heimatstandort aus. Dahinter steht im Wesentlichen das Ziel, Produkt- und Prozessinnovationen, die im Stammhaus entwickelt werden, in die verschiedenen Länderorganisationen zu übertragen. Implizit geht man von der Annahme aus, in der Zentrale wird gedacht und in den Ländern umgesetzt. Die Zentrale ist nicht nur die zentrale Einheit im formellen Sinn, sondern ist auch als solche im Denken der Mitarbeiter verankert. Wie bereits erwähnt, versuchen Unternehmen, mit dieser Strategie im HRM Innovationen, aber auch die Kultur des Unternehmens über entsandte Mitarbeiter in die Länder zu tragen. Insofern überrascht es nicht, dass sich jene Mitarbeiter im HRM solcher Unternehmen, die für internationale Themen verantwortlich sind, sich in erster Linie mit Entsendungen beschäftigen. Recruiting bleibt hier vor allem eine lokale Angelegenheit. Ausnahmen sind die Besetzung von Top-Management-Positionen im Ausland. Hier findet meist eine Zusammenarbeit mit international aufgestellten oder lokalen Personalberatungen statt. Auffallend ist, dass Mitarbeiter in Unternehmen dieser Kategorie in der Tat das Wort »Ausland« verwenden. Wie noch gezeigt wird, ist dies etwa bei globalen Unternehmen nicht oder nicht mehr der Fall. TRM findet in diesen Unternehmen bestenfalls im Heimatland statt, was im Wesentlichen dadurch begründet ist, dass Schlüssel- und Engpassfunktionen dort angesiedelt sind. Dies trifft auch dann noch zu, wenn etwa aufgrund des Fachkräftemangels dazu übergegangen wird, Mitarbeiter aus dem Ausland zu rekrutieren. Versucht man Mitarbeiter aus dem Ausland zu rekrutieren, können die in diesem Buch dargestellten Ansätze wie beschrieben angewandt werden, wenngleich man als Arbeitgeber hierbei mit besonderen Herausforderungen konfrontiert ist. So stoßen etwa Mitarbeiterempfehlungsprogramme an natürliche Grenzen, wenn die eigenen Mitarbeiter wenige Personen aus dem Ausland kennen. Insgesamt empfiehlt es sich, bei der Rekrutierung von Talenten aus dem Ausland mit lokalen Partnern zu kooperieren, beispielsweise mit Personalberatungen, die mit den lokalen Märkten vertraut sind.

Multinationale Internationalisierungsstrategie

In Unternehmen mit **multinationaler** Internationalisierungsstrategie werden Länderorganisationen als autark agierende Einheiten behandelt. Unternehmen dieser Kategorie setzen auf Dezentralisierung und damit auf lokale Differenzierung. Dahinter steht die berechtigte Annahme, dass unterschiedliche Länder unterschiedliche Kulturen und damit einhergehend die Kunden unterschiedliche Präferenzen haben. Eine multinationale Strategie ist somit das Gegenteil eines »One-Size-Fits-All«-Ansatzes. In multinational ausgerichteten Unternehmen ist eine zentrale Recruiting-Funktion durchaus vorstellbar, ist aber eher selten. Der Normalfall ist eine dezentrale Personalgewinnung, bei der die Länder selbst für die Einstellung neuer Mitarbeiter verantwortlich sind. Eine multinationale Personalgewinnung funktioniert nach dem Grundsatz, dass die Länder selbst am besten wissen, welche neuen Mitarbeiter sie benötigen, wie sie meist lokale Zielgruppen erreichen. Sie können auch am besten die Qualifikationen und Ausbildungsabschlüsse der Kandidaten einschätzen. Auch gibt es bei der Anwendung von Personalmarketing und Auswahlverfahren häufig lokale, kulturelle Besonderheiten, denen eine dezentrale Recruiting-Funktion am besten gerecht werden kann. So erlebt ein Bewerber in China Interviewfragen, die man in Spanien nicht stellen würde und umgekehrt. TRM erfolgt in einer multinationalen Personalgewinnung auf lokaler Basis. Den Ländern ist es überlassen, wie sie ihre Personalgewinnung gestalten, ob sie Talent-Pools aufbauen, wie sie das Arbeitgeberversprechen definieren und artikulieren. Sie haben ihre jeweils eigenen Programme an Hochschulen. Die einen haben ein Mitarbeiterempfehlungsprogramm, die anderen nicht. Im Grunde kann man hier die gesamte Klaviatur an TRM anwenden, wie sie in diesem Buch beschrieben ist. Am Ende bleibt TRM aber eine lokale und auf die jeweiligen örtlichen Bedürfnisse ausgerichtete Initiative in den Händen der dortigen HRM-Verantwortlichen.

Laut Bartlett und Ghoshal (1998) verfolgen Unternehmen mit einer **globalen** Strategie das Ziel bestmöglicher Integration. Märkte werden als global verstanden, in denen man als Unternehmen auch global und als Ganzes agiert. Das Wort »Ausland« verliert in den Köpfen der Mitarbeiter an Bedeutung, weil sie sich als Teil eines globalen Markts verstehen. Im Vordergrund steht hierbei die Nutzung von Skaleneffekten in unterschiedlichen Unternehmensbereichen wie etwa im Einkauf, in der Produktion, im Marketing oder im Vertrieb. Dies gilt ebenfalls für etliche HRM-Funktionen. So haben sich in den vergangenen Jahren viele Unternehmen bemüht, operative Aufgaben im HRM in so genannten »Shared-Service-Center« zu bündeln, um somit Kosteneinsparungen aufgrund von Skaleneffekten zu erzielen. Weiterhin hat man die Notwendigkeit erkannt, beim Führen internationaler Teams internationale Instrumente der Personalführung anzuwenden. Einer Führungskraft, die ein international diverses Team leitet, ist es schlichtweg nicht zuzumuten, je nach nationaler Zugehörigkeit der Mitarbeiter unterschiedliche Standards beispielsweise bei der jährlichen Durchführung von Mitarbeitergesprächen anzuwenden. Die Notwendigkeit einer globalen Einheitlichkeit und grenzüberschreitenden Koordination von HRM-Maßnahmen ist aber auch strategisch motiviert, weil bestimmte personalstrategische Herausforderungen global sind und nach globalen Lösungen suchen.

Globale Strategie

Im TRM stellt sich hier zunächst die Frage, wie global einerseits die zu besetzende Schlüssel- oder Engpassfunktion ist (Zielfunktion). Andererseits ist die Frage zu klären, ob man hierfür an globale oder lokale Zielgruppen herantritt (Zielmärkte). Je nachdem wie diese Fragen beantwortet werden, ergibt sich hieraus die Notwendigkeit eines lokalen, internationalen oder globalen TRMs (◲ Tab. 9.2).

Zielfunktionen und Zielmärkte

Versucht man, lokale Schlüssel- und Engpassfunktionen mittels Kandidaten einer lokalen Zielgruppe zu besetzen, spricht man von

◘ Tab. 9.2 Lokales, internationales, globales oder transnationales TRM in Abhängigkeit von Zielgruppen und Zielfunktionen

	Lokale Zielfunktion	Globale Zielfunktion
Lokale Zielgruppe	Lokales TRM	
Globale Zielgruppe	Internationales TRM	Globales TRM Transnationales TRM

einem **lokalen TRM**. Weitet man seine Zielgruppe aus, um aus dem Ausland Kandidaten für eine lokale Zielgruppe zu gewinnen, handelt es sich um ein **internationales TRM**. Ein **globales TRM** umfasst ein globales Arbeitgeberversprechen mit globalen kommunikativen Maßnahmen. Die Suche nach Kandidaten erfolgt in allen beteiligten Ländern und darüber hinaus. Talent-Pools sind international besetzt, wenngleich es hier lokale Segmente geben wird.

Diese Klassifizierung von Ansätzen in lokales, internationales, globales und transnationales TRM mutet zunächst sehr einfach an. In der Praxis wird es aber immer Misch- bzw. Übergangsformen geben. Auf die transnationale Variante wird weiter unten eingegangen.

Globales TRM folgt nach derselben Logik, wie viele internationale Konzerne Führungskräfteentwicklung betreiben. Auf oberstem Level gibt es meist so genannte Executive-Development-Programme, bei denen die Teilnehmer bzw. »High-Potentials« aus aller Welt zusammenkommen und die Entwicklungsmaßnahmen mit diesen Top-Management-Aspiranten zentral und über Grenzen hinweg organisiert und umgesetzt werden. Die lokale Verantwortung bei diesen Programmen besteht lediglich darin, nach definierten Standards »High-Potentials« zu nominieren. Ein globales TRM stellt sich demgegenüber ungleich schwieriger dar, was einerseits daran liegt, dass sich die Vielzahl an Maßnahmen, wie sie auch in diesem Buch beschrieben wurden, nur schwer auf globaler Ebene koordinieren lassen. Allein die Implementierung und der Betrieb eines globalen Mitarbeiterempfehlungsprogramms sind angesichts der kulturellen Unterschiede zwischen den Ländern eine schwierige Aufgabe. Andererseits bedarf ein erfolgreiches TRM immer eine Nähe zu den Zielgruppen und zu den Kandidaten, was von einer zentralen Einheit im Unternehmen kaum geleistet werden kann.

Transnationale Lösung　　Dies führt uns zu einer vierten Strategie, die Bartlett und Ghoshal (1998) als die **transnationale** Lösung bezeichnen. Zu Recht weisen sie darauf hin, dass eine lokale Differenzierung zwar einerseits Vorteile mit sich bringt. Andererseits nimmt man mit dieser Strategie aber Nachteile in Kauf, die durch internationale Integration gelöst werden können. Sie postulieren daher eine Strategie, die versucht, beide Bestrebungen in Balance zu bringen.

Versucht man eine transnationale Strategie im TRM umzusetzen, muss man sich zunächst zwei Prämissen vor Augen führen. Man wird

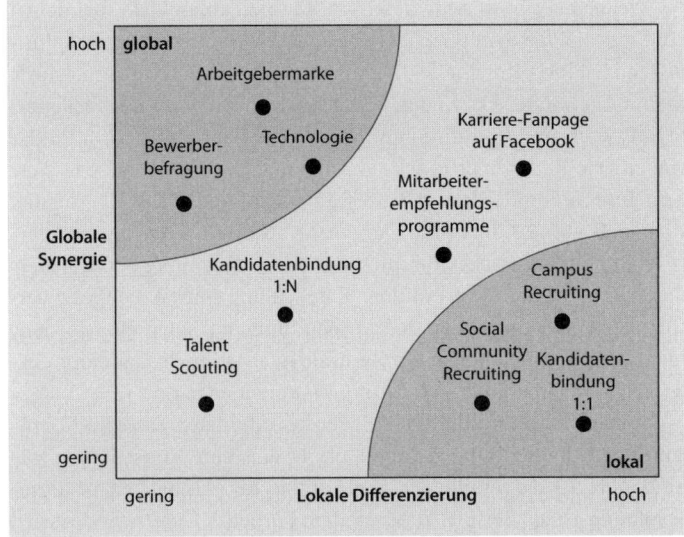

○ **Abb. 9.3** Balance von TRM-Maßnahmen zwischen globaler Synergie und lokaler Differenzierung

einerseits nur an solchen Standorten Schlüssel- oder Engpassfunktionen besetzen können, wo es sie auch gibt. Dies begründet sich durch die Nähe zu den Kandidaten und den Zielgruppen. Auch die Motivation der Mitarbeiter und Manager vor Ort, Kandidaten für kritische Funktionen zu suchen, anzusprechen und zu binden, wird nur unter dieser Voraussetzung zu gewährleisten sein. Andererseits ist ein grenzübergreifendes TRM nur denkbar, wenn an mehreren Standorten vergleichbare Schlüssel- und Engpassfunktionen besetzt werden sollen. Denn nur dann macht eine internationale Strategie Sinn. Sind diese beiden Prämissen erfüllt, kann eine Balancierung unterschiedlicher TRM-Maßnahmen und Aktivitäten, wie in ○ Abb. 9.3 dargestellt, erfolgen.

Gehen wir zum besseren Verständnis von einer multinationalen Ausgangslage aus. An unterschiedlichen Standorten realisieren dortige HR-Organisationen jeweils ein lokales TRM. Diese dezentrale Form erlaubt eine höchstmögliche Differenzierung. Nun gibt es Aktivitäten innerhalb eines lokalen TRM, für die eine Differenzierung nicht notwendigerweise erforderlich ist, denn manche Dinge könnten auch in einem lokalen TRM standardisiert und in der gleichen Weise auch in anderen Ländern problemlos umgesetzt werden. Nicht alles, was man im Rahmen eines TRM tut, muss an lokale Bedingungen angepasst werden. Diese Überlegung wird in ○ Abb. 9.3 durch die Dimension **lokale Differenzierung** widergespiegelt. Der Bedarf hierfür kann also für manche Aktivitäten hoch, für andere wiederum gering sein. Ein typisches Beispiel kann etwa die verwendete Technologie sein. Nicht alles bei der angewandten Technologie muss lokal angepasst werden.

Weiterhin gibt es Aktivitäten im Rahmen eines TRM, bei denen ein Potenzial für Synergieeffekte besteht. So könnten dezentrale Einheiten im TRM oftmals effektiver und kostengünstiger agieren, würde man ausgewählte Aktivitäten bündeln und von zentraler Stelle aus organisieren und koordinieren. Nicht jedes Land muss für alles das viel zitierte Rad neu erfinden, und für manche Dinge lohnt es sich, gemeinsame Standards und Prozesse zu definieren. Diese Überlegung wird in ☐ Abb. 9.3 durch die Dimension »**Globale Synergie**« wiedergegeben. Ein klassisches Beispiel sind der Aufbau einer Arbeitgebermarke und die damit verbundene Entwicklung eines Arbeitgeberversprechens. Meist wird von dezentralen Einheiten sogar eingefordert, man möge hier von Seiten der Zentrale internationale Standards entwickeln, an denen man sich dann lokal anlehnen kann.

Sortiert man nun die verschiedenen Aktivitäten eines TRM entlang dieser beiden Dimensionen, ergibt dies eine Konstellation wie in ☐ Abb. 9.3 dargestellt. Die Anordnung der Aktivitäten in dieser Abbildung ist als Beispiel zu verstehen. Für jedes Unternehmen wird sich diese anders darstellen, sei es was die Inhalte betrifft oder deren Anordnung im hier vorgeschlagenen Portfolio. Hier geht es nur darum, die dahinterstehende Idee zu verdeutlichen. Die Implikationen daraus sind nun naheliegend. Aktivitäten im oberen linken Bereich sollten globalisiert werden, während die Aktivitäten im rechten unteren Bereich autark und entsprechend der multinationalen Strategie dezentral gehandhabt werden sollten. Dazwischen gibt es einen Übergangsbereich. Hier sind partnerschaftliche Modelle gefragt mit Kompromissen und gewissen lokalen Freiheitsgraden. Dieser Bereich ist schwer zu managen, weil hier eine geteilte Verantwortung und grenzübergreifende Abstimmung nicht nur in der Definition von Maßnahmen, sondern auch in deren operativer Umsetzung gefragt sind.

Ich selbst habe lange genug eine zentrale Recruiting-Funktion geleitet, um zu wissen, dass es schwer bzw. nahezu unmöglich ist, vom Heimatstandort aus Maßnahmen in die Länder auszurollen. Hier kommen die üblichen Headquarter-Niederlassungs-Konflikte zum Tragen. Anstatt »Inside-Out« von der Zentrale aus dezentrale Einheiten zu beglücken, ist es meiner Erfahrung nach immer Erfolg versprechender, »Outside-In« von den lokalen Bedürfnissen auszugehen, um diese dann im Interesse der lokalen Einheiten zu bündeln.

9.5   Der monetäre Nutzen

Eine entscheidende Rahmenbedingung besteht darin, in TRM einen monetären Nutzen zu erkennen. Stellt man diesen den Investitions- und Betriebskosten gegenüber, lässt sich der »Return on Investment (ROI)« berechnen. Ich halte es insgesamt für essenziell, auch im HRM die Sprache des CFO zu sprechen. Spontan wird man zu dem Gedanken neigen, dass es sich bei HRM doch um eine »weiche« Disziplin handelt und man viele Aspekte, bei denen es ja um Menschen geht, finanziell nicht abbilden kann. Dieser Gedanke ist gefährlich. Wir neigen dazu, die Möglichkeiten der Nutzenrechnung im HRM zu unterschätzen, während wir die Möglichkeiten in anderen Bereichen überschätzen. Wer über ausreichend Einblicke verfügt, wird zugeben müssen, dass selbst in »harten« Disziplinen, wie in der Produktion, Logistik oder im Einkauf, nicht alle Berechnungen und Schätzungen so valide sind, wie man zunächst glauben mag. Auch dort wird täglich geschätzt.

Für die Schätzung des ROI kann ein Modell herangezogen werden, das nicht nur für das Thema TRM, sondern für alle Ansätze innerhalb des HRM relevant ist. Ich empfehle jedem Personalleiter, sich dieses Modell grundsätzlich zu eigen zu machen. In ◘ Abb. 9.4 ist dieses Modell grafisch veranschaulicht.

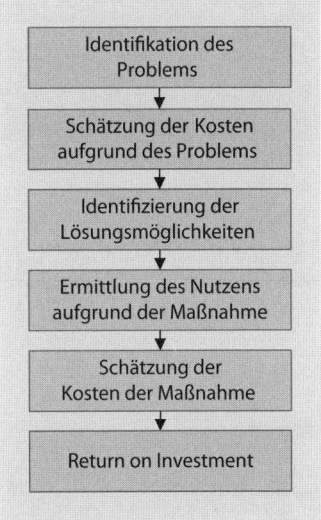

◘ **Abb. 9.4** Phasenmodell zur Schätzung des ROI im HRM

Ausgangspunkt für jede Initiative im HRM sollte ein bestimmtes **Problem** sein. Dies klingt zunächst selbstverständlich. In der Praxis erlebe ich aber häufig Aktivitäten, bei denen nicht klar ist, welches Problem damit gelöst werden soll. Erst kommt die Lösung, und dann sucht man sich das Problem, das dazu passt. Für die Lösung TRM ist das Problem eindeutig: Man schafft es mit bisherigen Mitteln nicht, Schlüssel- und Engpassfunktionen so erfolgreich zu besetzen, wie man es sich wünscht.

Was ist das Problem?

Aus betriebswirtschaftlicher Sicht ist ein Problem aber erst dann ein Problem, wenn **Kosten aufgrund des Problems** festgestellt werden können. Hierbei kann es sich um reale Kosten, verdeckte Kosten, aber auch um Opportunitätskosten handeln. Insofern stellt sich hier auch die Frage, welche Kosten damit verbunden sind, wenn man so weiter macht wie bisher – also ohne TRM. Dieser Aspekt ist ein ganz entscheidender, dessen Klärung zugegebenermaßen etwas komplexer ist. Wir bedienen uns hier eines Ansatzes, der ursprünglich von dem HRM-Vordenker und Gründer des bekannten Saratoga-Instituts Jac Fitz-Enz (2009) stammt. Er ging der Frage nach, wie man den durchschnittlichen Wertbeitrag eines Mitarbeiters mittels einer einzigen Zahl ausdrücken kann. Seine Überlegungen münden in folgende Formel:

$$HCVA = \frac{\text{Umsatz} - (\text{Gesamtkosten} - \text{Personalkosten})}{\text{FTE}}$$

HCVA steht für »**Human Capital Value Added**« und stellt den Wertbeitrag der Mitarbeiter dar. Zu den Gesamtkosten gehören alle Betriebskosten des Unternehmens. Personalkosten umfassen in erster Linie die Summe aller Gehälter und Zusatzleistungen. FTE steht bekanntermaßen für »Full Time Equivalent« und beschreibt, wie viele Mitarbeiter das Unternehmen beschäftigen würde, würde man die Arbeitszeit der Mitarbeiter durch Vollzeitbeschäftigte ausdrücken. Wie kann man diese Formel interpretieren? Zunächst kann man zu

»Human Capital Value Added« beschreibt den Wertbeitrag der Mitarbeiter

Recht davon ausgehen, dass der Wert, der durch ein Unternehmen pro Jahr generiert wird, durch den Umsatz ausgedrückt werden kann. Produkte und Dienstleistungen sind, eben so viel wert, wie Kunden in der Summe bereit sind, dafür zu bezahlen. Dieser Wert wird aber nicht nur durch die Leistung der Mitarbeiter generiert, sondern ergibt sich durch das darin enthaltene Material und durch Maschinen. Letztere kann man durch alle Kosten schätzen, die nicht zu den Personalkosten gezählt werden können, entsprechen also den Gesamtkosten abzüglich der Personalkosten. Diese Überlegung spiegelt sich in der Klammer wider. Ein Blumenstrauß hat seinen Wert (seinen Preis), weil Material und Werkzeuge sowie die Infrastruktur in das Produkt einfließen. Der Rest des Werts geht auf die kreative Leistung des Floristen zurück, entspricht also dem Mehrwert, der durch den Mitarbeiter generiert wird. Um eine Aussage über den durchschnittlichen Mehrwert eines Vollzeitbeschäftigten fällen zu können, wird der Gesamtmehrwert, der durch die Mitarbeiter generiert wird, durch die Anzahl der FTE geteilt. Es ist interessant, den HCVA für unterschiedliche Unternehmen zu berechnen. Die Daten liegen meistens vor. Man wird feststellen, dass Unternehmen, die in sehr wissensintensiven Branchen operieren, einen besonders hohen HCVA aufweisen, was nicht überrascht, bedenkt man, dass dort der Mehrwert vorrangig durch die Mitarbeiter generiert wird.

Zur Veranschaulichung wird im Weiteren das Beispiel eines fiktiven Unternehmens mit folgenden Parametern herangezogen:

- Umsatz: 200 Millionen Euro;
- FTE: 2.000;
- Gesamtkosten: 180 Millionen Euro;
- Personalkosten: 140 Millionen Euro.

Wendet man die Formel für den durchschnittlichen HCVA pro Mitarbeiter nach Fitz-Enz an, ergibt dies:

$$HCVA = \frac{200.000.000\ € - (180.000.000\ € - 140.000.000\ €)}{2.000} = 80.000\ €$$

Differenzierung nach Leistung und Funktion

Bei diesem durchschnittlichen Wertbeitrag von 80.000 Euro pro FTE handelt es sich um einen Gesamtwert ohne jegliche Differenzierung nach Funktion oder Leistung. Die Aussage dieses Werts ist so allgemein wie etwa der durchschnittliche Umsatz pro Mitarbeiter oder der mittlere Gewinn pro Mitarbeiter. Insofern liefert dieser Wert lediglich eine erste Orientierung für das Unternehmen insgesamt. Für die weiteren Überlegungen ist allerdings eine Differenzierung erforderlich, die über den Ansatz von Fitz-Enz hinausgeht (vgl. auch Trost & von Bothmer, 2010). Zwei Annahmen sind hier von besonderer Relevanz:

- Der Wertbeitrag von Mitarbeitern in Schlüsselfunktionen ist höher als jener anderer Mitarbeiter in den restlichen Funktionen.

Tab. 9.3 Faktoren drücken den relativen Wertbeitrag unterschiedlicher Mitarbeitergruppen aus

	Geringe Leistung	Mittlere Leistung	Hohe Leistung
Schlüsselfunktionen	1	2	3
Andere Funktionen	0,5	1	1,5

Schließlich werden Schlüsselfunktionen eben über dieses Kriterium definiert (▶ Kap. 4).
- Der Wertbeitrag von Mitarbeitern hängt unmittelbar von deren Leistung ab. So ist der Wertbeitrag leistungsstarker Mitarbeiter höher als jener leistungsschwächerer Mitarbeiter. Auch dieser Annahme wird man ohne Weiteres zustimmen können.

Ausgehend von dem HCVA insgesamt und den beiden obigen Annahmen, stellt sich nun die Frage, um wie viel höher der Wertbeitrag in Schlüsselfunktionen im Vergleich zu anderen Funktionen ist. Dieselbe Frage stellt sich hinsichtlich der unterschiedlichen Wertbeiträge von Mitarbeitern in Abhängigkeit von deren Leistungsniveau. Hier sind weitere Annahmen zu treffen. Für die weitere Berechnung entlang des hier vorgebrachten Beispiels werden folgende Schätzungen vorgenommen.
- Mitarbeiter in Schlüsselfunktionen liefern im Vergleich zu Mitarbeitern anderern Funktionen einen doppelt so hohen Wertbeitrag.
- Der Wertbeitrag eines leistungsstarken Mitarbeiters ist um 50% höher als der eines durchschnittlichen Mitarbeiters. Leistungsschwache Mitarbeiter leisten demgegenüber nur die Hälfte eines durchschnittlichen Mitarbeiters.

Dieses angenommene Verhältnis lässt sich anhand von **Faktoren** einfach und in Zahlen ausdrücken, wie in ◘ Tab. 9.3 dargestellt.

Entscheidend an den in ◘ Tab. 9.3 dargestellten Faktoren ist nicht deren absolute Höhe, sondern deren relatives Verhältnis zueinander. Für die Schätzung dieser Faktoren sind mir keine objektiven Herangehensweisen bekannt. Empfehlenswert sind hierbei entsprechende Diskussionen mit internen oder externen Experten und jenen Instanzen (z. B. der Geschäftsführung), die am Ende die Analyse akzeptieren sollten. Wie bereits an anderer Stelle angeführt, schätzt der ehemalige Entwicklungsleiter den Produktivitätsunterschied von Top-Entwicklern zu durchschnittlichen Entwicklern mit einem Faktor von 10.000. Die obigen Schätzungen erscheinen vor diesem Hintergrund eher als konservativ.

Um schlussendlich eine differenzierte Analyse des HCVA durchzuführen, bedarf es ergänzend zu den obigen Schätzungen und Annahmen einer Bestimmung mengenmäßiger Verhältnisse. Wie viele Mitarbeiter sind in Schlüsselfunktionen beschäftigt? Und wie viele

Tab. 9.4 Schätzung der FTE innerhalb der einzelnen Kategorien

	Anteil	C-Player	B-Player	A-Player	Gesamt
		10%	70%	20%	100%
Schlüsselfunktionen	10%	20	140	40	200
Andere Funktionen	90%	180	1.260	360	1.800
Gesamt	100%	200	1.400	400	2.000

Tab. 9.5 Beispielberechnungen des HCVA pro Mitarbeiterkategorie (in T€)

	Geringe Leistung (C)	Mittlere Leistung (B)	Hohe Leistung (A)
Schlüsselfunktionen	69	139	208
Andere Funktionen	35	69	104

Mitarbeiter werden den drei Leistungskategorien zugeordnet? Nimmt man einerseits an, dass 10% der Mitarbeiter in Schlüsselfunktionen arbeiten und es andererseits 10% leistungsschwache (C-Player), 70% mittlere (B-Player) und 20% leistungsstarke (A-Player) Mitarbeiter gibt, ergeben sich in Orientierung am obigen Beispiel (insgesamt 2.000 FTE) die in ☐ Tab. 9.4 dargestellten Größenordnungen.

Hat man die bisher beschriebenen Parameter entsprechend geschätzt, kann man den HCVA pro Mitarbeiterkategorie (HCVA$_{sl}$) wie folgt berechnen (s steht für die jeweilige Kategorie Schlüsselfunktion oder Andere, l bezieht sich auf die jeweilige Leistungskategorie):

$$HCVA_{sl} = \frac{\text{Faktor}_{sl} \times \text{FTE}_{sl}}{\sum_s \sum_l \text{Faktor}_{sl} \times \text{FTE}_{sl}} \times HCVA$$

Der daraus resultierende Wert zeigt den Mehrwert durch die Mitarbeiter pro Kategorie **insgesamt** an. Teil man diesen durch die Anzahl der FTE pro Kategorie, erhält man den durchschnittlichen HCVA pro Kategorie und Mitarbeiter. Die Ergebnisse (in 1.000 €), basierend auf dem hier behandelten Beispiel, sind in ☐ Tab. 9.5 wiedergegeben.

Die oben definierten Faktoren spiegeln sich nun in den Wertbeiträgen pro Mitarbeiter innerhalb der verschiedenen Kategorien wider. Die Beiträge der Mitarbeiter innerhalb der Schlüsselfunktionen sind zweimal so hoch wie die Beiträge der Mitarbeiter anderer Funktionen. Auch die Verhältnisse zwischen den unterschiedlichen Leistungsniveaus entsprechen den dieser Analyse zugrunde liegenden Annahmen. Von hier aus können nun Probleme im Rahmen der

		C-Player	B-Player	A-Player	Gesamt
Ohne TRM	FTE	2	14	4	
	HCVA (pro FTE)	69	139	208	
	HCVA (gesamt)	138	1.946	832	2.916
Mit TRM	FTE	1	13	6	
	HCVA (pro FTE)	69	139	208	
	HCVA (gesamt)	69	1.807	1.248	3.124
Nutzen					208

◨ **Tab. 9.6** Beispiel für die Ermittlung des Nutzens einer TRM-Initiative (alle Angaben zu HCVA in T€)

Personalgewinnung und deren finanzielle Implikationen geschätzt werden.

— Stellt man für eine Schlüsselfunktion anstatt eines B-Players nur einen C-Player ein, bedeutet dies einen jährlichen verlorenen Wertbeitrag von (139 T€ – 69 T€ =) 70 T€ dar.

— Schafft man es aber, anstatt eines B-Players (139 T€) einen A-Player (208 T€) einzustellen, hat dies eine Steigerung des jährlichen Wertbeitrags von 69 T€ zur Folge. Erreicht man dies nicht, impliziert dies umgekehrt einen Nachteil in derselben Größenordnung.

Auch wenn die Analyse auf den ersten Blick komplex erscheint, ist die Anwendung der HCVA-Schätzungen recht simpel, wie die beiden Beispiele zeigen.

Will man nun den **Nutzen** einer gesamten TRM-Initiative schätzen muss man zunächst den quantitativen Personalbedarf und eine **Schätzung der Wirksamkeit** dieser Initiative hinzuziehen. Eine einfache Rechnung auf der Grundlage des bisherigen Beispiels mag dies verdeutlichen (◨ Tab. 9.6).

Das obige Beispiel geht von dem Fall aus, ein Unternehmen wolle 20 neue Mitarbeiter für Schlüsselfunktionen im Jahr einstellen. Aufgrund bisheriger Annahmen wird man 2 C-Player, 14 B-Player und 4 A-Player gewinnen. Diese Schätzungen basieren sozusagen auf der Annahme, diese Verteilung könne man erzielen, wenn man bei der Personalgewinnung so weiterverfahren würde wie bisher. Mit TRM nimmt man nun an, man könne 2 A-Player mehr gewinnen, aber dafür jeweils einen C- und B-Player weniger. Betrachtet man davon ausgehend die resultierenden Mitarbeiterbeiträge, ergibt dies am Ende eine Nutzendifferenz von 208.000 Euro.

Es geht aber auch einfacher. In der Rechnung in ◨ Tab. 9.6 beträgt der Mitarbeiterbeitrag der neuen 20 Mitarbeiter 2.916.000 Euro. Ginge man nun der Einfachheit halber davon aus, dass man durch ein TRM

Nutzenschätzung

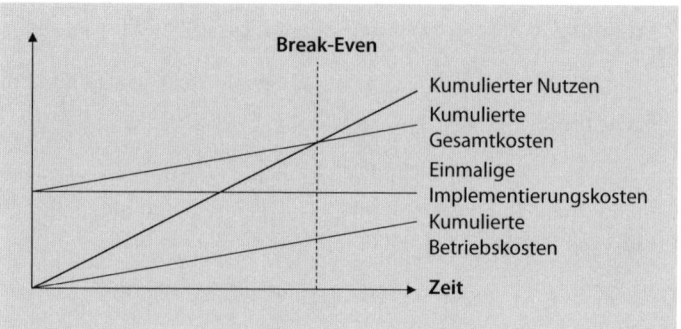

Abb. 9.5 Die Ermittlung des Break-Even

Mitarbeiter gewinnen würde, die 5% mehr Leistung erbringen würden, ergäbe dies eine Nutzensteigerung von (2.916.000 Euro × 5% =) 145.800 Euro pro Jahr.

Wem die Berechnung des Nutzens über den Wertbeitrag der Mitarbeiter zu komplex erscheint, kann auf eine noch einfachere Herangehensweise zurückgreifen, die eine HCVA-Analyse nicht erforderlich macht. Man kann annehmen, dass der Wertbeitrag eines Mitarbeiters mindestens so hoch ist wie die Personalkosten, die er verursacht. Sonst würde sich der Mitarbeiter ja nicht lohnen. Dies mag nicht für jeden einzelnen Mitarbeiter, jedoch in der Summe zutreffen – zumindest für profitable Unternehmen. Nehmen wir nun an, ein Unternehmen stellt in einem Jahr 100 neue Mitarbeiter ein und die Personalkosten würden für diese 100 Mitarbeiter insgesamt 8 Millionen Euro betragen. So könnte man weiterhin annehmen, aufgrund von TRM könne man Mitarbeiter gewinnen, die im Durchschnitt einen 5% höheren Wertbeitrag leisten, als wenn man Mitarbeiter ohne TRM versucht einzustellen. Dies ergäbe in dieser Rechnung einen Nutzen von (8.000.000 € × 5% =) 400.000 € pro Jahr.

Die Ermittlung des ROI

Hat man den jährlichen Nutzen eines TRM analysiert, folgt schließlich die Ermittlung des **ROI**. Hierbei werden dem jährlichen Nutzen die anfallenden Kosten gegenübergestellt, wie sie bei der Ermittlung des Break-Even hinreichend bekannt sein dürften. Zusammenfassend ist die Vorgehensweise in ◘ Abb. 9.5 grafisch veranschaulicht.

Die Implementierungskosten umfassen alle Kosten, die mit der Entwicklung, Konzeption und Einführung des TRM in Verbindung stehen. Hierzu gehören beispielsweise die Erarbeitung eines Arbeitgeberversprechens, die Einführung einer technischen Infrastruktur für TRM oder das Engagement externer Berater bei der Konzeption der TRM-Prozesse und -Aktivitäten. Diese Kosten sind abgesehen von nachträglichen Optimierungsbemühungen einmalig. Darüber hinaus fallen laufende Kosten oder »Betriebskosten« an, etwa für Kommunikationskampagnen, für Personal, das sich dezidiert um TRM kümmert, oder beispielsweise für laufende Maßnahmen im Rahmen der

Kandidatenbindung. Die sich über die Zeit hinweg kumulierenden Betriebskosten und die einmaligen Implementierungskosten ergeben die kumulierten Gesamtkosten. Diesen Kosten steht der kumulierte Nutzen aufgrund von TRM gegenüber. Sind die jährlichen Betriebskosten geringer als der jährliche Nutzen aufgrund von TRM, wird der kumulierte Nutzen irgendwann höher sein als die kumulierten Gesamtkosten. Der Zeitpunkt, wo dies zutrifft, bezeichnet man als Break-Even. Ab diesem Moment rechnet sich die Maßnahme.

Fazit

Personalgewinnung hat sich in den vergangenen Jahren massiv gewandelt und wird sich weiter verändern, wenngleich viele Unternehmen diesem Wandel immer noch hinterher hinken. Dies gilt insbesondere für die Besetzung von Schlüssel- und Engpassfunktionen. Der zunehmende Fachkräftemangel führt zwangsläufig zu einem neuen Kräfteverhältnis zwischen Arbeitnehmer und Arbeitgeber. Früher war es der Bewerber, der überzeugen musste. Er musste sich im Rahmen seiner Karriereplanung darüber klar werden, worin seine Vorzüge, Stärken, Talente liegen und wie es um seine Motivationslage bestellt ist. Aktiv hat er sich auf die Suche nach einer Stelle gemacht. Er hat die Karriereteile einschlägiger Zeitungen studiert, Stellenbörsen im Internet aufgesucht und durchforstet. Zu interessanten Arbeitgebern hat er versucht, eine langfristige Beziehung aufzubauen. Am Ende hat er im Rahmen der Bewerbungsprozesse sein Bestes gegeben und sich von seiner positivsten Seite gezeigt, nicht nur fachlich, sondern vor allem auch zwischenmenschlich. All dies, nämlich überzeugen, aktiv suchen, Beziehungen aufbauen und sich in der Interaktion positiv vermitteln, werden nun Arbeitgeber lernen müssen. Dies ist eine natürliche Folge der aktuellen Arbeitsmarktentwicklungen. Jene Unternehmen, die hier schneller, kreativer und geschlossener agieren, werden massive Vorteile im Ringen um Talente erleben.

Nicht alles, was in diesem Buch beschrieben wurde, muss umgesetzt werden. Aber dennoch rate ich jedem Arbeitgeber, sich bei der Besetzung von Schlüssel- und Engpassfunktionen bewusst darüber im Klaren zu werden, welcher Weg und welche Methoden passen könnten und welche nicht. Als Geschäftsführer würde ich meinen Personalleiter fragen: Was tun wir, um uns als attraktiver Arbeitgeber gegenüber der Zielgruppe zu präsentieren? Wie finden wir die geeigneten Leute, und wie gehen wir auf sie zu? Wie halten wir Kontakt zu den Guten? Und, wie erleben talentierte Kandidaten unseren Recruiting-Prozess? Bei all dem würde ich fragen, wie erfolgreich wir in den jeweiligen Disziplinen sind. Wenn Sie selbst Personalleiter sind oder Verantwortlicher für das Thema Recruiting und Personalmarketing, sollten Sie sich auf diese Fragen gefasst machen, wenn Sie nicht schon in der glücklichen Position sind, diese Aspekte klar präsentieren zu können.

Nun beobachte und erlebe ich in der Personalerszene seit Jahren eine dynamische Auseinandersetzung mit den Themen, die in diesem Buch beschrieben wurden. Ich hätte dieses Buch nicht schreiben können, wenn es nicht bereits gute Ansätze in diesem Bereich gäbe. Ich beobachte auch, wie eine neue Generation von Personalern heranwächst, die sich in ihrem Selbstverständnis und Hunger nach neuen Wegen in gewisser Weise von bisherigen Generationen unterscheiden. Sie geben Personalmanagement einen neuen, bunteren Anstrich und tragen dazu bei, diesem wichtigen Aufgabenfeld aus seinem

Schattendasein zu verhelfen. Viele dieser Wegbegleiter werden sich in diesem Buch wiedergefunden haben, wenngleich sie namentlich nicht erwähnt wurden. Wir stehen aber trotzdem noch am Anfang und schauen spannenden Zeiten entgegen. Der zunehmende Druck wird Kreatives hervorbringen: Ideen und Ansätze, denen ich mit Neugier entgegensehen werde.

Literatur

Ambler, T. & Barrow, S. (1996). The Employer Brand. *Journal of Brand Management, Vol. 4, 3*, 185–206.

Baron, S., Conway, T. & Warnaby, G. C. (2010). *Relationship Marketing: A Consumer Experience Approach*. London: Sage.

Bartlett, C. A. (2001). *Microsoft. Competing on Talent (A)*. Harvard Business School.

Bartlett, C. A. & Ghoshal, S. (1998). *Managing Across Borders: The Transnational Solution*. Harvard Business Press.

Beck, C. (Hrsg.). (2008). *Personalmarketing 2.0. Vom Employer Branding zum Recruiting*. Köln: Wolters-Kluwer.

Becker, B. E., Huselid, M. A. & Beatty, R. W. (2009). *The Differenciated Workforce. Transforming TafLent into Strategic Impact*. Boston/MA: Harvard Business School Press.

Berger, L. A. & Berger, D. R. (2005). *Management Wisdom From the New York Yankees' Dynasty: What Every Manager Can Learn From a Legendary Team's 80-Year Winning Streak*. Hoboken/NJ: John Wiley & Sons.

Bierhoff, H. W. (2006). *Sozialpsychologie*. Stuttgart: Kohlhammer.

Böcker, M. & Schelenz, B. (Hrsg). (2008). *HR-PR Personalarbeit und Public Relations: Erfolgreiche Strategien und Praxisbeispiele*. Erlangen: Publicis Corporate Publishing.

Brussig, M. (2005). *Die »Nachfrageseite des Arbeitsmarktes«: Betriebe und die Beschäftigung Älterer im Lichte des UIAB-Betriebspanels 2002* (Altersübergangs-Report, 2005–02), Gelsenkirchen.

Buckingham, M. & Vosburgh, R. M. (2001). The 21st Century Human Resources Function: It's the Talent, Stupid! *Human Resource Planning, Vol. 24, 4*, 17–23.

Bungard, W. (1992). Zur Problematik von Reaktivitätseffekten bei der Durchführung eines Assessment Centers. In H. Schuler, W. Stehle (Hrsg.), *Assessment Center als Methode der Personalentwicklung*, 2. Aufl. (S. 99–125). Stuttgart: Verlag für Angewandte Psychologie.

Cascio, W. F. (1998). *Managing Human Resources. Productivity, quality of work life, profits*. McGraw-Hill.

Corporate Leadership Council. (1999). *The Employment Brand. Building Competitive Advantage in the Labor Market*. Washington: The Corporate Executive Board.

DGFP, Deutsche Gesellschaft für Personalführung. (2005). *Erfolgsorientiertes Personalmarketing in der Praxis: Konzepte – Instrumente – Praxisbeispiele*. Bielefeld: Bertelsmann.

Domsch, M. E. & Ladwig, A. (1996). Die Außenseiterrolle der Graphologie in der Personalauswahl. Eine Bestandsaufnahme. *Zeitschrift für Personalforschung, 10*, 240–266.

Erb, O. (2011). EnBW Corporate Blog. In D. Bernauer, G. Hesse, S. Laick & B. Schmitz (Hrsg.), *Social Media im Personalmarketing. Erfolgreich in Netzwerken kommunizieren* (S. 66–72). Köln: Wolters-Kluwer.

Erickson, T. J. & Gratton, L. (2007). What it means to work here. *Harvard Business Manager, 85 (3)*, 104–112.

Erpenbeck, J. & von Rosenstiel, L. (Hrsg.). (2007). *Handbuch Kompetenzmessung: Erkennen, verstehen und bewerten von Kompetenzen in der betrieblichen, pädagogischen und psychologischen Praxis*. Stuttgart: Schäffer-Poeschel.

Fernandez, R. M. & Castilla, E. (2001). How much is that network worth? Social capital in employee referral networks. In N. Lin, K. Cook & R. Bart (Hrsg.), *Social Capital: Theory and Research* (S. 85–104). New York: Aldine de Gruyter.

Fernández-Aráoz, C., Groysberg, B. & Nohria, N. (2009). *So holen Sie sich die besten Leute. Harvard Business Manager, June 2009*, 24–39.

Fisseni, H. (2003). *Persönlichkeitspsychologie: Ein Theorienüberblick*. Göttingen: Hogrefe.

Fitz-Enz, J. (2009). *The ROI of Human Capital. Measuring the Economic Value of Employee Performance* (2. Aufl.). New York: Amacom.

Flanagan, J. C. (1954). The Critical Incident Technique. *Psychological Bulletin, Vol. 51. (4)*, 327–358.

Fulmer, R. M. & Conger, J. A. (2004). *Growing your company's leader. How great organizations use succession management to sustain competitive advantage.* New York/NY: Amacon.

Gigerenzer, G. (2008). *Bauchentscheidungen. Die Intelligenz des Unbewussten und die Macht der Intuition.* Goldmann Verlag.

Gladwell, M. (2001). *The Tipping Point: How Little Things Can Make a Big Difference.* Little, Brown and Company.

Granovetter, M. (1995). *Getting a Job. A Study of Contacts and Careers.* Chicago: University of Chicago Press.

Groysberg, B. (2010). *Chasing Stars. The Myth of Talent and the Portability of Performance.* Princeton & Oxford: Princeton University Press.

Groysberg, B., Nanda, A. & Nohira, N. (2004). The risky business of hiring stars. *Harvard Business Review, May 2004*, 92–100.

Hayman, L. (2011). »Polite«, »Police«, »Partner« und »Player«, Blog. *http://leshayman. wordpress.com/2010/08/26/hr-polite-to-police-to-partner-to-player/* (30.09.11).

Hesse, G. (2011). Einsatz von Videos bei der Bertelsmann AG. In D. Bernauer, G. Hesse, S. Laick & B. Schmitz (Hrsg.), *Social Media im Personalmarketing. Erfolgreich in Netzwerken kommunizieren* (S. 86–87). Köln: Wolters-Kluwer.

Hieronimus, F., Schaefer, K. & Schröder, J. (2005). Using branding to attract talent. *McKinsey Quarterly, 3*, 12–14.

Hoffman, D. L. (2009). Managing beyond Web 2.0. *McKinsey Quarterly, July 2009.*

Horstmeier, G. & Trost, A. (2006). Das Allgemeine Gleichbehandlungsgesetzt und die Folgen für Unternehmen. *Personalführung, 10*, 60–73.

Hunt, E. (1997). Nature vs. nurture: The feeling of déja vu. In R. J. Sternberg & E. Grigorenko (Hrsg.), *Intelligence, heredity, and environment* (S. 531–551). Cambridge/UK: Cambridge University Press.

Huselid, M. A., Beatty, R. W. & Becker, B. E. (2005). A Player or A Positions? A Strategic Logic of Workforce Management. *Harvard Business Review, Dec 2005*, 110–117.

Jackson, T. W. (2005). CRM from art to science. *Database Marketing & Customer Strategy Management, 13/1*, 76–92.

Janis, I. L. (1972). *Groupthink. Psychological studies of policy decisions and fiascoes.* Oxford: Houghton Mifflin.

Joch, W. (2001). *Das sportliche Talent. Talenterkennung – Talentförderung – Talentperspektiven.* Meyer & Meyer Sport.

Konschak, B. (2009). «Geistesblitze« und «Erfinderkinder«. In A. Trost (Hrsg.), *Employer Branding. Arbeitgeber positionieren und präsentieren* (S. 221–231). Köln: Luchterhand.

Koppel, O. & Plünnecke, A. (2009). *Fachkräftemangel in Deutschland – Bildungsökonomische Analyse, politische Handlungsempfehlungen, Wachstums- und Fiskaleffekte.* Köln: IW-Analysen Nr. 46.

Kotter, J. (1996). *Leading Change.* Boston/MA: Harvard Business School Press.

Maintz, G. (2004). *Leistungsfähigkeit von älteren Beschäftigten. Sozialpolitische Flankierung einer verlängerten Erwerbsphase* (Gesprächskreis Arbeit und Soziales, Nr. 102). Bonn: Friedrich-Ebert-Stiftung.

McCall, M. W. (1998). *High Flyers: Developing the Next Generation of Leaders.* Boston/MA: Harvard Business School Press.

Michaels, E., Handfield-Jones, H. & Axelrod, B. (2001). *The War for Talent.* Boston/MA: Harvard Business School Press.

Nilgens, U., Eggers, B. & Ahlers, F. (1996). Strategisches Personalmarketing an Hochschulen. In T. R. Hummel & D. Wagner (Hrsg.), *Differentielles Personalmarketing* (S. 131–157). Stuttgart: Schäffer Poeschel.

OECD. (2008). The Global Competition for Talent: *Mobility of the Highly Skilled.* Lowell & Findlay, International Labour Organization. (2002). *Synthesis Study on Skilled Migration.*

O'Reilly, T. (2005). *What is Web 2.0?* http://www.oreillynet.com/pub/a/oreilly/tim/ news/2005/09/30/what-is-web-20.html (30.09.2011).

Otter, T. & Holincheck, J. (2008). *The Business Impact of Social Computing on HR Data*. Gartner Report.

PwC. (2011). Stellen-Bewerbung. http://www.pwc.ch/de/stellen_bewerbung/rekrutierung/rekrutierungsprozess.html (01.09.11).

Rothwell, W. J. (2010). *Effective Succession Planning: Ensuring Leadership Continuity and Building Talent from Within*. New York: Amacom.

Schirrmacher, F. (2004). *Das Methusalem-Komplott*. München: Karl Blessing.

Schnetzler, N. & Trost, A. (2009). Die Employer Branding Ideenfabrik. In A. Trost (Hrsg.), *Employer Branding* (S. 111–117). Köln: Luchterhand.

Schuler, H. & Stehle, W. (1983). Neuere Entwicklungen des Assessment-Center-Ansatzes – beurteilt unter dem Aspekt der sozialen Validität. *Zeitschrift für Arbeits- und Organisationspsychologie, 27*, 33–44.

Sertoglu, C. & Berkowitch, A. (2002). Cultivating Ex-Employees. *Harvard Business Review, June 2002* (80/6), 1–2.

Stewart, T. (1997). *Intellectual Capital. The new wealth of organizations*. New York/ NY: Currency.

Sullivan, J. (2005). *The Best Practices of the Most Aggressive Recruiting Department*. http://www.ere.net/2005/07/18/the-best-practices-of-the-most-aggressive-recruiting-department/ (01.08.2011).

Tapscott, D. (2009). *Grown up digital: How the Net Generation is Changing the World*. New York: McGraw Hill.

Taylor, W. & LaBarre, P. (2006). *Mavericks At Work: Why the Most Original Minds in Business Win*. New York: Harper Collins.

Trost, A. (2005). *Bewerben in Deutschland. Erfahrungen mit den größten und attraktivsten Arbeitgebern*. Unveröffentlichter Forschungsbericht der Fachhochschule Würzburg-Schweinfurt.

Trost, A. (2007). *Wo Personalmarketing per Facebook an Grenzen stößt*, Blog. http://www.harvardbusinessmanager.de/blogs/artikel/a-740059.html.

Trost, A. (2008). Die klare Botschaft fehlt. *Personalwirtschaft, 02/2008*, 34–36.

Trost, A. (2009). Employer Branding. In A. Trost (Hrsg.), *Employer Branding. Arbeitgeber positionieren und präsentieren* (S. 13–77). Köln: Luchterhand.

Trost, A. (2009a). Wenn die Bahn Spaß macht, Blog. http://www.harvardbusinessmanager.de/blogs/artikel/a-663044.html.

Trost, A. (2009b). Perspektivenwechsel, Blog. http://www.harvardbusinessmanager.de/blogs/artikel/a-654698.html.

Trost, A. (2010) *Wie die Generation Y kommuniziert*. http://www.harvardbusinessmanager.de/blogs/artikel/a-708553.html

Trost, A., Frickenschmidt, S. & Keim, T. (2009). Einführung von E-Recruiting-Systemen. Normstrategien zur konsequenten Implementierung. *Personalführung, 1*, 56–68.

Trost, A. & Horstmeier, G. (2007). Rechtliche Rahmenbedingungen der Personalabwerbung. *Personalführung, 12*, 50–57.

Trost, A. & Hörtensteiner, R. (2006). Bewerber wissen, was gut ist. *Personalwirtschaft, 3*, 37–40.

Trost, A. & Quenzler, A. (2009). Talent Relationship Management als strategische Herausforderung. In W. G. Faix & M. Auer (Hrsg.), *Talent. Kompetenz. Management* (S. 383–392). Stuttgart: Steinbeis-Edition.

Trost, A. & von Bothmer, L. (2010). Lohnende Rechenspiele. *Personalwirtschaft, 7*, 22–24.

Ullah, R. (2011a). Die Suppentheorie, Blog. http://s293054628.online.de/WordPress/?p 95 (30.09.2011).

Ullah, R. (2011b). Twitter@Deutsche Bahn AG. In D. Bernauer, G. Hesse, S. Laick & B. Schmitz (Hrsg.), *Social Media im Personalmarketing. Erfolgreich in Netzwerken kommunizieren* (S. 77–82). Köln: Wolters-Kluwer.

Ullman, J. C. (1966). Employee referrals: Prime tool for recruiting workers. *Personnel Psychology, 43*, 30–35.

U.S. Census Bureau. (2010). International Data Base. www.census.gov/ipc/www/idb

Weinberg, T. (2010). *Social Media Marketing. Strategien für Twitter, Facebook & Co.* Köln: O'Reilly Verlag.

Weitzel, T., König, W., Laumer, S., von Stetten, A. & Eckhart, A. (2009). *Recruiting Trends 2009*. Frankfurt/M.: Forschungsbericht.

Yakubovich, A. & Lup, D. (2006). Stages of the Recruitment Process and the Referrer's Performance Effect. *Organization Science, 17*, 710–723.

Zwigart, M. (2011). *Social Community Recruiting*. Unveröffentlichte Bachelorthesis an der Hochschule Furtwangen.

Stichwortverzeichnis

Y

Z

Printing: Ten Brink, Meppel, The Netherlands
Binding: Stürtz, Würzburg, Germany